도널드 노먼의

디자인 심리학

도널드 노먼의

디자인 심리학

UX와
HCI를 위한
인지과학
교과서

도널드 노먼 지음 • 범어디자인연구소 옮김

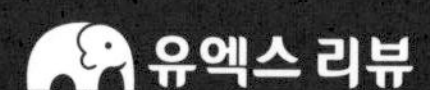

도널드 노먼의 디자인 심리학

UX와 HCI를 위한 인지과학 교과서

초판 발행 2018년 3월 30일 | **1판 3쇄** 2023년 12월 5일

발행처 유엑스리뷰 | **발행인** 현호영 | **지은이** 도널드 노먼 | **번역** 범어디자인연구소

주소 서울시 마포구 백범로 35, 서강대학교 곤자가홀 1층 경험서재 | **팩스** 070.8224.4322

이메일 uxreviewkorea@gmail.com [투고 및 제휴 등 문의]

낙장 및 파본은 구매처에서 교환해 드립니다.
구입 철회는 구매처 규정에 따라 교환 및 환불처리가 됩니다.

ISBN 979-11-88314-03-4

THINGS THAT MAKE US SMART

차례

서문

우리 사회는 미처 의식하지 못하는 사이에 인간보다 기술의 필요성을 더 강조하게 되었다. 인간은 기계 중심적 삶에 부적합하니 보조적인 역할을 할 수밖에 없게 된다. 더욱 심하게는 기계 중심적 관점이 인간을 기계와 비교하면서, 우리가 정교하고 반복적이며 정확한 행동을 할 수 없는 부족한 존재라는 것을 깨닫게 한다는 것이다. 비록 이것이 자연스러운 비교이자 지금 이 사회에 만연해 있는 사고방식이긴 하지만, 또한 인간에 대한 가장 부적절한 관점을 나타내는 것이기도 하다. 이는 인간이 수행하지 않아도 되는 과제와 활동을 강조하면서, 우리의 주요한 기술과 속성, 즉 기계로는 매우 형편없이 이루어지는 행위들을 고려하지 못하는 것이다.

우리가 기계 중심적 관점을 취할 때에는 사물을 인위적이고 기계적인 장점만 가지고 판단하게 된다. 그 결과 인간과 기계 사이의 소외감은 계속되고, 과학기술에 대한 좌절감은 증가하며, 인간은 기술 중심적 생활에 보조를 맞추는 데 스트레스를 경험하는 것으로 나타난다.

이런 식으로 되어서는 안 된다. 오늘날 우리는 기술을 모시고 있는 상황이다. 그러므로 우리는 기계중심적 관점을 유보하고 그것을 인간중심적 관점으로, 즉 기술이 인간을 섬기는 것으로 전환해야 한다. 이것은 기술적으로 큰 문제일 뿐만 아니라 사회적으로도 그만큼 문제가 된다. 첨단기술 산업의 세계와 상호작용을 하면 할수록, 기술이 나아가는 방향과 인간의 삶에 미치는 영향이 일차적으로 사회구조에 달려 있다는 사실을 점점 더 분명히 확인하게 된다. 이러한 인식이 바로 내가 기술 중심화가 사회적 문제라고 부르는 이유이며, 이 책에서 다루려는 내용이다.

개인적 견해

나는 학계의 연구들에 현실성이 결여되어 있다는 사실에 대해 점점 깊이 고민해왔다. 대학을 중심으로 한 연구들은 기발하고 심오하며, 깊이가 있으나, 과학적 지식이나 사회 전반에 미치는 영향력은 놀라울 만큼 적거나 아예 없다고 할 수 있다. 대학에 기반을 둔 과학이란 단지 자신의 동료들에게 어떠한 인상을 주는 것에 불과하다. 심지어 그 결과가 연구대상이 된 현상과 아무런 연관이 없다 할지라도, 더욱 중요한 것은 정확성과 엄밀성, 그리고 반복가능성이다. 이러한 연구들이 더 폭넓은 주제들과 어떤 관련성이 있는지에 대해서는 좀처럼 논의되지 않는다. 이것은 특히 현상이 복잡하고 다양하며 맥락의 영향을 많이 받는 인문사회과학에서는 보편적 문제이다. 대부분의 학문적 연구는 이전의 학문 연구에서 제기된 의문에 답하기 위해 이루어진다. 이런 성향은 자연스럽게 연구를 더욱 전문적이고 더욱 비밀스럽게 만들어 세상 사람들의 관심으로부터 점점 더 멀어지게 하였다.

어느 순간 이러한 비판이 나 자신의 작업에는 얼마나 적용되는지를 염려하게 되었다. 나로서는 오랫동안 인간 중심의 디자인 철학이 중요하다는 것을 주장해왔으나, 내 연구 역시 학문적이며 현실적 응용으로부터 멀어져 있었다. 이제는 나의 말을 행동으로 옮겨야 할 때가 되었다. 그러므로 나는 이 책을 쓰는 동안에 대학을 떠나, 더 인간적인 기술로 제품을 만드는 것을 효과적으로 돕기 위해 컴퓨터 산업에 합류하기로 결정했다. 정보기술이 삶의 모든 측면에 영향을 미치게 되면서 부엌의 믹서기, 시계, 그리고 식기세척기가 더 이상 전동기로 보이지 않게 된 것과 마찬가지로, 인간중심의 기술은 정보공학 제품들이 점점 더 컴퓨터와 같은 기계처럼 보이지 않도록 만들어야 하는 지금 이 시대에 더욱 중요하다. 이런 상황이 나를 시험대에 올려 놓았다. 즉, 최종적으로 제품을 제조하는 데 영향을 미치는 한계들이 현실적으로 다양하게 존재하는 실제 비즈니스의 세계에서 인간 중심의 디자인 철학이 효과를 낼 수 있을 것인가? 나는 그렇다는 것을 보여주기 위해 노력할 것이다.

들어가며

인간과 사물의 상호작용을 이해하고 분석하기 위한 지침서

저자인 도널드 노먼은 세계적인 인지심리학자이자 디자이너다. 그는 심리학을 바탕으로 디자인의 원리를 분석한다. 이와 관련된 일련의 연구로 현대 디자인학계에서 가장 대표적인 인물 중 한명이 되었다. 사실 디자인이란 인간에게 심리적 자극을 줌으로써 구매 또는 사용이라는 행동을 이끌어내는 기술이다. 그러나 아직도 디자이너들이 심리적 상호작용의 과정을 분석하지는 않고 시각적인 효과만 생각하는 것을 흔히 보게 된다, 그나마 최근에는 사용자의 경험을 디자인하는 UX 디자인이나, 서비스의 전달 과정에서 공급자와 수요자의 심리 패턴을 분석하여 문제를 해결하는 서비스 디자인과 같은 새로운 분야가 등장하며 인간의 심리에 대한 이해와 분석 방법이 디자인에서도 각광받고 있다. 통용되는 디자인 프로세스에도 사용자의 심리 분석은 빠지지 않는다. 또 많은 기업들이 심리학 전공자들을 디자인팀의 일원으로 적극적으로 받아들이고 있는 것이 그러한 현실을 단적으로 보여준다. 기업에서 심리 전문가들은 제품에 대한 사용자의 반응, 소비자 라이프스타일, 그리고 왜 이렇게 디자인하면 더 좋아보이거나 덜 좋아 보이는지를 조사한다.

그렇다면 이처럼 심리학이 디자인에 있어 중요하게 된 이유는 무엇일까? 나는 그 이유가 근거 기반 디자인의 대두에 있다고 본다. 디자인을 통해 사용자와 직간접적으로 만나게 되는 디자이너는 그들을 암묵적으로 설득해야 할 의무가 있다. 단지 아름답고 신기한 제품을 보여주면 사용자가 감동을 받아 그것을 구매하는 시대는 지나간지 오래다. 십수년 전부터 제품은 점점 단순화되어 왔으며 디자인에서 외관 못지 않게 중요한 부분이 그 제품의 '사용 방식'이 되었다. 다시 말해, 사용자들이 더 이상 눈으로만 보고 제품을 평가하지 않는다는 것이다. 그들은 자연스럽게 설득 당하기를 원한다. 디자이너가 자신의 마음을 꿰뚫어보고 필요한 것을 제품에 녹아내기를 기대한다. 이를 위해 필요한 것이 바로 디자인의 근거다. 이는 디자이너가 사용자의 예상 심리와 행동을 제품에 반영할 수 있도록 도와주기도 한다.

그리고 인간과 제품간의 상호작용에 대한 심리의 분석이 그 근거를 형성한다. 복잡한 제품이나 서비스를 디자인함에 있어 심리학적 요소가 개입되어야 명시적, 묵시적 설득 체계를 내재시킬 수 있는 것이다. 이와 같이 인간이 제품을 이해하고 그것에 반응하며 어떠한 행동패턴을 보이는 것을 연구하는 학문을 인지과학 또는 인지심리학이라고 한다. 이 책에서 논하게 되는 심리학의 상당 부분은 인지과학의 이론을 차용한 것이다. 그에 관한 이론과 응용의 사례를 디자이너들이 학습해야 함은 명백한데, 비전공자들에게는 그것이 쉬운 일이 아니었다. 검증된 안내서가 없었던 탓이다. 이 책은, 디자인 심리학의 개척자라 할 수 있는 도널드 노먼의 고전적 작품으로, 디자인에 꼭 필요한 인지심리학의 기본 원리를 누구나 쉽고 자연스럽게 이해하도록 해준다. 풍부한 사례와 차근차근한 설명은 여러분의 막막함을 해소해줄 것이며, 심리학과 디자인의 연결고리를 보여줄 것이다. 아직 한국에는 디자인과 심리학의 상관관계를 분석한 연구가 활성화되어 있지 않다. 독자들이 심리학 전공자이든 디자인 전공자이든 이 두 분야를 결합한 융합적 연구를 진행하여 디자인과학을 발전시키는 데 이 책이 좋은 길잡이가 될 수 있기를 희망한다.

현호영

UX 디자이너, 〈UX 디자인 이야기〉 저자

제1장
인간 중심의 기술

좋은 소식이 있다. 과학기술의 발전으로 우리의 삶이 더 윤택해진다는 것이다. 사실 지금까지 그래왔다. 인간의 마음이 해낼 수 있는 것은 상당 부분 제한적이다. 기억할 수 있는 것도, 배울 수 있는 것도 한계가 있다. 대신 우리의 능력을 향상시킬 수 있는 인공적 장치, 즉 인공물이 발명한다. 우리는 우리 자신을 더 현명하게 할 수 있는 것을 만든다. 기술을 통해서 더 합리적으로 생각하고 더 명확하게 사고할 수 있으며, 더 정확한 정보에 접근할 수 있다. 시간적으로 혹은 공간적으로 함께 있든 그렇지 않든, 다른 사람들과도 충분히 효과적으로 상호작용하며 일할 수 있다. 쓰기, 읽기, 그리고 예술과 음악을 발명해낸 모든 것에 갈채를 보내자. 논리의 발달, 백과사전과 교과서를 만들어낸 것에 대해서도 갈채를 보내자. 그리고 과학과 공학에도 진실로 갈채를 보내자.

나쁜 소식도 있다. 기술 때문에 우리가 멍청해질 수 있다는 것이다. 여러 가지 사물을 만들어내는 기술은 우리가 이해 수준을 훨씬 넘어섰다. 우리를 현명하게 만드는 것이 동시에 멍청하게 만들 수도 있는 것이다. 예를 들어, 텔레비전은 너무 매혹적이어서 우리를 옴짝달싹 못하게 하고, 또 어떤 물건은 사용하기가 복잡해서 우리를 좌절하게 한다. 보통 텔레비전은 우리를 즐겁게 해준다고 한다. 정말일까? 저녁 시간에 어떤 집의 거실을 몰래 들여다보면 텔레비전에 앞에 멍하게 앉아 있는 사람들을 만날 수 있다. 텔레비전은 우리에게 많은 정보를 전달한다고 한다. 미국의 시청자들은 평균적으로 매년 약 21,000개나 되는 텔레비전 광고를 본다. 뉴스는 한 사건당 몇 분에 불과하고, 각 장면은 의례적으로 '현장에서 보고하는 기자'의 등장으로 시작한다. 그 기자는 자신이 실제로 현장에 있음을 증명하기 위해 몇 가지 소리와 장면들로 만든 '지역 특색'을 배경으로 서 있고, 기껏해야 몇 백 단어의 소식을 전할 뿐이다. 정말 몇 백 단어에 불과하다. 이는 당신이 지금 읽고 있는 이 책의 한 페이지보다도 적은 양이며, 신문의 단신 기사 수준이고, 만약 긴 기사라고 할지라도 아주 복잡한 사건들을 간단하게 요약해 놓은 것에 지나지 않는다. 단지 이것이 우리가 더 알 수 있는 정보란 말인가?

회사와 가정에 넘쳐나는 새 인공물들과 기술을 생각해보자. 이 인공물에는 버튼이나 전구뿐만 아니라 액정 화면도 있다. 전통적인 시청각 교재들은 컴퓨터에 전화와 텔레비전이 합쳐진 상호작용 멀티미디어 교재로 대체되었다. 매체, 커뮤니케이션, 교육, 엔터테인먼트 그리고 경영 분야에서 새로운 방식이 생겨났다. 이에 따라 새로운 소비재가 우리의 가정을 채우고 있다. 일단 새로운 방식이 자리 잡기만 하면 과거의 문제는 대부분 사라질 것이라고 주장하는 사람도 있다. 학교 시스템에 불만이 있는가? 걱정하지 말자. 왜냐하면 이제 학교나 과학 박물관에서는 상호작용적 멀티미디어, 비디오, 컴퓨터, 그리고 기타 환상적인 기술을 사용하여 학생들의 혼을 쏙 빼 놓을 것이니까. 각 가정에도, 사무실에도 하나씩 들이려고 할 것이다. 그런데, 학생들의 혼을 빼놓는다? 재미나고 즐겁게 한다? 즐겁게 하는 것이 우리를 현명하게 만드는 것인가?

나는 인지과학자이고, 인간 마음이 어떤 작용을 하는가에 관심이 있다. 최근 연구는 마음의 작용을 도와주는 도구를 개발하는 것이다. 나는 이런 도구를 '인지적 인공물'이라고 부른다. 이 책을 쓰는 본질적인 목표는 이 도구가 어떻게 작용하는지, 우리의 정신능력에 도움을 주는 그 원리가 무엇인지를 토론하는 데 있다. 그러나 실제 연구를 진행하는 도중 줄곧 우리의 인지적 산물인 도구들이 역으로 우리의 인지를 조절하는 방식에 관심을 갖게 되었다.

인간은 인지활동을 보조하기 위해 물질적인 것들과 정신적인 것들을 꾸준하게 발명해왔다. 종이, 연필, 계산기, 그리고 컴퓨터 같은 것들은 인간의 인지활동을 돕는 물질적인 인공물이다. 그리고 읽기, 셈하기, 논리, 언어 같은 것들은 정신적인 인공물이다. 왜냐하면, 이것은 규칙과 구조, 다시 말해서 물질적인 특징보다는 인간의 정보 구조라는 특징에서 많은 영향력이 발휘되기 때문이다. 또한, 정신적인 인공물은 암기력이나 과제 수행법 같은 절차를 가지고 있다. 그러나 물질적이든 정신적이든 두 가지는 모두 똑같이 인공물이며 모두 인간의 발명으로 존재한다. 실제로 사고나 행동을 보조하는 목적으로 인간에 의해 만들어진 모든 것은 인공물로 보아도 무방하다. 그것이 누군가에 의해 만들어져서 물질적인 형태를 갖고 있든지, 혹은 정신적인 배움의 과정을 거친 것이든지에 상관없이 말이다.

인공물에 대한 기술은 인간 지식과 정신적 능력의 확장에 필수적이다. 우리에게 역사의 기록, 혹은 논리, 셈하기, 추론 등의 기술이 없었다면 지금쯤 어떤 모습이었을까. 예로부터 예술가와 음악가들은 보통 다른 사람들보다 먼저 새로운 기술개발에 관심을 쏟았다. 즉, 우리의 지각을 확대시키기 위해 자신들의 잠재력을 탐구하였던 것이다. 그러나 기술은 우리를 노예로 만들어버릴 수도 있고, 마약처럼 생산적으로 쓰이지 않을 수도 있다. 아울러, 기술은 가진 자에게는 힘이 되지만, 갖지 못한 사람에게는 오히려 힘을 빼앗는다.

나는 최근에 한 회사의 컨설턴트로 일한 적이 있다. 그 회사에서는 야심찬 프로젝트에 관한 논의를 위해 여러 사람을 초대하였다. 그 사람들 중 대부분은 영화와 텔레비전의 감독, 프로듀서, 그리고 작가였다. 그들은 주로 시청자들에게 긴장감, 공포, 혹은 흥분을 유발시키는 방법에 대하여 이야기했다. 나는 여기에서 감동을 받았다.

나는 즐거운 대화의 한가운데 있었고, 동시에 그들의 매력에 흠뻑 빠졌다. 그 이후로 나는 그들이 제작한 텔레비전 프로그램이나 영화 가운데 몇 편을 열심히 보았다. 그들은 분명 영리했고, 교육 수준도 높았으며, 지적인 사람들이었다. 따라서 나는 교육적이고 지적 욕구를 충족시켜 줄 텔레비전 쇼나 영화를 기대했다. 그런데 맙소사, 너무 실망스러웠다. 그들이 만든 것이라고는 사람을 하루에 몇 시간씩이라도 끊임없이 흘러가는 화면을 뚫어져라 바라보며, 덫에 걸린 듯 집안에 머무르게 하고, 결국엔 시청자를 바보로 만드는 것에 불과했다. 설상가상으로, 우리가 열심히 논의한 그 프로젝트는 사람을 바보로 만드는 훨씬 뛰어난 기술까지 갖추고 있었다.

텔레비전 쇼와 영화는 영리한가? 그렇다. 몰두시키는가? 어느 정도는, 유익한가? 계몽적인가? 정보를 전해주는가? 전혀 그렇지 않다. 만일 그 기술들을 잘 관찰해본다면, 매우 견고히 구성되어 있지만 대부분이 시청자의 주의를 빼앗기 위함임을 알 수 있다. 물론 등장하는 인물의 연기나 그 밖의 무대 장치들은 섬세한 의미를 담고 있음에도 불구하고, 주요 장면이나 줄거리는 보조 역할에 불과하고 배경이 중심적인 역할을 차지하고 있었다.

나는 그 프로젝트에 대한 조언을 생각하면서 그들이 틀렸다는 확신이 섰다. 단지 틀린 정도가 아니라 해롭기까지 하다. 시청자의 지적 수준을 감소시키는 또 하나의 수단임과 동시에, 끊임없이 증가하는 광고 속에서 시청자를 무참히 희생시키는 방법이었다. 현재 범람하는 상호작용적 하이

테크 광고는 당신을 몰입하도록 만들어 신용카드를 마구 사용하게 한다. 실제로 당신은 아마 그 시스템에 신용카드 번호를 알려줄 필요도 없을 것이다. 이미 알고 있을 테니까. 그 시스템은 당신이 좋아하는 것과 싫어하는 것, 개인적인 활동과 은행 계정 등 당신이 인지하고 있는 것보다 더 많이 알고 있을지도 모른다. 이것이 새로운 기술이 약속한 미래인가?

작가이자 홀 어스 리뷰(Whole Earth Review)지의 전(前) 편집자인 하워드 레인골드는 자신이 기술에 중독되었다고 고백했다. 마치 낚시 바늘에 걸린 것 같았다고 했다. 마약중독자가 매일 마약을 필요로 하는 것처럼 자신도 늘 더 새로운 기술을 갈구 했으며, 그렇지 못했을 경우, 자신의 몸이 삶을 거부하고 반항하였다고 한다. 여기서 그치지 않고 스스로 중독 상태를 악화시키기까지 했다. 가족을 비롯하여 만나는 사람마다 기술에 중독되도록 조장했다. 레인골드는 텔레비전, 컴퓨터, 전자오락, 그리고 가전제품이 보여주는 새로운 기술에 중독되었으며, 더욱더 놀랍고 본 적 없는 기술이 어서 빨리 개발되기를 바랐다. 인터넷을 이용하여 매일 수천 통의 전자우편을 받고, 전자게시판에 올라 있는 글을 살펴보며, 만나본 적도 없는 사람과 몇 시간씩 채팅을 하였다고 한다.

"나는 중독되었으며, 이로 인해 가정을 소홀히 하게 되었다는 점을 잘 알고 있다."라며 레인골드는 우리에게 기술 중독의 폐해를 일깨워주려 하였다. "내가 중독되었나?" 그의 말에 귀 기울이며 나 자신에게 물었다. 내 집에도 네트워크에 연결된 컴퓨터가 있다. 나는 전자우편을 많이 사용한다. 아마 실제로는 전자우편이 나를 사용하고 있을 것이다. 거의 일 년에 2만 통의 전자우편을 받는다. 레인골드는 이제 중독에서 벗어났지만, 완쾌되지는 못했다. 그리고 이제는 마약중독에서 갓 벗어난 사람이 그런 것처럼 많은 해결책을 제시하고 있다. 그는 기술 중독의 원인에 대하여 의문을 제기하였고, 개혁운동을 전개했으며, 심지어 현대의 커뮤니케이션 방식과 컴퓨터에 반대하여 구식 기술인 책을 사용하자고 하였다.

레인골드가 자신을 과학기술의 중독으로부터 벗어나게 만든 책이라고 한 제리 맨더의 『신성의 부재』를 사서 읽었다. 레인골드가 원했던 바인지는 모르겠지만, 나는 우울해졌고 사기가 꺾였다. 하지만 확신할 수 없었다. 맨더는 현대 기술은 부정적인 측면이 너무 많기 때문에 대부분을 없애자고 했다. 그러나 나는 긍정적인 측면 역시 많기 때문에 기술을 유지하되, 소중히 여기며 확장시켜 나가야 한다고 생각한다. 우리가 기술이 가져다주는 잠재적인 혜택이나 위험에 대하여 다른 의견을 가지고 있다고 생각하지는 않는다. 다만, 그는 오늘날 기술의 부정적인 측면이 긍정적인 측면을 압도한다고 생각한다는 것이 나와 다른 점이다. 나는 그에 비해 좀 낙관적인 편이다.

인간 지능의 대부분이 인공물을 만들어낼 수 있는 능력을 뒷받침하고 있다. 그렇다. 인간은 두뇌는 강력하다. 그러나 뇌에는 한계가 있다. 우리는 모든 동물 중 유일하게 한계를 극복하는 법을 배워왔다. 약한 신체를 더 강하고, 더 빠르고, 더 편안하게 해주는 도구를 만들어왔다. 인간은 발명품 덕분에 추위에 떨지 않게 되었고, 따뜻한 곳에서 잠들고, 다양한 음식을 먹게 되었다. 또한 과학기술은 우리를 현명하게도 만든다. 기술을 통해 우리는 교육을 받고, 즐거움을 느낀다. 기술 반대론자만이 옷과 집, 그리고 난방도 없이 고집스레 살고자 할 것이다. 누가 언어와 읽기, 쓰기를 포기할 수 있는가? 아니면 셈이나 단순한 도구는 포기할 수 있는가? 기술 발전의 산물인 인공물 중에서 어떤 것은 이익이 된다고 생각하면서, 왜 다른 인공물은 해롭다고 생각하는가?

나는 이것을 '과학기술이 우연히 발전되었기 때문'이라고 생각한다. 기술은 계획된 것이 아니며, 단지 우연에 의해 생겨났다. 처음에는 야생에서 간단한 도구를 사용했다. 현대인들은 다른 동물이나 선조인 네안데르탈인보다 복잡한 도구를 만들었다. 원숭이는 곤충을 잡기 위해 나뭇가지를 이용하고, 돌을 사용하여 빻았지만, 인간은 돌로 자르는 도구를 만드는 법을 알게 되었다. 다음에 돌을 막대에 묶어 창을 만들었다. 결국, 인간은 옷을 만들고, 불을 이용하여, 바위에서 광물을 녹여내어 도구로 만드는 법을 알게 되었다.

물론 그렇게 도구와 옷감을 만드는 것은 지금으로 따지면 매우 단순해 보이지만, 당시에는 전문성을 필요한 매우 복잡한 일이었다. 채굴, 금속제련, 목공을 위한 도구와 사냥, 농사, 요리와 옷 만들기에 필요한 도구는 서로 다르다. 게다가 이러한 도구를 효율적으로 사용하기 위해 필요한 기술과 지식 또한 다르다. 그 결과, 자연스럽게 필요한 도구를 개발하면서 제작 방식은 점점 전문화되었다. 어떤 도구를 잘 만드는 사람은 다른 도구를 잘 만드는 사람과는 구분되었고, 그 도구를 능숙하게 사용하는 사람 또한 마찬가지였다. 사냥보다 관찰을 잘했던 사람은 여러 주 동안 계속해서 해와 달, 별을 바라보고 사냥과 농작물을 심고 수확하기 좋은 시기를 예측하는 방법을 알게 되었다. 각 분야에서 나타난 기술 진보는 인간 사회의 역량을 강화시켰으며, 아울러 다음 세대가 배워야 하는 지식의 양 또한 늘어났다.

새로운 발견으로 사회는 조금씩 변화했다. 사람들은 더 많은 지식을 학습해야 했고, 그 결과 더 전문화되었다. 기술을 많이 익힐수록 더 큰 이익을 누릴 수 있었다. 수천 년에 걸친 역사에서 가장 진보된 기술을 가진 집단은 자연스럽게 권력을 누렸다. 기술은 인간 능력이 더해져서 훨씬 더 많은 부가적인 기술을 생산했다. 그러자 사람들은 점점 더 많은 기술을 습득해야 했고, 더 오래 학교를 다녀야 했고, 더욱 전문성을 가져야만 했다. 결국 사회는 몇 가지 전문화된 지식과 능력을 가지고 있는 집단과 그렇지 못한 집단으로 나뉘게 되었다. 생각해보라. 이중 어떤 것이 계획에 맞춰 진행되었는지. 하지만 기술을 만드는 사람이든 그것을 개선하는 사람이든 어느 누구도 이로 인해 파생될 기술의 이중성을 명확히 인식하지는 못했다.

기술의 이중성을 논한 사람은 내가 처음은 아니다. 하지만, 앞서 살았던 많은 사람들과는 달리 나의 목표는 어떻게 인지적 기술이 인간의 마음과 상호작용하는지에 관해 일반인의 이해를 높이는 데 있다. 어떤 비평가들은 과학기술이 현대 사회에 고통을 주고 필연적으로 문제를 일으킨다고 주장한다. 나는 이 점에 동의하지는 않는다. 비록 기술이 오늘날의 많은 문제를 발생시키는 원인이 되었다 할지라도 잘못된 결과는 피할 수 있었다고 믿는다. 기술은 인류에 많은 도움이 된 것은 사실이다. 하지만 기술 자체는 삶의 질을 향상시키는 동시에 삶의 질을 떨어뜨리기도 한다. 만약 기술의 특성과 그것이 인간에 미치는 영향을 잘 알게 된다면, 아마도 나중에는 기술의 영향력을 인간이 통제할 수 있을 것이다. 나는 경고를 하려는 것이다. 그러나 그것은 절망의 경고가 아니라 희망이 수반된 경고이다.

기술과 사람의 인간중심적 관점을 향하여

과학은 발견하고, 산업은 응용하며, 인간은 그에 순응한다.

1933년 시카고 만국박람회의 모토

과거에는 기술을 인간의 신체에 어떻게 하면 적합하게 할 수 있을지 고민했다. 하지만, 오늘날에는 기술을 인간의 마음에 잘 맞추어야 한다. 이는 과거의 접근방법이 더 이상 적절하지 않음을 뜻한다. 즉, 기계분석에 적합했던 방법이 인간을 분석할 때는 적합하지 않다는 것이다. 오늘날 대부분의 과학과 공학에서는 기계를 디자인할 때 인간을 이해하고자 한다. 하지만 그 방법을 인간중심적 관점이 아닌 기계중심적 관점으로 풀어내려 한다. 그 결과, 인간의 인지를 돕고, 즐거움을 주고자 했던 기술은 오히려 인간에게 장애와 혼란을 준다.

과학과 공학은 추상적이고 분석적인 방향으로 발전되어 왔으며, 측정과 수학적 방법이 가장 중요하게 되었다. 이 과정에서 기계중심적 관점에 대한 선호가 무의식적으로 생겨났으며, 점점 더 강화되었다. 기계중심적 접근을 취하고 있는 사람들은 자신들이 무엇을 하는지 인식하지 못한 채 자신들의 방식이 논리적이고, 분명하며, 필수적이라고 주장한다. 예를 들어보자.

사람들은 쉽게 주의가 산만해진다. 즉, 사람들은 기본적으로 한곳에만 주의를 집중하기 어렵다. 실제로, 사람들은 자신의 주의력 결핍에 대해서 종종 불평한다. "나는 일에 집중할 수 없습니다. 방 안에서 일어나는 모든 것 때문에 주의가 산만해집니다." 주의력 결핍은 과제에 집중해야만 하는 우리 모두에게 문제가 되곤 한다. 이를 극복하기 위해서는 많은 정신적 노력이 필요하다. 이것은 분명히 인간 마음의 결함 중 하나다.

또 다른 예를 들어보자. 대부분의 사람들은 문법적으로 정확히 말하지 않는다. 그래서 언어를 연구하거나 인간의 언어를 이해하는 기계를 개발하려고 하는 과학자들은 인간의 언어는 '비문법적'이어서 이해하기 어렵다고 불평한다. 과학자들이 지적했듯이, 사람들은 정확한 문장으로 말하지 않고, 일상적인 대화는 믿을 수 없을 만큼 엉성하다. 말하는 사이사이에 '어'와 '음'이라는 소리를 넣는다. 단어를 반복하고, 문장을 다시 시작하고, 생각을 완결해서 표현하지 않은 채 말을 끝내버린다. 문장에서 핵심적인 부분들이 생략되고, 분명하지도 않은 대명사를 많이 구사한다. 때로는 의도한 것과는 달리 반대의 의미를 가진 단어를 잘못 쓰기도 하며, 종종 비꼬거나 풍자를 위해 의도적으로 이러한 반의어를 사용한다.

위에서 제시한 주의 산만함과 비문법적 언어 사용의 사례만 봐도 기계중심적 관점이 지닌 편견이 충분히 이해되지 않는다면, '합리적인 의사결정과 사고를 방해한다.'는 감정의 영향에 관해서도 생각해보자. 사람들의 비논리적 행동이 이성보다는 감정 때문이라는 불평을 자주 들어보았을 것이다. 그리고 인간의 실수 또한 마찬가지다. 우리는 인간이 실수를 하며 그것이 때때로 심각한 결과로 이어진다는 것을 알고 있다. 주의가 산만하고, 비문법적이며, 비논리적인데다가 잘못 투성이라니 우리는 얼마나 형편없는 창조물인가.

이런 인간관이 널리 퍼져 있고 그를 뒷받침하는 여러 증거에도 불구하고 여전히 납득하기 어려운 점이 있다. 만일 인간이 그렇게 형편없는 존재라면, 어떻게 반대의 능력을 지닌 기술을 개발하였을까? 정답은 이런 기계중심적 인간관이 잘못되었기 때문이다.

기계는 주의가 산만하지 않다. 심지어 건물이 무너지는 순간에도 컴퓨터는 계속 작동한다. 우리는 누군가에게 정신 사납게 군다고 비난하지만,

정말로 그렇지 않은 사람을 원하는가? 오히려 주변 여러 가지에 주의를 기울인다는 사실에 기뻐해야 할지도 모른다. 다시 말해서, 기계중심관에서 보면 단점인 행동이 인간중심관에서는 장점이 되는 것이다.

과제에 집중하지 못하는 주의 산만 상태를 인간중심적 관점으로 다시 살펴보자. 아마도 문제는 바로 과제 그 자체—그리고, 과제완수를 위한 최종기한을 엄격하게 고집하는 것—이다. 사람들마다 서로 다른 과제를 하게 하거나, 한 가지 과제를 저마다 다른 속도로 하게 한다면 주의력 결핍의 문제는 사라질 것이다. 자신에 걸맞는 적절하게 설정된 과제라면 새로운 사건에 주의를 옮길 수 있는 것은 결점이 아니라 오히려 장점이 될 수도 있다.

마찬가지로, 비문법적으로 말한다는 비판 또한 잘못되었다. 사람들은 다른 사람들이 말하는 방식으로 말을 하고, 이 방식을 수만 년에 걸쳐 이해하였다. 따라서 이러한 비판은 단지 언어를 기술하는 인위적인 문법 체계와 맞지 않는다는 것일 뿐이다. 합리성도 마찬가지이다. 사람들이 종종 비논리적으로 행동한다는 것은 그 행동이 '논리'와 '결정이론'이라는 인위적인 수학 체계에 들어맞지 않는다는 것일 뿐이다. 비문법적인 말이라도 그것을 듣고 있는 사람은 완전히 이해할 수 있듯 비논리적인 행동도 함께 있는 사람은 이해할 수 있다. 다만 과학자의 분석 범주 외의 정보들에 기초를 두고 있을 뿐이다. 인간중심적 관점에서 보면 이것들은 모두 합리적이고 이해할 수 있는 것들이다.

오늘날 대부분의 산업 재해는 인간의 실수에서 비롯되었다고 한다. 예를 들어, 비행기 사고의 75퍼센트가 '조종사의 과실' 때문에 일어난다고 판단한다. 이 수치는 무엇인가 잘못됐으며, 인간에게 문제가 있는 것이 아니다. 즉, 사람에게 맞지 않는 기계중심적 방식으로 행동하게 만드는 디자인이 문제인 것이다.

그렇다면 사회는 과학기술이 인간의 마음을 잘 헤아릴 수 있도록 제 역할을 하고 있는가? 전혀. 시카고에서 열린 만국박람회의 "과학은 발견하고, 산업은 응용하며, 인간은 이를 수용한다."라는 표어에는 이미 인간이 과학을 수용한다는 생각이 고스란히 드러나 있다. 우리는 기계중심적 관점으로 디자인된 기계들의 맹공에 압도당하고 있다. 그래서 혼란스럽고 정상적인 사회적 관계는 무너진다. 그리고 이제 우리가 만든 기술세계가 반대로 우리를 통제하고 지배한다. 사용하기 어려운 가전제품이나 사무기기에서부터 산업재해에 이르기까지 이러한 현상은 다양하게 나타난다. 그리고서는 종종 발생하는 전국적인 통신 두절, 여행자를 공항에 붙들어 두거나 은행 업무를 중단시키는 컴퓨터 고장, 그리고 유람선과 비행기 사고, 이 모든 것을 인간의 탓으로 돌린다.

인간중심적 관점이 반영되지 않은 과학기술은 실수하게 마련인 인간을 보조할 수도, 그 실수의 여파도 최소화하지 못한다. 사람은 실수를 한다. 따라서 이를 고려하여 기술을 디자인하여야 한다. 그렇지 않으면 지금처럼 실수를 초래한 문제의 핵심이 과학기술에 있는 경우에도 사람에게로 문제를 돌린다. 목표는 인지의 기술에 대한 인간중심적 관점을 발전시키는 것이다. 내가 주장하는 바는 반기계적이 아니라 친인간적이다. 과학기술은 더 나은 삶을 창조하기 위한 친구가 되어야 한다. 기술은 인간의 능력을 보조하고, 우리가 잘 수행하지 못하는 활동을 지원하며, 인간에게 적합하도록 개발되어야 한다. 바로 이런 것이 인간적인 것이며 기술을 제대로 사용하는 것이다.

그러나, 만일 이 모든 것을 해야 한다면 어떻게 기술과 인간이 상호작용하고, 어떻게 인간의 인지와 상호작용하는지를 이해해야 한다. 산업폐기물로 생태계가 파괴된 황무지처럼, 인간의 마음도 현대 기술의 부산물로 황폐화될까 염려스럽다. 누구도 일부러 황무지를 만든 것이 아니다. 자연을 파괴하거나 오염시키기 위한 의도가 있던 것이 아니라 원하는 생산물을 만들어내는 과정에서 가치 없거나 해로운 부산물과 쓰레기가 생긴 것이다.

이와 마찬가지로, 우리는 삶을 충족시켜 줄 기술을 필요로 한다. 과거에는 생존이나, 안락함, 강한 힘, 빠른 속도를 위한 도구, 즉 주로 물질적인 기술을 발전시켰다. 반면 오늘날에는 엔터테인먼트, 커뮤니케이션, 그리고 정밀한 계산 등과 같은 정보기술에 초점을 맞추고 있다. 그래서 가능한 통계치를 모두 동원하여 의사 결정을 하고 제조업자의 효율성을 돕는다. 아울러, 뉴스의 증가는 더 많은 정보전달을 의미하고, 엔터테인먼트 매체의 증가는 우리가 더 즐거워진다는 것을 의미한다. 또한, 전세계적인 인터넷의 확산은 사람들 간의 공동작업과 상호작용을 돕는다. 그러나 이런 기술의 부산물의 영향은 혼란스러운 것이다.

오늘날 점점 사라지고 있는 사생활을 생각해보자. 일부 자연스러운 현상일 수 있지만, 대개는 무선전화와 신용카드의 사용, 그리고 은행과 상점의 컴퓨터 도입에 따라 부수적으로 나타난 결과이다. 전화 시스템은 항상 통화자의 정확한 위치를 알고 있으며, 신용카드 사용 및 여러 가지 수입과 지출 활동들은 사용자의 위치와 활동 내용에 대한 정확한 기록을 남기게 된다. 이렇게 개인별로 여러 가지 자료를 담아둔 데이터베이스는 여행하는 동안에도 전화를 걸거나 받을 수 있게 되었고, 현금을 가지고 다니지 않아도 전 세계의 어디에서나 물건을 살 수 있다는 점에서 매우 유용할 수 있다. 그러나 이런 정보를 모으고 공유하는 기계의 성밀도와 정보의 정확성은 비례하지 않다. 개인에 관한 무수한 세부 사항을 파악하고 있더라도 그러한 정보는 틀린 것일 수 있다. 또 일단 잘못된 정보가 널리 퍼지게 되면 수습하는 것도 매우 어렵다.

우리는 이른바 '정보 폭발'의 한가운데 있지만, 그 양이 너무 많아 모두 받아들이기란 불가능에 가깝다. 아울러, 정보의 질 자체도 의심스럽다. 무엇보다도, 통계치를 통해 알아내고자 했던 것이 오히려 그런 과정을 거치지 않더라도 알아낼 수 있는 것이거나 계산하기에 더 편리한 것일 수 있다. 심지어 가장 중요한 요인과는 별 관계가 없거나 전혀 관계가 없는 것일 수도 있다. 근무 시간, 설비 비용, 그리고 '노동 생산성' 지표로 이용될 통계치를 얻기는 쉽지만, 생산품의 질이나 삶의 질에 미치는 생산품의 효과에 대한 통계치를 얻는 것은 훨씬 더 어렵다.

20세기 초의 시간-동작 연구는 노동 효율성을 증가시키고, 노동 피로도는 줄임으로써 노동력을 개선시키기 위한 강력한 분석도구를 개발하였다. 그리고 목적을 매우 효과적으로 성취해냈고 앞으로도 그럴 것이다. 그러나 문제는 그 목적이 적절하느냐의 여부이다. 효율성을 연구하는 사람들은 모든 사람들을 더 행복하게 만들 수 있다고 생각한다. 이들이 가진 논리는 다음과 같다. 노동자는 더 많이 생산하면서도 육체적으로 정신적으로 덜 피곤할 것이며, 공장주 또한 비용을 줄일 수 있다. 따라서 노동자는 더 많은 임금을 받게 되고, 생산물의 가격은 내릴 수 있다. 결과적으로 모든 사람들은 한결 더 잘 살게 될 것이다.

시간-동작 연구자들은 인간을 전혀 고려하지 않았다. 그들은 기계중심적 관점으로 고속 동영상 기술을 이용하여 모든 작업 동작을 분석하였다. 한 업무를 여러 가지 절차로 수행하고, 이 절차 간에 나타나는 차이를 알아보기 위해 통제된 실험을 하였다. 그 결과 낭비되고 있는 동선과 비효율적인 작업 절차를 찾아냈다. 그리고 작업 동작의 속도를 측정하고, 가장 효율적인 무게와 동작을 알아냈다. 때로는 생산품의 무게를 줄인다거나 절차를 천천히 진행시키는 것이 효율적이기도 했다. 이렇게 연구된 데이터들은 모두 기록되어 단기적으로 생산을 증대시켰으나 장기적으로는 삶과 생산품의 품질을 떨어뜨렸다.

인간은 생각을 할 수 있고, 현상을 해석할 수 있는 창조물이다. 인간의 마음은 설명을 추구하고 해석하며 대안을 세운다. 인간은 능동적이고 창조적이며 사회적인 존재로서 다른 사람들과 상호작용하고자 한다. 기계와 달리 인간은 다른 사람의 기대에 맞추어 행동을 변화시킨다. 이러한 자연스러운 경향들은 효율성을 강조하는 공학적 접근에서는 방해가 된다. 기계중심적 관점의 연구들은 주로 1초당 동작과 관련되었으며, 단기적인 생산성을 강조하였고, 노동자를 그가 속한 주변 환경과 분리되어 있는 존재로 다루었다. 그 결과 생산의 질, 노동자의 만족, 사회적 환경의 개선 같은 장기적 목표는 후퇴하였다.

효율적이고 반복적인 작업 공정은 기계에는 적합할지 모르지만 인간의 신체 조건에는 적합하지 않다. 인간의 몸이 지치는 것을 '반복적 스트레스 증후군'으로, 마음이 지치는 것을 '소진 증후군'이라고 부른다. 이 증상은 창의적인 아이디어, 혁신의 능력 또는 단순 업무에 대한 주의 집중들이 다 사라져버리게 만든다. 마음이 지치면 결국 사기가 꺾이게 되고 자기 일에 애정을 느끼지 못하고 쉽게 그만두게 된다. 따라서 대체 노동자를 새로 고용하고 훈련하기 위해 추가 비용을 들이지만, 이렇게 악화된 사회의 재정은 일반적으로 분석되지 않는다. 그런데 이보다 더 심각한 문제는 기계중심적 접근에 의한 직무 설계로 창의력 없는 사회가 된다는 점이다. 이 중 어느 것도 계획된 것이 아니다. 이는 우연의 산물이다.

정확한 측정은 과학의 기본 조건이다. 만일 과학이 측정해낸 수치가 간단하지도, 신뢰할 수도 없다면 그를 바탕으로 진행되는 측정, 실험, 분석 등을 부정하게 될 것이다. 인문사회과학에 있어서의 문제는 바로 이 과학적 측정이 완벽하지 않다는 점이다.

인간은 지금까지의 과학의 연구대상 중 가장 복잡하다. 인간의 행동은 여러 가지 다양한 상호작용, 일생 동안의 경험과 지식, 그리고 미묘한 사회적 관계들의 결과이다. 과학적인 측정도구는 한 번에 한 가지 변수를 연구하면서 이 복잡성을 벗겨내려 한다. 그러나 인간의 삶에서 가치 있는 대부분은 이러한 부분들끼리의 상호작용의 결과이다. 따라서 단순히 한 가지 변수만 놓고 측정한다면, 잘못된 결과를 도출할 수 있다.

정확하고 정밀한 측정에 의존하는 과학을 '하드' 과학이라 한다. 반면 관찰, 분류, 주관적 측정과 평가에 의존해야 하는 과학을 '소프트' 과학이라고 한다. 그리고 이러한 과학적 분류에 따른 기술을 하드 기술과 소프트 기술이라고 부른다. 하드 과학과 하드 기술에 잘못된 점은 없다. 문제는 누락된 부분에 있다. 하드 과학에서는 측정할 수 있는 것을 제외하고는 모두 무시한다. 소프트 과학에서는 하드 과학에서 배제한 나머지를 다룬다. 왜냐하면, 하드 과학에서 배제된 부분이야말로 가장 중요하고 본질적인 부분이라 믿기 때문이다.

과학기술은 우리의 사고와 문명화된 삶을 보조한다. 그러나 기술은 인위적으로는 삶을 증진시키지만 여러 가지 중요한 것을 무시하는 마음의 틀을 형성한다. 이 마음의 틀은 실재적인 중요성보다는 다소 임의적인 조건, 즉 오늘날의 도구를 이용하여 과학적으로 측정할 수 있는가에 근거한다. 결과적으로, 과학과 기술은 단지 측정치의 결과만을 다루는 경향이 있으며, 사람들이 살아가고 있는 세상과는 동떨어져 있다. 이러한 위험은 여러 가지 측정될 수 없는 것들이 과학적인 연구에서 아무 역할도 하지 못하며, 거의 무가치한 것으로 판단된다는 점이다. 과학과 기술은 자체로 할 수 있는 것에서는 최고이지만, 그 영역 밖에 것도 못지않게 중요하며, 오히려 더욱 중요할 수도 있다.

인지의 두 가지 종류

마음을 황폐화시키는 기술의 부산물 중에서 내가 가장 관심 있는 것은 매체, 교육, 그리고 삶의 지적인 측면에까지 범람하고 있는 엔터테인먼트 기술의 부산물이다. 내가 염려하는 바는 이 기술 때문에 우리는 사고하는 대신 경험을 통해서만 사물이나 현상을 받아들인다는 점이다. 이에 관해 좀 더 자세히 살펴보자.

인간은 다양한 방식으로 사고하며 여러 가지 양식의 인지 방법을 이용한다 나의 분석 틀과 밀접한 두 가지 인지 양식은 체험적 인지와 반성적 인지다. 체험적 양식은 주변의 사건들을 효율적, 자동적으로 지각하고 반응하도록 한다. 이는 전문가의 행동 양식이고, 효율적인 수행을 위한 핵심적 요소이다. 반성적 양식은 사물들을 서로 비교하거나 대조할 때, 그리고 깊이 생각하거나 의사 결정할 때 주로 활용된다. 이로 인해 새로운 아이디어를 낼 수도 있고 새로운 반응을 할 수도 있다. 두 가지 양식 모두 인간의 수행에는 필수적이지만, 각기 다른 방식의 기술적 지원이 필요하다. 인간의 인지와 지각을 이해하는 데 밀접한 이 양식들 간의 차이를 이해하면 기술이 제멋대로 되지 않도록 통제하고 인간에게 적합한 산물을 만들 수 있다.

인간의 인지와 같이 복잡한 개념을 이분법적 범주로 구분하는 것은 매우 위험하다. 왜냐하면, 인간의 인지란 모든 감각, 내적 활동, 그리고 외적 구조를 포함하는 다차원적인 활동이기 때문이다. 그럼에도 불구하고, 두 가지 사고 양식에 집중함으로써 정신적 활동의 각기 다른 측면을 조명하고 비교할 수 있게 된다. 따라서 체험적 양식과 반성적 양식에만 초점을 맞추고자 한다.

물론 두 양식이 모든 사고 과정을 포괄하는 것은 아니며, 또한 상호 배타적이지도 않다. 즉, 두 양식은 서로 섞일 수 있으며 체험적 양식으로 인지하면서 동시에 반성적 양식으로 인지할 수도 있다. 그러나 대부분의 기술은 둘 중에 한 가지만 선택하도록 강요하고 있다. 텔레비전이나 엔터테인먼트 매체의 가치에 관한 몇몇 주장들은 이 두 인지 양식의 특징을 혼돈하고 있는 데 기인한다. 지금 우리가 사용하고 있는 것들이 인간에게 부적절한 이유는 체험적 상황에서 반성적 인지를 사용해야 하거나, 혹은 반성적 인지를 사용해야 하는 상황에서 체험적 인지를 사용해야 하기 때문이다.

이에 대한 해결책은 적절한 정도로 반성을 유지하는 것이다. 반성적 인지가 사용되어야 하는 때와 장소를 잘 이해하고, 기술적으로 적절한 지원과 지적인 훈련을 제공해야 한다. 현대 기술은 반성적 인지를 강화할 수 있는 힘을 지니고 있으며, 과거보다 훨씬 더 강력하게 만들 수 있다. 체험적 인지 양식은 단순히 경험을 통해 상대적으로 쉽게 체득되지만, 반성적 인지 양식은 그렇지 않을 뿐더러 익히기에 더 어렵다. 누구나 반성적 인지를 사용할 수는 있다. 왜냐하면 그것은 인간의 아주 자연스러운 행동이기 때문이다. 그러나 효과적인 반성적 사고를 위해서는 구조와 조직화가 필요하다. 체계적인 절차와 방법을 이용하면 반성적 사고를 더욱 잘할 수 있는데 이는 주로 교육에 의해 터득된다. 그러나 우리의 교육체계는 점점 더 체험적인 양식을 지향하고 있다. 맙소사! 감동에 의존하는 강의, 시선을 끌도록 제작한 영화와 비디오 세트, 미리 정해진 순서를 따르는 교과서가 바로 그것이다. 그들은 학생을 즐겁게 해주면 학업에 더 열중할 것이라고 생각한다. 이것은 반성적 사고를 향한 길이 아니다.

오해는 하지 마시라. 나는 체험적인 인지 양식을 제거하자는 것이 아니다. 나도 다른 사람들만큼 경험을 즐긴다. 세상에서 일어나는 것 속에 자신을 푹 담그고 만끽하는 것은 삶의 중요한 부분이다. 배를 타면서 스릴을 만끽하든 혹은 공포 소설을 읽으면서 스릴을 느끼든 상관없다. 체험적 양식은 실제로 참여하고 있을 때 가장 잘 경험할 수 있지만 관찰이나 독서 등을 통해 간접적으로 일어날 수도 있다. 체험적 사고는 계획이나 문제 해결이 필요 없는 숙련된 수행에 필수적이다.

전문가는 주로 체험적 인지를 이용한다. 능숙한 운동선수도 마찬가지로 경기 도중에 일어나는 여러 가지 일에 대처하기 위해서 체험적 양식을 사용한다. 노련한 비행사나 심지어 수학자도 체험적인 양식을 사용하여 보고, 깨닫고, 반응한다. 만약 내가 타고 있는 비행기에 문제가 생겼는데, 기장이 무엇을 해야 할지 반성적으로 사고하길 원하지 않는다. 대신에 훈련을 잘 받은 기장이 재빠르게 적절한 조치를 취하기를 바랄 것이다. 체험적 양식을 사용해서 말이다.

그러나 체험적 양식을 즐겨 사용하는 것 또한 위험할 수 있다. 왜냐하면, 사고와 행위를 혼돈할 수 있기 때문이다. 물론 체험적 양식은 새로운 경험을 할 수는 있지만, 창의적인 아이디어와 개념을 만들거나 인간 이해의 진보를 가져올 수는 없다. 이를 위해서는 반성적 사고가 필요하다. 그리고 오늘날 더 심각한 문제는 영화나 비디오 또는 인쇄물을 통해 다른 사람들의 행동을 체험적 양식으로 관찰할 때 나타나는 대리적 체험의 문제다. 대리적 체험은 오락적일 수 있으나 그렇다고 능동적인 참여를 대신할 수는 없다.

제2장
세상을 경험하기

시카고 과학산업 박물관에는 제너럴모터스(GM)에서 기증한 전시물이 있는데, 이것은 과학이 어떻게 자동차의 디자인과 생산과정에 이용되는지를 잘 보여준다. 이 전시물은 영상으로 송출되는데, 관람객들이 대형 화면 앞에 서서 쳐다보면, 하얀 실험실 가운을 입은 과학자가 스크린에 나타난다. 그는 과학의 경이로움에 대해 설명하고, 노래하고, 춤추고, 농담하고, 묘기도 부린다. 영상은 3차원 투사의 형태로 제시되어서 입체로 보인다. 과학자가 설명하고 있는 물체가 과학자의 앞에 나타나기도 하고, 때로는 뒤에 나타나기도 한다. 어떤 형상들은 비디오로 투사되는 것처럼 보이고, 또 어떤 것들은 실물도, 화면에 투사된 상도 아니면서 공간을 자유롭게 떠돌아다니는 물체처럼 보이기도 한다.

나는 시카고에서 열린 인지과학 학회 연차 학술회의에 참여했을 때 그 전시장을 방문하였다. 여러 명의 동료들과 함께 갔는데, 화면에 나타난 과학자와는 달리 우리 모두는 진짜 과학자였다. 우리 누구도 하얀 실험실 가운을 입고 일하지 않을 뿐더러 노래하거나 춤추지도, 또 묘기를 부리지도 않는다(적어도 다른 사람이 듣거나 구경하고 싶어 할 만큼 잘하지는 못한다). 우리는 화면에 나타난 과학자가 실제로 만족스런 말은 한 마디도 하지 않았다는 사실을 알아채고, 인내심을 가지고 그의 말에 귀 기울이며 기다렸으나 허사였다.

오히려 가장 흥미로운 부분은 전시물 바로 그 자체였다. 어떻게 작동되는 것일까? 어떻게 형상들이 다른 깊이로 보일 수 있을까? 자세히 살펴보았을 때 그것들은 정해진 몇 몇 군데로만 나타났다. 그렇다고 하더라도 어떻게 된 일일까? 몇 개의 숨겨진 화면이 있어 서로 다른 형상들이 일정 시간 간격을 두고 투사되는 것일까? 그리고 '가상 이미지'는 또 무엇인가? 만약 한 가지 형상만 있었다면 그것이 어떻게 투사되는 것인지를 쉽게 이해할 수 있겠지만 실제로는 꽤 많은 형상들이 있었다. 혹시 정해진 시간에 따라 조명이 비추어지면서 렌즈나 거울로 이미지를 반사하여 회전용 테이블 위의 실제 물체들을 만들어내는 것일까?

우리는 이곳에서 많은 것을 배웠지만 적어도 박물관이 의도했던 방식은 아니었다. 그 전시장은 과학에 관한 어떠한 것도 가르쳐주지 않았을 뿐만 아니라, 우리를 도와준 것도 없었다. 그것은 단지 G.M. 사를 위한 광고였을 뿐이다. 내부의 전시물 이외에 과학이란 없었다. 왜냐하면 건물의 목적이 전시가 아니었기 때문에 가장 흥미롭고 유익한 부분인 전시물을을 활용하려는 어떠한 노력도 없었다. 관람객들에게는 아무런 실질적인 이득도 없는, 순전히 오락물에 지나지 않았다.

전시물과 관련된 이런 문제점들은 다른 과학박물관에서도 찾을 수 있다. 일전에 나는 어떤 유명한 과학박물관의 관장과 이야기를 나눈 적이 있다. 그는 문제점을 인정하면서도 우선순위는 사람들이 과학에 관심을 갖게 하는 것이라고 말했다. 박물관장은 "박물관을 방문하는 사람들은 긴 설명을 읽거나 과학에 관한 세부적인 것을 알고 싶어 하지 않습니다. 과학 현상을 이용하여 사람들의 흥미를 불러일으키는 것이 우리의 일입니다."라고 설명하였다.

분명 박물관장의 말은 타당하지만, 시카고 과학산업 박물관의 전시물은 그 주장의 모순을 잘 설명하고 있다. 엄청난 비용을 들여서 만든 멋진 전시물은 실제로 많은 방문객을 매료시켰지만, 그들에게 새로운 지식을 하나도 전달하지 못했다. 만약 전시물의 뒤쪽을 볼 수 있도록 하고, 광학이나 시각에 관한 것을 가르칠 수 있는 기회로 활용하였다면 얼마나 훌륭한 전시물이 되었을까?

여러 과학박물관에서 나와 제자들은 오랫동안 사람들을 관찰하고 그들과 대화도 나누어 보았다. 그들은 정말로 즐거워했을 뿐만 아니라, 박물관을 좋아한다고 말하며 다시 방문하고 싶어 했다. 그러나 방문객들은 자신들이 경험한 것을 이해하고 있을까? 결코 그렇지 않다. 그들은 관람 도중에 무엇인가를 배울까? 놀랍게도 거의 아무것도 학습하지 못한다. 더욱 나쁜 것은, 종종 자신들이 알게 되었다는 점을 우리에게 설명하기도 하는데 그 설명이 잘못되었다는 것이다. 이는 전시물이 틀린 정보도 같이 제공하기 때문이다.

그러나 내가 잘 알고 있는 샌프란시스코의 탐험관은 예외적인 과학박물관이다. 전형적인 박물관이 지니고 있는 매혹적이고 전문적인 세련미는 부족하지만, 대신 방문객과의 적극적인 만남을 강조한다. 이 탐험관에는 도우미라고 할 수 있는 여러 명의 열성 봉사자들이 있다. 그들은 방문객을 도와주도록 잘 훈련받았으며, 전시장의 순서에 따라 방문객을 안내하고, 질문에 답하는 등 다른 박물관에서는 거의 하지 않는 일을 하고 있다.

다른 사람들 역시 나와 똑같은 불만을 갖고 있다. 심리학자이며, 영국 브리스톨에 위치한 탐험 과학박물관의 운영을 돕고 있는 리처드 그레고리는 "전통적인 과학박물관을 보면 어디에서도 과학은 없다. 케플러나 뉴턴의 법칙뿐만 아니라 스펙트럼 선과 원자구조와의 관련성, 양자물리학이나 상대성이론의 개념도 찾아보기 힘들다. 심지어 어떻게 모터나 라디오 혹은 냉장고가 작동하는지 명쾌하게 설명하고 있는 곳을 찾기는 여간 힘든 일이 아니다."라고 평가하였다.

과학박물관 측도 이러한 비판을 알고 있으나, 체험적 인지를 강조하며 현재의 입장을 변명한다. 과학, 산업 및 각종 기술 전시를 위한 유럽 컨소

시업의 책임자인 멜라닌 퀸은 "과학에 대한 대중의 이해를 위해서는 동기 부여가 전제 조건이자 주요한 핵심 요건입니다. 바로 이것이 상호작용하는 과학을 지원할 충분한 이유가 되는 것이지요. 사람들의 열정을 높이고 새로운 관심을 갖게 하려고 미술관을 지원하는 것과 마찬가지로 과학 이벤트를 위한 현대적 센터도 마찬가지 아니겠어요?"라고 말했다. 이 말은 적절한 지적이다. 물론 체험적 학습만으로는 충분하지 않지만 실제로 좋은 동기 부여 도구이므로 학습의 출발점으로는 손색이 없다. 퀸은 다음과 같이 말했다. "전시물 자체가 가르치는 데 아무런 도움이 되지 않는다는 것에는 일반적으로 동의합니다. 전시물은 사람들에게 자극을 주기 위한 것입니다. 일단 흥미를 불러일으키고 나면 학교가 박물관이나 과학 센터의 전시물 이외의 다른 활동을 통해서 이러한 흥미를 잘 활용해야 할 것입니다." 어찌 이 말에 동의하지 않을 수 있겠는가? 그럼에도 불구하고 걱정되는 점은 너무나 많은 박물관이 사람들에게 배우고, 생각하고, 반영할 수 있는 기회를 제공함에도, 후속 조치의 결여에 대한 변명으로 그런 달콤한 말을 사용한다는 점이다.

동기 유발 요인으로 체험적 인지와 반성적 학습을 위한 도구가 어떻게 잘 결합할 수 있는지를 보여주는 좋은 예가 바로 비디오게임이다. 이 업계에 종사하는 게임 디자이너들은 사용자에게 게임의 주요 특징과 한 번 해보고 싶게끔 유혹하는 매력적인 방식의 디스플레이를 만들어낸다. 일단 게임을 경험해본 다음, 사용자는 게임을 더 효율적으로 하기 위해서 체험적 인지와 생각하게 만드는 인지, 즉 반성적 인지를 모두 사용해야 한다.

즉, 요령을 배우고 최선의 전략을 개발하는 데에는 반성적 형태의 인지를, 상황을 즐기면서 최적으로 반응하는 기술 수준에 도달하기 위해서는 경험적 형태의 인지를 사용해야 한다. 실제로 사용자의 관심을 끄는 방식은 어느 정도 (생각하게 만드는) 반성적인 측면을 지니고 있다. 숙련된 게임 사용자는 흥미로운 방식으로 제시된 디스플레이에서 시나리오를 살펴본다. 왜냐하면 시나리오는 이따금 게임에서 마주치게 되는 특정 상황에서 어떻게 반응해야 하는지에 관한 요령이나 힌트를 알려주기 때문이다. 게임 제작자들은 사람들을 게임에 끌어들이는 방법과 적절한 지시사항을 제공하는 방법을 이미 터득하고 있다. 그런데 왜 박물관 개발자들은 이들만큼 현명하지 못할까?

체험적 인지와 반성적 인지

전문성의 핵심은 효율적이면서도 빠른 의사 판단이다. 비행 조종사는 비행기를 활주로로 옮기기 위해 속도 조절판을 앞으로 밀고 바퀴와 방향타를 조절한다. 부조종사가 "회전"이라고 말하면, 조종사는 조종대를 뒤로 잡아당기고, 비행기가 뜨면 보조 날개와 속도 조절판을 조정하고 우아하게 비행한다. 이러한 모든 일은 수많은 정보들—창문 밖의 상황, 부조종사의 음성, 각종 계기판의 정보, 속도 조절기와 보조 날개의 짐작되는 위치, 엔진의 소리, 그리고 특정 공항과 활주로에서 경험한 절차에 대한 기억 등—을 계속적으로 통합하는 숙련된 기술에 의해 쉽게 이루어진다.

이러한 이야기는 비행기 안, 운동 경기장, 혹은 관중 앞에서 등의 전문적인 수행에는 모두 해당된다. 당신이 매우 재미있는 소설이나 텔레비전 쇼에 흠뻑 빠져 있다고 생각해보라. 너무 열중한 나머지 마치 세상이 잠시 잠들어버린 것처럼 느껴질 것이다. 이러한 것이 바로 체험적 인지의 예이다. 정보의 형태가 지각되고 동화되고 나면 아무런 특별한 노력이나 시간의 지연 없이 적절한 반응을 보인다. 체험적 사고는 숙련된 행동에 필수적이다. 겉으로는 매우 자연스럽게 보이지만 이러한 정도가 가능하려면 오랜 경험과 훈련이 필요하다. 나는 이러한 형태의 인지를 인지의 주관적인 측면을 강조하기 위해 '체험적' 형태라 부르지만, 반응의 자동적 속성을 강조하여 '반사적' 형태의 인지라 불러도 타당할 것이다.

우리는 어떤 영역에서는 전문가이지만 다른 영역에서는 그렇지 못하다. 일단 전문가가 되면 그에 걸맞는 반응에는 별다른 노력이 필요하지 않다. 엄청난 양의 정보가 처리되고 있지만 모두 의식적 자각 없이 이루어진다. 이러한 잠재의식적 과정은 지금 경험하고 있는 것을 기존의 거대한 지식과 경험과 조화를 이루게 한다. 따라서 상당한 통찰과 정보를 요구하는 의사 결정도 별다른 노력 없이 신속하게 이루어진다. 체험적 사고는 우리의 감각기관에 도달하는 정보의 형태에 의해 좌우되면서, 경험이라는 커다란 저장소에 의존하는 반응적이면서 자동적으로 이루어지는 사고이다.

2 더하기 4가 얼마인지 대답해보라. 그 답은 아무런 의식 없이 저절로 나올 것이다. 이것이 바로 체험적 인지이다. 숙고할 필요 없이 자동적으로

계산하는 것이다. 그러나 이러한 경우에는 필요한 정보가 이미 획득되어 있어야 하는데, 이를 위해서는 대개 상당한 시간과 노력이 들기 마련이다.

다시 조종석의 비행 조종사를 떠올려보자. 그에게 틀에 박히고 숙련된 비행은 그 속성상 주로 체험적이라는 것에 대해서는 이미 언급한 바 있다. 특정 상황에 직면하면 그에 따라 적절히 반응을 할 것이다. 그러나 조종사가 의사 결정을 하고 계획을 세워야만 하는 상황이라면 체험적 사고로는 한계가 있다. 반성적 사고가 필요하다. 비행 경로에 심한 폭풍우가 탐지되어 예정된 목적지에 착륙하기 어려울지도 모른다고 가정해보자. 승무원은 폭풍우를 피할 최선의 방법을 결정해야 한다. 고공비행을 할 수도 있고 우회할 수도 있다. 하지만 폭풍우의 정확한 방향을 아직 모르기 때문에 어떤 방법을 선택해도 문제가 될 수 있다. 더욱이 어떤 대안을 선택하더라도 비행시간은 지연되고 더 많은 연료를 소모하게 되므로 예정된 목적지에 도달하지 못할 수도 있다. 각 대안마다 목적지까지 도달할 가능성, 예상되는 비행시간, 그리고 연료 소모량을 계산하여야 한다. 만약 새로운 목적지가 필요하다면 항공 교통 관제 시스템을 통해서 대체 항로에 다른 비행기의 왕래가 없도록 하고 항공 회사와도 연락을 취해야 한다. 이러한 과제에는 뒤따르는 수많은 변수가 있기 마련이다. 승무원은 최종 결정을 내리기 위해 여러 가지 대안을 비교하고 검토하며 필요에 따라 수리적인 계산도 할 것이다.

두 가지 형태의 인지 간의 차이는 대뇌의 정보처리적 특성에 기인한다.

체험적 인지는 자료 주도적 처리를 한다. 즉, 어떤 일이 발생하면, 그 장면이 우리 감각기관을 통해 정신적 처리에 적절한 뇌의 부분으로 전달된다. 그러나 체험적 방식에서는 이 과정이 마치 무릎반사처럼 반사적이어야 한다. 잘 알고 있겠지만, 망치로 무릎 인대의 특정 부위를 두드리면 다리가 앞으로 움직인다. 반사의 경우 망치로 두드리는 자극이 척수에 전달되고, 다리 근육을 조절하는 신경 섬유와 연결되면, 다리가 움직인다. 이 과정에서는 어떤 사고도 필요 없다. 체험적 처리는 일부 사고 과정이 있을 수는 있지만 기본적으로는 반사와 유사한 과정이다. 체험적 처리에서는 적절한 정보가 이미 기억 속에 존재하여야 하고, 경험은 단순히 그 정보를 재활성화 시킬 뿐이다.

물론 체험적 처리에서도 간단한 연역 추론은 가능하다. 컴퓨터 과학자인 로켄드라 샤스트리와 벤카트 아자나가드는 체험적 형태의 처리로 얼마나 많은 연역추리가 가능한지를 보여 주는 최초의 실험을 하였다(그들은 이를 반사적 추리라고 불렀다). 그들은 추리의 연결이 계속 진행될 수 있는 범위가 엄격하게 제한되어 있음을 보여주며 그럼에도 불구하고 간단한 연역은 가능하다고 주장하였다. 만약 당신이 '고양이가 새를 공격하려 한다.'라는 문장을 읽거나 듣는데, 고양이의 이름은 '주주'이고 새의 이름은 '삐삐'라는 사실을 미리 알고 있다면, 결과적으로 당신은 주주가 삐삐를 공격할 것이고 삐삐는 주주를 무서워할 것이라는 내용을 반사적으로 혹은 체험적으로 신속하게 추론할 수 있다. 이러한 형태의 신속한 추론은 우리가 얼마나 쉽게 책을 읽을 수 있는지를 잘 설명해준다. 결국, 대부분의 간단한 책 읽기에서 우리는 의미를 이해하기 위해 이런 종류의 추론을 해야 하지만 각 문장을 읽을 때마다 계속적으로 멈추고 생각하고 하는 방식으로 읽지는 않으며, 특히 일상적이고 비전문적인 글을 읽을 때는 더욱 그렇다.

반성적 추리는 체험적 인지에서 볼 수 있는 추리의 깊이에 관한 제한이 없다. 그 대신 처리과정이 매우 느리고 수고스럽다. 반성적 사고는 잠정적 결과를 저장하고, 저장된 지식으로부터 추론한다. 또한 추리의 연결 고리를 앞뒤로 따라가며, 추론이 그럴듯하지 않다고 판명되면 다시 원점으로 돌아가 사고하는 능력 등을 필요로 한다. 물론 이러한 과정은 시간이 걸린다. 지속적이고 깊은 반성을 위해서는 주의가 분산되지 않도록 조용한 시간이 필요하다. 또한 메모와 같은 보조물을 외부 기억 저장소로 활용함으로써, 그렇지 않은 경우보다 훨씬 더 긴 기간에 걸쳐 깊고 연속적인 추리를 가능하게 함으로써 반성적 과정을 촉진시킨다.

체험적 인지와 반성적 인지 중 무엇이 더 우월한가를 결정하는 것은 잘못된 일이다. 두 가지 형태의 인지가 모두 필요할 뿐만 아니라, 어떤 하나가 다른 것보다 우월하지도 않다. 단지 각 인지의 발생 조건과 기능의 차이만 있을 뿐이다.

반성적 형태는 계획과 재검토의 개념이다. 이것은 느리고 수고스러운 과정이다. 반성적 인지는 외부 보조물(메모, 책, 계산기)과 다른 사람의 도움을 필요로 하는 경향이 있다. 외적 표상이 인지를 최대한 보조하려면 현재 과제에 맞도록 잘 조정되어야 한다. 반성은 과제와 관련 없는 것들이 제거된 조용한 환경에서 가장 활성화 된다. 다채롭고, 역동적이며, 계속 잡념이 떠오르는 환경은 반성을 방해할 수 있다. 이러한 환경들은 체험적 형태의 인지를 유발시키며, 사건 주도적 처리의 지각을 하게 하여, 그 결과 반성에 필요한 주의 집중을 위한 충분한 정신적 자원을 소진시킨다. 인지과학의 관점에서 보면, 반성적 인지는 개념 주도적인 하향적 처리다.

수행의 체험적 형태는 인지과학이 형태 주도적 혹은 사건 주도적이라 부르는 지각적 처리의 일종이다. 인간의 지각 체계는 체험적 형태에 매우 적합하기 때문에 우리는 운동경기를 포함한 신체적 활동이나 전문성이 필요한 운전과 비행기 조종 등에 매우 뛰어난 능력을 보일 수 있다. 체험적 형태는 어떤 의미에서 반성적 인지를 필요로 하는 과제를 틀에 박힌 방식으로 수행하는 데 중요한 역할을 한다. 예를 들어, 체스 게임의 어떤 단계에서는 게임 상황을 지각하는 것 자체만으로도 깊은 반성이나 계획 없이, 이미 잘 학습된 형태 주도적 반응을 유도할 수 있다.

과학적 관점에서 보면 사고란 여러 가지 요소들의 조작과 관련된 복잡한 활동이다. 두 가지 독특한 양식의 사고를 구분하는 이분법은 임의적으로 다소 단순화 시킨 것이라는 사실을 이해하기 바란다. 두 가지 형태가 인간 사고의 모든 측면을 설명하는 것도 아니며, 서로 완전히 독립적인 것도 아니다. 체험적 양식을 즐김과 동시에 반성을 하는 혼합적 양식도 얼마든지 가능하다. 실제 대부분의 인지에서는 두 가지 요소가 모두 연관된다.

게다가 백일몽이나 공상은 두 가지 인지 형태 중 어느 것에 속하는지 명확히 분류하기 어렵다.

그러나 실용적인 측면에서 보면, 두 가지 양식의 사고를 구분하는 것은 가치 있는 일이다. 현재의 과학기술의 많은 부분이 우리를 체험적 사고나 반성적 사고 중의 한쪽 극단으로만 몰고 가는 것처럼 보이기 때문에, 우리는 적절한 인공물을 통해 각 양식의 능력을 향상시킬 수 있다.

체험적 인지를 위한 도구는 논리적 추론의 필요성을 최소화하기 위해서 제공되는 많은 정보와 광범위한 감각 자극을 유용하게 만들 수 있어야 한다. 마찬가지로 반성적 인지를 위한 도구 역시 아이디어의 탐색을 도와주는 것이어야 한다. 여러 가지 대안을 쉽게 탐색하고 평가하거나 비교하도록 하여야 한다. 또한 반성을 위한 도구는 행동을 체험적 형태로 제한시켜서는 안 된다. 체험적이든 혹은 반성적이든지 간에, 두 가지 경우 모두 도구는 인지되지 않아야 한다. 즉, 방해되지 않아야 한다. 만약 도구가 적절히 디자인되지 않거나, 도구 자체는 적절하지만 부적절한 장소에 부적절한 방법으로 사용된다면, 다음과 같은 여러 가지 위험이 발생한다.

- **반성적 양식을 필요로 하는 체험적 양식의 행동을 위한 도구:** 이러한 도구는 간단한 과제조차도 문제 해결로 간주하여 불필요한 정신적 노력과 시간을 낭비하게 한다. 카메라로 사진을 찍거나 자동차를 운전할 때, 별다른 노력 없이 신속하게 반응하는 것은 매우 중요하다. 카메라

나 자동차를 작동시키는데 반성을 필요로 한다면, 수행 능력은 떨어지게 된다. 운전하면서 자동차의 라디오 주파수를 바꾸려고 할 때, 정신이 산만해진다면 그 결과를 쉽게 알 수 있을 것이다.

- **비교, 탐구, 그리고 문제 해결을 지지해주지 못하는 반성을 위한 도구:** 많은 경우, 우리는 상황을 조망하고 대안적인 행동을 비교하거나 관련되는 여러 변인들에 관해 곰곰이 생각하는 것이 필요하다. 이러한 목적을 달성하기 위해 가장 자주 사용되는 도구가 쓰기와 그리기인데, 많은 전자 보조 기구들이 비교적 제한된 화면에 작은 조각으로 정보를 제시함으로써 유용성을 해치는 경향이 있다. 이것은 여러 원천에서 제공되는 정보를 통합하고 탐색하고 비교하는 행위를 어렵게 한다.
- **반성을 해야 할 때 체험하기:** 체험적 양식은 심사숙고 없는 즉각적인 반응을 유도한다. 이것은 사건이 빠르게 진행될 때는 유용하지만, 만약 상황에 변화가 생기면 적절히 대응할 만큼의 유연하지 못하다.
- **체험을 해야 할 때 반성하기:** 사람들은 세상을 통해 수많은 경험의 순간들이 온다. 그때마다 모든 관점을 생각하고, 모든 가능한 대안을 고려하고 각 대안의 장단점을 일일이 비교해본다고 생각해보라. 다른 사람의 생각에 흔들리거나 사고의 함정에 빠지면, 결코 아무것도 결정하거나 행동으로 옮길 수 없다.

이러한 모든 위험 중에서 내가 오늘날 가장 위험하다고 생각하는 것은 세 번째에 제시한 반성해야 할 때 체험하는 위험이다. 이러한 상황에서는 오락이 사고에 우선한다. 더욱 심각한 문제는 체험적 형태의 사고가 점차 독립적이고 구성적인 사고를 대신하고, 나아가 이성과 반성을 대신한다고 믿게 된다는 것이다.

새롭고 창조적인 아이디어는 반성적 사고를 통해서 도출된다. 따라서 반성적 사고는 현대 문명의 결정적인 구성 요소이다. 그런데 우리의 현실은 어떠한가? 시시한 삼류 소설이 진지하고 철학적인 소설보다 인기가 많다. 만화책이 소설보다 인기가 높으며, 판타지나 공포 영화가 예술성 있는 영화보다도 인기가 높다. 심지어 정보를 제공하는 뉴스 프로그램(다큐멘터리나 토론 프로그램)조차도 체험적 양식으로 제작되어, 시청자로 하여금 반성하거나 자신만의 생각을 할 시간을 전혀 제공하지 않는다. 방송국에서는 계속적인 정보나 자극으로 채워지지 않는 시간은 생산적이지 못한 것으로 간주한다. 왜냐하면 그 시간 동안 시청자들이 프로그램에 집중하지 않고 자신만의 생각을 하게 될지도 모른다고 생각하기 때문이다. 참으로 한심한 생각이다. 더 끔찍한 생각은 시청자가 반성적 양식의 사고를 하게 되면, 지루해져서 다른 일을 하게 될지도 모른다고 생각하는 것이다.

일만 하면, 삶에서 어떤 보상도 얻을 수 없다. 반대로 놀기만 하면 인간의 생존과 진보를 보장하지 못한다. 정신세계에서는 놀이와 일의 관계가 체험적 인지와 반성적 인지의 두 가지 양식으로 나타난다. 일과 놀이 모두 온전한 육체적 삶에 필수적이듯이, 체험적 사고와 반성적 사고 역시 온전한 정신적 삶에 필수적이다. 이 두 가지의 사고 간의 올바른 균형을 유지하는 것은 현대 사회를 위한 힘겨운 지적 도전이라 하겠다.

두 종류의 인지와 세 종류의 학습

여러 종류의 인지 유형이 있듯이 학습에도 여러 유형이 있다. 몇 년 전에 동료인 데이비드 럼멜하트와 나는 학습을 축적, 조정, 그리고 재구조화로 구분하여 제안한 바 있다.

축적

축적이란 사실의 누적을 말한다. 이것은 우리가 어떤 방식으로 지식을 늘려나가고, 새로운 어휘를 학습하고, 이미 알고 있는 단어의 철자를 학습하는가에 관한 것이다. 당신이 친구나 이웃과 담소를 나누다가 시사적인 사건이나 무역에 관한 것들을 배운다고 가정해보자. 이것은 기존 지식에 새로운 사실을 덧붙이는 축적을 통한 학습이다. 만약 당신이 이미 적절한 개념 모형을 가지고 있다면, 축적은 어떤 의식적 노력이 없더라도 쉽고 효율적으로 일어난다. 그러나 충분한 개념적 배경지식이 없을 때는 축적이 느껴지고 어려워진다. 이러한 경우에는 내용을 학습하기가 어려우므로 계속해서 반복하거나, 기억을 돕는 전략을 세우든지, 아니면 따로 적어두어야 한다.

조정

초심자의 초보적인 수행과 전문가의 숙련되고 자연스러운 수행 사이에는 수많은 연습시간 만큼의 차이가 있다. 처음으로 셈 규칙을 배운 아이들은 한 자리 수의 뺄셈이나 곱셈과 같은 쉬운 연산도 쉽사리 해내지 못한다. 오랫동안의 노력이 있은 후에야 정답을 맞힐 수 있게 된다. 이와 같은 현상은 타이핑, 악기 연주, 운동기술에서도 마찬가지다.

연습이란 도대체 어떤 역할을 하는가? 연습은 기술의 시작 단계에 필요한 의식적이고 반성적인 사고에서 잠재의식적이며 자동적인 체험적 인지 양식으로 이동하기 위해 여러 가지 방식으로 지식 구조를 다듬어 기술을 조정하는 것을 말한다. 따라서 체험적 사고란 바로 조정된 사고다.

조정은 서서히 일어난다. 실제로 어떠한 복잡한 활동 영역에서든지 초심자에서 전문가로 되는 데에는 내가 추산한 바로는 최소한 5천 시간이 걸린다. 5천 시간이란, 약 2년 정도의 전적인 노력이 지속되는 시간이다. 사실 5천 시간이 정말로 충분한 것은 아니다. 분명히 당신은 불과 2년 안에 바이올리니스트나 프로 테니스 선수가 될 수는 없을 것이다.

전문가의 체험적 행동이 자동 반사적이며 겉으로는 쉬워 보인다는 사실과, 그러한 단계에 도달하는 데까지 수년 동안에 걸친 힘겨운 노력이 필요하다는 사실 간의 불일치를 주목해 볼 필요가 있다. 더욱이 전문가의 행동은 계속적으로 재조정되어야만 한다. 만약 전문가가 연습을 하지 않거나 한동안 기술을 사용하지 않으면 수행은 점차 저하된다. 이러한 현상은 운동 기술에서뿐 아니라 지적 기술에서도 마찬가지이다. 조정은 전문가 수준의 수행에 도달하게 하고 그 수준을 일정하게 유지하는 데 필수적이다.

우리는 이따금 숙련된 행동이 아무런 노력 없이 쉽게 획득될 수 있다고 믿고 있는 것처럼 보인다. 우리는 먹기, 걷기, 말하기, 읽기, 쓰기 등과 같은 인간의 가장 근본적인 활동조차도 익숙해지기까지 수년 동안의 조정과 학습, 그리고 연습이 있었다는 사실을 잊고 있다. 즉각적인 전문적 수행이나 체험적 기쁨과 같은 순간적 만족을 바라겠지만, 사실 그것은 상당한 양의 축적과 조정이 있은 다음에나 가능한 일이다.

구조조정

학습 과정에서 올바른 개념적 구조를 형성하기란 쉽지 않다. 앞서 언급한 축적과 조정이 주로 체험적 양식이라면 재구조화는 반성적 양식이다. 재구조화 과정에서 새로운 개념적 기술을 익히지만, 이는 매우 어렵다. 그래서 훈련의 비결은 학생들이 특정 주제에 관심과 흥미를 가지도록 동기를 유발시킨 다음, 적절한 개념적 구조를 형성하고, 탐색하고, 비교하고, 통합하고, 반성하는 데 도움이 되는 적절한 도구를 제공하는 것이다. 학습의 '유인 양식'의 역할을 하기 위해서는 축적과 조정이라는 체험적 양식이 적합하지만, 학습을 재구조화하기 위해서는 반성적 양식이 필수적이다. 핵심은 학생들로 하여금 골치 아픈 반성적 사고를 하고 싶도록 만드는 일이다.

예전에 나는 학습에 관한 많은 연구를 하였다. 학생들에게 학습 자료를 효과적으로 제시하는 방법을 파악하려 하였고, 교사들이 언제 개입하는 것이 가장 효과적인지 밝히려 하였다. 정보에 관심이 많아 보이는 학생들과 관심이 적어보이는 학생들 간에 나타난 현격한 차이에 비해 내가 연구한 변수들은 학습 속도에 비교적 적은 영향을 주는 것으로 나타났다. 동기야말로 인지적 변수보다 훨씬 더 강력한 변수로 판명된 것이다. 동기 유발이 잘된 학생은 그렇지 않은 학생보다 학습에 더 적극적이었다. 그 당시 나는 이 동기가 어떻게 발생하는지를 몰랐기 때문에 포기할 수밖에 없었다.

엔터테인먼트 매체는 거의 전적으로 동기만을 취급한다. 매체의 목적은 사람들로 하여금 원래의 관심사와 상관없이 오락물을 시청하게 하는 것이다. 영화 제작자나 텔레비전 프로듀서와 이야기해보면 내용을 흥미롭게 만드는 요령들을 쉽게 알 수 있을 정도이다.

엔터테인먼트는 체험적 형태를 취한다. 정교하게 만들어진 오락물을 제대로 감상하기 위해서는 반성적 사고가 필요하지만 반성적 사고가 주목적은 아니다. 그럼에도 불구하고 오락물은 반성적 사고를 하게 하는 자극이나 원동력을 제공할 수는 있다. 일단 사람들이 특정 문제에 호기심을 갖게 되면, 사람들은 기꺼이 답을 찾고자 한다. 예를 들어, 많은 사람들이 물건을 구입한 다음에서야 구입한 물건에 관한 자료를 읽는다. 만약 당신이 새 자동차나 주방 용품을 구매했다면 당신은 그것에 대해 더 자세히 알고 싶어 할 것이다. 아마도 당신이 선택한 것이 왜 나은 지를 확인하기 위해 구매하지도 않은 경쟁 제품에 관한 정보를 찾으려 할 것이다. 이러한 점은 여행에서도 마찬가지이다. 외국을 방문하고 난 다음에야 그 나라의 역사나 현재의 정치 상황에 관해 더 알고 싶어진다. 물론 물건을 구입하거나 외국을 방문하기 전에 미리 알아두는 것이 훨씬 더 현명한 일이지만 말이다. 실제로 나는 관련 서적과 잡지 기사를 미리 모아두기는 하지만, 여행이 끝날 때까지 읽지 않는다. 반성적 사고가 힘들기는 하지만 노력을 할 만한 이유가 있을 때에는 즐거운 일이 될 수도 있다.

최적의 몰입

동기화된 행위는, 체험적이든 반성적이든, 도전적이며 보상적이다. 동기화된 행위를 할 때, 마음은 그 행동에 완전히 몰입하게 되고, 실제로 그 경험은 즐거움을 제공해준다. 이것이 바로 심리학자인 미하이 칙센트미하이가 '결정 경험' 또는 '최적의 몰입'이라 부르는 것이다. 칙센트미하이에 따르면, 일과 놀이를 할 때 지속적으로 최적의 몰입 상태를 경험하기 위해서 가장 중요한 것은 한 가지 활동에 전적으로 빠져드는 집중력이다.

아마도 우리 모두는 완전히 몰입된 일종의 황홀경 상태를 경험해본 적이 있을 것이다. 하고 있는 일에 집중하면, 외부 세상의 소음과 방해물은 사라진다. 이러한 황홀한 세계는 책이나 연극, 혹은 텔레비전 그리고 게임이나 음악을 통해서도 경험할 수 있다. 또, 집중해서 경험한 체험적 인지나 한 가지 문제에 대해 강하게 초점이 맞추어진 반성을 통해서도 경험할 수 있다. 이러한 경험은 매우 즐거운 상태이다. 이는 관심 있는 일에 주의가 완전히 집중되면 일상의 근심과 공포에서 벗어날 수 있으며, 주위의 모든 것은 사라지고 오로지 한 가지 일을 위해 자신이 존재하는 것처럼 느껴지기 때문이다.

이렇게 초점화된 주의 집중은 경험이 사건에 의해서 유도되는 체험적 양식일 때 가장 쉽게 유지된다. 뛰어난 연예인은 관객으로 하여금 자신이 하고 있는 행동에 푹 빠지게 하는 몰입의 상태를 유도하려 한다. 반성적 사고를 하면서도 이와 같은 상태에 도달할 수 있다. 체험적 양식에서의 주의 집중과 반성적 양식에서의 주의 집중의 주된 차이는 자기 조절 여부에 달려 있다. 즉 반성적 양식에서 주의 집중은 스스로 조절할 수 있기 때문에, 더 이상 지속적인 외부 자극에 의존하지 않는다. 두 가지 모두에 공통되는 한 가지 요령은 방해를 피하는 것이다. 전화벨 소리와 같이 외부로부터 오는 방해든지 아니면 잡념과 같이 스스로 만들어내는 방해든지 간에, 그 결과는 항상 초점화된 주의 집중이라는 황홀한 상태를 방해한다.

그렇다면 학습을 하면서 이러한 최적의 몰입 상태에 도달할 길을 없을까? 사람들이 오락을 할 때는 기꺼이 엄청난 양의 정신적 노력을 기울이지만, 교육적 활동을 할 때는 그렇지 않다. 오락은 즐거움을 위한 것인 반면, 교육적 활동은 학교나 직장에서 과제나 의무로 주어지는 것이다. 그러나 통상적으로 교육적인 일에 더 가치를 부여하기 때문에 이러한 차이는 역설적인 것처럼 보인다. 특히 자신을 위해 해야 할 일이 무엇인지 생각해 본다면, 더욱 역설적으로 느껴질 것이다. 하지만 오락이나 교육을 위한 활동은 모두 본질적으로 똑같다.

게임을 배우기 위해 해야 하는 일과 학교에서 해야 하는 일을 비교해보자. 게임을 잘하기 위해서는 교육적 활동과 마찬가지로 학습, 탐구, 이해, 그리고 연습이 필요하다. 교육적 활동에 필요한 학습과 공부가 게임을 배울 때처럼 매혹적이고 즐겁지 않을 이유가 없다.

동기, 즐거움, 만족의 기본적인 구성 요인에 관한 과학적 지식이 거의 없다는 것은 놀랄 만한 일이다. 인간 인지의 실험적 연구라는 맥락에서는 이러한 문제가 거의 제기되지 않는다. 이러한 현상이 발생하는 부분적인 이유는, 통제된 연구를 통한 논리적이고 체계적인 지식이 주관적인 느낌이나 정서, 그리고 친근한 사회적 상호작용 등의 개념을 배제하기 때문이다. 바로 이것이 정확하게 측정되는 것을 필요로 하는 하드 과학과, 측정이 어렵거나 불가능한 것들을 연구하려는 소프트 과학 간의 차이이다. 결과적으로 우리는 경험을 시작하고, 유지하고, 향상시키기 위해 과제나 사건을 어떻게 구조화시켜야 하는지 거의 모른다. 우리가 아는 대부분은 칙센트미하이와 같은 심리학자들의 연구 결과를 토대로 한다.

칙센트미하이는 몰입에 관한 연구를 통해 삶의 질은 무엇보다도 다음의 두 가지 요인에 의해 결정된다는 것을 계속적으로 입증해왔다. '우리는 어떤 방식으로 일과 다른 사람과의 관계를 경험하는가.'가 바로 그것이다. 몰입을 경험하게 하는 활동에는 어떤 특성이 있는가? 긍정적인 몰입의 경험을 도와주는 활동에는 대부분 '확고한 목표, 피드백, 규칙이 있으며, 다소 어려워 보이지만 한 번 해볼 만하다는 도전 의식이 내재되어 있다. 이러한 특성이 개인으로 하여금 개입하도록 유도하고, 집중하여 푹 빠지도록 한다." 여가 시간에는 이러한 속성이 없기 때문에 여가 활동을 통해 몰입을 경험하기 위해서는 개인이 스스로 이와 같은 속성을 제공해야 한다, 반대로 직장이나 학교는 이러한 환경을 제공해줄 수 있는데도 좀처럼 그렇게 하지 못하고 있는 실정이다.

최적의 몰입을 이끌어내는 것이 무엇인지에 관해 두 종류의 연구가 진행되었다. 브렌다 로럴의 '1인칭 경험'과 수잔 뷔드커의 '인간 활동 접근'이라는 두 연구 모두 사람의 주관적 경험을 강조하고 있으며, 방해를 최소화하는 방법들에 관해 논의하고 있다.

로럴은 사람들의 주의를 붙잡는 데 매우 성공적이라 평가 받는 게임과 영화를 검토하였다. 그녀는 참여의 형태를 '1인칭'과 '3인칭' 두 가지로 구분하였다. 3인칭 참여는 관객의 입장에서 구경하는 수동적인 형태이다. 관객을 성공적으로 끌어들이는 연극이나 영화에서 알 수 있듯이, 이러한 형태는 관객을 참여시키는 데 효과적인 방법일 수 있지만, 이때의 주관적인 경험은 사건들과는 분리된 상태에서 그저 들여다보기만 하는 외부인의 경험이다. 반면, 1인칭 경험은 개인이 직접적으로, 정서적으로 활동에 관여할 때 발생한다. 만약 당신이 특정 사건에 자신을 주관적으로 투사하여 보상이나 성공뿐만 아니라 고통이나 실망까지도 함께 느낀다면,

1인칭 경험은 영화관에서나 스포츠 경기장에서도 분명 경험할 수 있는 것이다.

우리의 주의를 방해하는 것이 없을 때에는 이러한 1인칭 참여를 경험하기가 훨씬 쉽다. 극장이나 운동경기장에서 무질서한 관중 때문에 혹은 주된 활동과 관계없는 다른 사건 때문에 주의가 분산된 경험이 있을 것이다. 집이나 학교에서는 통제가 불가능한 전화벨 소리나 주변 사람들 때문에 쉽게 주의가 산만해진다. 지각적으로 최적의 상태일 때 주의 집중이 잘 된다. 극장이나 운동경기장에서 당신의 좌석이 주요 이벤트와 멀리 떨어져 있으면 몰입하기가 어렵다. 집이나 극장에 있는 훌륭한 음향을 가진 대형 스크린은 우리를 화면 속으로 빠져들게 한다. 일반 가정용 텔레비전의 작은 화면과 음향 효과는 시청자를 텔레비전 프로그램으로부터 멀어지게 한다. 결과적으로 집에서 발생하는 여러 사건들이 텔레비전 화면에서 일어나고 있는 것들과 경쟁을 하게 된다. 텔레비전 화면을 벽 크기만한 크기로 바꾸고 입체 음향을 추가해보라. 분명 달라진 경험을 하게 될 것이다. 이제 텔레비전은 완전한 경험 상태를 만들어낼 수 있다. 주의를 집중시키기 위한 또 한 가지 방법은 헤드폰을 사용하는 것이다. 감각 경험이 극대화되고 주의 분산이 최소화되는 환경에서 화면 속의 사건은 주의 집중을 가장 잘 유도해낸다.

로럴이 지적하였듯이, 극장에서의 경험을 만들어내는 사람들보다 상호작용과 흥미를 유지시키는 방법에 대해서 더 잘 알고 있는 사람이 과연 있겠는가? 그들에게는 관객들로 하여금 적절한 몰입과 참여 의식을 갖게 하고 유지하는 최선의 방법을 설명하기 위한 방대한 양의 이론과 경험이 있다. 일단 활동의 몰입이라는 개념에 익숙해지면, 왜 수많은 상황에서 최적의 몰입 상태가 형성되는지 또는 반대로 지속되지 못하는지 명백해질 것이다.

방해란 외부에서만 오는 것이 아니라는 것을 염두에 두어야 한다. 가끔은 과제를 위해 사용하는 도구 때문에 방해를 받기도 한다. 이러한 예는 컴퓨터에서 자주 사용되는 알림문, 경고문, 각종 메시지, 그리고 대화 상자에서 쉽게 찾아볼 수 있다. 이중 많은 것이 불필요하다. 뿐만 아니라 그러한 것이 있는 자체가 과제를 적절히 수행하기 위한 주의 집중을 방해한다.

수잔 뷔드커는 과제를 수행할 때 사람들은 목표에 초점을 둔다는 사실을 지적하면서 방해에 관해 연구하였다. 모든 주의는 도구보다는 과제 자체에 집중되어야 한다. 도구에 주의를 두게 되면 작업에 대한 몰입이 붕괴된다. 도구는 배경에 머무르면서 과제의 자연스런 일부분이 되어야 한다. 중요한 것은 직접적으로 과제를 수행하고 있다는 느낌이다. 전문가들은 적절하게 고안된 도구를 자동적으로, 그리고 무의식적으로 사용한다. 도구와 사람, 그리고 과제는 구분 없이 하나로 통합되어야 한다.

일이나 놀이를 할 때 발생하는 강하고 보상적인 경험의 본질에 대해서는 알아야 할 사항들이 아직도 많지만, 현재까지의 연구 결과를 보고 몇 가지 가이드라인을 제시할 수 있다. 물론 더 많은 연구와 분석이 있어야 하겠지만, 지금까지 우리가 아는 바에 의하면 최적의 경험을 유도하는 환경이란 다음과 같다.

- 강도 높은 상호작용과 피드백을 제공해야 한다.
- 구체적인 목표와 확고한 절차가 있어야 한다.
- 동기를 유발해야 한다.
- 지속적인 도전 의식을 제공해야 한다. 너무 쉬워서 지루해서도 안 되고, 너무 어려워서 절망감이나 좌절감을 느끼게 해서도 안 된다.
- 직접적인 참여 의식을 느낄 수 있도록 해야 한다. 상황을 직접 경험하고 있다는 느낌과 과제를 직접 수행하고 있다는 느낌을 주어야 한다.
- 사용자에게 잘 맞는 적합한 도구를 제공하되 사용자의 주의를 분산시키지 않고 과제수행에 적절해야 한다.
- 주관적인 경험을 방해하고 주의를 분산시키는 장애물들은 피해야 한다.

게임은 사건 중심적인 활동이기 때문에 자극적 요소가 다분하며 사람을 가만 두지 않는다. 또 게임은 새로운 자극을 계속해서 제시하여 사용자의 주의를 유지시키고 새로운 도전 의식을 심어 준다. 이것이 바로 체험적 양식의 위력이다. 지속적으로 들어오는 많은 양의 감각 정보에 사로잡힌 마음은 외부적 사건에 의해 움직인다.

오늘날 교육은 교실에서 하는 한 시간 강의가 대부분이다. 그러나 학생들은 한 가지 주제에 한 시간 내내 주의를 유지시킬 수 없다. 누구도 그렇게 하기는 어렵다. 칙센트미하이는 시카고 근교에 있는 일류 고등학교에서 우수한 교사에게 교육받고 있는 학생들이 수업 시간에 무슨 생각을 하는가에 관한 연구를 한 적이 있다. 결과는 놀랍게도 학생들은 교사가 말하고 있는 내용만 빼고는 가능한 모든 것들을 생각하고 있었다.

우리는 교사의 책상 위에 삐삐를 놓아둔 다음, 삐삐가 울렸을 때 교사가 말하고 있는 것과 학생들이 생각하고 있는 것을 비교했다. 교사는 칭기즈칸의 부대가 어떻게 중국 서부에 와서 만리장성을 따라 적군을 포위한 다음, 연경을 정복하기 위해 북쪽으로 이동했는지에 관해 강의하고 있었다. 이때 학생들은 무슨 생각을 하고 있었을까? 교실에 있었던 27명의 학생 중 단지 2명만 중국과 약간 관련된 생각을 하고 있었다. 대부분의 학생들은 다가올 점심식사나 고대하던 주말, 이성 친구, 혹은 운동경기 등에 관해 생각하고 있었다. 중국에 관해 생각하고 있던 2명의 학생 중 한 명은 지난주 가족들과 함께 중국 식당에서 먹었던 음식을 생각하고 있었고, 다른 한 명은 중국 사람들은 왜 꽁지머리를 했을까에 대해 궁금해 하고 있었다.

사람들은 오랜 시간 동안 한 가지 일을 하는 것에 익숙하지 못하다. 20세기 초반의 위대한 심리학자이자 철학자인 윌리엄 제임스는 자신의 주의 집중 시간은 약 10초 정도라고 추정하였다. 만약 이것이 사실이라면, 보통의 수업 환경은 분명히 잘못되었다. 왜냐하면 집단적인 교실 환경이 학생들의 주의를 유지할 수 있도록 아무런 조치도 취하지 않은 채, 그렇게 하라고 요구하고 있기 때문이다. 공부란 보통 고독한 활동으로 여겨지고 또 그렇게 가르쳐왔다. 그러나 다른 사람이나 외부에서 제공되는 정보가 주의를 집중하는 데 도움이 되는 한, 공부는 외로울 할 이유도, 또 수많은 보조 도구를 사용하지 못할 이유도 없다.

놀이와 연습, 그리고 어떤 활동이든, 단순히 하는 것과 배우는 것 간에는 중요한 차이가 있다. 단지 어떤 일을 한다고 해서 반드시 그 일을 학습하게 되는 것은 아니다. 이러한 점은 스포츠 교육 장면에서 잘 이해될 수 있다. 코치들은 혼자서 터득한 기술과 전문가의 지도를 통해 배운 기술을 구분한다. 수백 시간 동안 운동을 하면서 배운 것이 30분가량 코치의 지도로 배우는 것보다 적을 수도 있다. 훈련 상황에서 코치는 연습해야 할 상황을 세밀하게 설정하고, 선수가 경험을 통해 도움을 받을 수 있도록 적절한 피드백을 주면서 지도를 한다. 이는 스포츠, 장기, 혹은 수학적 오락도 마찬가지이다. 이와 같은 학교 밖에서의 활동이 엄청난 시간과 헌신, 그리고 정신적 노력이 있어야 한다는 사실에도 불구하고, 사람들은 종종 자발적으로 연습하고 훈련에 임한다.

훌륭한 선수가 되기 위해서는 집중력이 있어야 한다. 이것이 바로 체험적 양식의 본질이다. 그러나 학습과 훈련을 통해 수행을 증진시키기 위해 반성적 사고의 병행은 필수적이다. 다시 말해서 무엇을 변화시키고 무엇을 유지하는지를 알아야 한다. 코치는 선수가 반성적 사고를 할 수 있는 조언자의 역할을 한다. 코치가 없으면 선수는 스스로 자기 자신의 행동에 대해 생각하고 분석하는 반성적 사고를 해야 하는데, 이는 조력자가 있을 때보다 훨씬 어렵다. 뿐만 아니라 코치는 축적, 조정, 재구성의 적절한 조합을 알기 때문에 이에 따라 연습과 훈련 정도를 할당할 수 있다.

일상생활에서도 이와 유사한 과정이 일어난다. 동네에 있는 오락실에 가면 열광적으로 게임하는 사람들을 쉽게 볼 수 있다. 그곳에서는 많은 사람이 체계적으로 게임에 대해 탐색하고 연습하며 다른 사람에게 가르쳐 주기도 하고, 힌트를 주거나 쉽게 할 수 있는 요령을 알려주느라 정신이 없다. 이들은 단순한 놀이를 넘어 학습을 하는 것이다. 물론 오락실은 지속적인 자극과 도전 의식, 그리고 보상을 제공한다. 일단 사람들이 비디오 게임에 빠져들면, 주의와 동기가 행동을 지배하게 된다.

학교에 있든지, 직장에 있든지, 아니면 집에 혼자 있든지 간에 교육을 위해 필요한 환경이 바로 이러한 것이라 생각된다. 지속적인 자극, 모사된 세계, 다른 사람이나 교사와의 적절한 사회적 상호작용을 통한 지도와 피드백, 바로 이러한 활동이 진정한 학습이요, 가르침이요, 훈련활동이요, 교육이다. 첨단 기술의 발달로 멀티미디어 교육이 최적 경험의 특징을 잘 이용하고는 있지만, 나머지 영역에 대해서는 거의 외면하고 있다. 계속 유지되는 최적의 몰입이라는 틀 안에서 체험적 양식과 반성적 양식을 모

표 2-1 멀티미디어의 장점과 단점

장점	단점
몰입의 경험	귀엽고 재치 있는 변화와 음악 등의 오락적 측면
흥분을 느낌	마음을 훈련시키기보다 아무런 노력 없이 시간을 보내기에 적합한 매체인 것처럼 보이는 것
사용자에 의한 조절	깊이의 부족. 오랫동안 하나의 주제에 머물면 사용자들이 지루해 할 것이라는 강박관념 때문에 깊이 있는 내용을 제공하지 못함
기술적 정교성	학습 속도를 맞추지 못하고 방해하는 기술

두 사용할 수 있어야 한다. 멀티미디어란 텔레비전, 컴퓨터, 교과서, 오디오 등이 결합된 형태이다. 그래서 멀티미디어를 기술할 때, '마음을 끄는', '빠져드는', '창의적인', '사로잡는', '몰입하는' 등의 형용사가 주로 사용된다. 멀티미디어는 우리의 교육 체계의 잘못된 모습을 바로잡을 수 있는 기술일 수 있다.

교육자의 한 사람으로 멀티미디어를 바라보는 입장은 환영하는 마음과 걱정되는 마음이 동시에 드는 모순된 느낌이다. 비록 나 역시 잘못된 교육 체계에 오염된 사람이지만, 멀티미디어에 관해 상세히 살펴보자(표 2-1).

교육에 관한 최근 보고서를 보면 멀티미디어를 다음과 같이 기술하고 있다.

최근 인터랙티브 멀티미디어의 발전은 우리를 훨씬 더 새로운 세계로 인도할 수 있다. … 거기에는 귀중한 정보들이 숨어 있다 … 예를 들어, 다소 조잡하게 생긴 옷핀 사진 밑에 다음과 같은 설명이 있었다. "미국의 독창성: 발명가 월터 헌트는 세 시간 만에 옷핀을 만들었다. 그는 1849년에 특허를 내고 나중에 400달러에 옷핀에 대한 모든 권리를 팔았다."(레오나드, 1992)

위의 개관은 멀티미디어에 대해 호의적이다. 그렇지만 "발명가 월터 헌트가 세 시간 만에 옷핀을 만들어서, 1849년에 특허를 내고 나중에 400달러에 옷핀에 대한 모든 권리를 팔았다."라는 문구에 대해 생각해보자. 이것이 깊이 있는 정보인가? 이것이 우리를 훨씬 더 새로운 세계로 인도하는가? 무엇보다 더 새로운 세계란 말인가? 여기서 피상적이고 하찮은 정보 말고 내가 배운 것이 있다면, 제 아무리 화려한 컴퓨터 그래픽을 사용하더라도 사소한 정보는 여전히 사소하다는 것이다.

집이나 오락실에서 비디오게임을 하고 있는 아이들을 볼 때마다, 나는 그들이 게임에 쏟는 에너지와 열정에 놀라곤 한다. 분명히 말하건대, 이러한 게임은 결코 단순한 놀이이 아니다. 그 게임을 할 수 있게 되기까지는 많은 시간과 방대한 양의 지식, 탐색, 그리고 가설 검증이 필요하다. 게임을 한다는 것은 게임의 현재 상태를 기억하고, 새로운 상태를 잠정적으로 탐색해본 다음, 그 결과를 비교하고, 필요할 때 기억해둔 상태로 되돌아오는 식의 문제 해결 과정을 거친다는 것이다. 게임은 사용자로 하여금 깊이 생각하게 하고, 사용자끼리 토론하게 하며, 사용법에 관한 책을 읽게 한다. 게임은 반성적 사고를 필요로 한다. 게임이 요구하는 행동들은 학교에서 아이들에게 바라는 것과 다르지 않다. 그러면 형식적이지 않은 일상적인 체험과 교실에서의 형식적이고 구조화된 행동 간의 차이는 무엇인가? 비형식적인 학습은 사람을 사로잡는 그 무엇이 있다. 사람들이 자신에게 관심 있는 일에는 자연스럽게 몰입하지만 학교의 수업에는 그렇지 않는 이유는 무엇일까?

교사가 학생을 지루하게 만들 수도 있다. 전통적인 교실로 되돌아가는 것은 해답이 아니다. 50분짜리 수업 역시 마찬가지다. 당신이나 나와 같은 보통 사람들은 그렇게 오랫동안 한 가지 주제에 집중할 수 없다. 강사가 아무리 뛰어나다 하더라도, 강의가 해결책이 될 수는 없다. 반면 게임 제작자에게 배워야 할 것이 많다. 비록 학교 수업 내용과는 관계가 없지만, 분명 게임 제작자들은 진짜 학습이 제대로 이루어질 수 있도록 흥미를 끄는 방법을 알고 있다.

해결책은 각 분야의 사람들이 가장 잘할 수 있는 것을 모두 모으는 것이다. 교사는 무엇을 가르쳐야 할지 잘 알지만, 학습에 열중하게 하는 방법을 파악하는 데는 대단히 서툴다. 반면 오락 분야는 관심과 흥분을 일으키는 방법을 알고 때문에 정보와 이미지를 효율적으로 조작할 수 있지만, 무엇을 가르쳐야 하는지 모른다. 아마 우리는 이러한 기술을 통합할 수 있을 것이다. 즉, 사용자의 참여를 이끌도록 정보를 제시하는 엔터테인먼트 분야의 기술과 교사들의 반성적이고 깊이 있는 분석기술을 결합시키는 것이다.

전 세계의 과학박물관은 계속 발전해왔다. 과학기술 박물관은 환상적이고 매혹적인 전시물로 가득 차 있다. 단추만 누르면 무엇인가 움직이는 것을 볼 수 있고, 기타 여러 가지 현상이 눈앞에서 펼쳐진다. 그러나 도대체 무엇을 배우는가? 나는 박물관에 있는 사람을 지켜보고 전시 담당자와 이야기해보았다. 만약 사람들이 2~3분 동안 하나의 전시물에 집착한다면, 전시 담당자들은 기뻐할 것이다. 겨우 2~3분 정도에 기뻐하다니! 도대체 어느 누가 2~3분 만에 어떤 것을 배울 수 있단 말인가? 학습은 오랜 시간이 소요된다. 앞에서 말한 것처럼 초보자가 전문가로 되는 데는 약 5천 시간 정도가 필요하다. 물론 과학박물관이 과학 전문가를 배출하리라고는 기대하지 않지만 그래도 고작 2~3분이라니!

어떤 박물관에는 다른 곳에서 절대 볼 수 없는 현상을 보고 탐구할 수 있는 진정 훌륭한 전시물들이 있다. 탄광을 답사하고, 벌통을 관찰하고, 광선의 반사와 굴절을 실험해볼 수 있다. 최고의 전시물은 교과서에 나오는 현상을 공부할 수 있는 상호작용적이고 탐색 가능한 실험의 장이 된다. 실제로 많은 과학자들이 몇몇 박물관에서 자신의 전공 영역에 관한 가장 좋은 예를 보았다고 한다. 아마 이러한 것이 우리가 추구해야 할 모델일지 모른다. 우리는 풍부한 정보의 데이터베이스와 예시를 제공할 수 있는 과학기술을 사용해야 한다. 교사들이 제시하는 문제를 학생이 탐구하

표 2-2 비형식적 학습과 형식적 학습의 차이점

비형식적 학습	형식적 학습
• 비구조화	• 구조화
• 그룹 혹은 공동 활동	• 개별 활동
• 학습자 관점에서 동기화된 목표	• 공급자 관점에서 동기화된 목표
• 활동에 재미의 요소 첨가	• 재미는 그다지 고려되지 않음
• 참견 받지 않음	• 지속적인 간섭이 있을 수 있음
• 잦은 몰입 경험	• 드문 몰입 경험
• 자기 페이스대로 활동	• 강요된 페이스대로 활동이 고정됨
• 주제, 시간, 장소를 개인이 선택	• 주제, 시간, 장소 등이 고정적임
• 인생 전반에 걸쳐 다양한 환경 상황에서 발생함	• 학교에 다니게 되는 6세에서 20세 정도까지의 연령에 국한됨

고 해결하는 학습 실험실을 제공하는 것이다. 이러한 방식으로 교사는 학생이 지식을 발견할 수 있도록 하고, 탐색과 반성적 사고를 지도하고, 학생의 이해를 재구조화하도록 도와주는 역할을 하면 된다. 이 방법은 학생과 교사 모두를 위해 좋은 방법이다.

형식적이고 구조화된 행동과 오락할 때나 운동 연습을 할 때, 취미 활동 시, 혹은 기분 전환 시에 일어나는 비형식적인 경험 간의 차이점은 무엇인가? 표 2-2를 보면 기본적인 몇 가지 차이점을 비교해볼 수 있다.

교실은 동기를 제공해주고, 나중의 반성적 사고에 필요한 정보를 제공해주는 이상적인 환경이어야 한다. 이러한 교실에서 교사는 재구조화 과정을 시작하고, 학생들의 주의를 집중시키고, 기초적인 방법을 제시해줄 수 있다.

그러나 이상적인 교실이나 환상적인 교수 방법으로는 충분하지 않다. 성공적인 학습을 위해서는 지식의 축적과 절차의 조정, 그리고 자신의 개념적 이해를 재구조화하기 위한 많은 반성 등이 필요하다. 이러한 것은 인지의 체험적이고 반성적인 양식과 주의를 산만하게 하는 간섭 없이 현 주제에 관해 주의를 집중하고 유지하는 최적의 인지와의 결합을 통해 가장 잘 이루어진다.

교육을 위한 멀티미디어는 사용자의 실수를 줄이고 사용자로 하여금 열심히 공부하게 해야 한다. 여기서 공부란, 해야만 하기 때문이 아니라 스스로 원해서 하는 공부를 말한다. 교사는 학생이 스스로 원해서가 아니라 순전히 의무감으로 공부하는, 족쇄가 채워지고 획일화된 독단적 교육을 없애야 한다. 우리 모두가 힘을 합치면 해결책을 찾을 수 있을 것이다.

제3장

표상의 힘

어떠한 도움을 받지 않는 마음의 힘은 지나치게 과대평가되고 있다. 인간은 별도의 보조 수단 없이는 기억과 사고, 그리고 추론에 모두 한계가 있다. 다만 인간의 지능은 적응력이 뛰어나기 때문에 한계를 극복할 수 있는 사용법이나 절차를 만들어내는 데 특히 탁월하다. 이것의 진정한 힘은 인지능력을 증가시킬 수 있는 외부 보조 수단을 만드는 데서 나온다. 어떻게 하면 우리는 기억, 사고, 추리 능력을 증대시킬 수 있을까? 바로 우리를 현명하게 만들 수 있는 외부 보조 수단을 만드는 것이다. 협동적인 사회 행동에서 도움을 얻을 수 있고 환경에 이미 존재하는 정보를 이용할 수 있으며, 또 우리의 능력을 보조하고 정신력을 강하게 하는 사고의 도구로 작용하는 인지적 인공물을 개발함으로써 도움을 얻을 수 있다.

우리가 지적 능력의 한계를 가까스로 극복한 사람들을 주목한다는 사실 또한 일반적인 마음의 능력이 제한되어 있다는 것을 입증하는 것이다. 우리는 외적인 도움 없이 수많은 정보를 기억해낼 수 있는 사람에게 존경심을 표현하기도 한다. 그런 사람들에게 돈을 지불하면서까지 시범을 보여달라고 하면서, 방 안에 있는 사람들의 이름을 모두 외우거나, 청중이 갖고 있는 돈 액수의 제곱근을 계산하거나, 백 년 전 어느 날의 요일을 알아맞히면 박수를 아끼지 않는다. 이런 능력은 일반적이지 않을 뿐 아니라 보통 사람은 하기 힘든 것이기에 경탄해 마지않는 것이다. 실제로 이런 재주는 전문가도 부리기 어려운 것이다. 이런 능력을 갖추기 위해서는 계산법이나 암기 방식을 익히고 여러 개의 표나 목록을 외우는 몇 년에 걸친 연습이 필요 할 것이다. 하지만 이런 재주 없이도 충분히 생산적인 생활을 영위할 수 있다. 암기법을 외우는 대신에 종이에 메모해두면 되고, 계산법을 배우는 대신에 계산기를 사용하면 된다. 표를 외우거나 날짜를 속으로 계산하기보다는 달력을 이용하기도 한다.

외부 보조 수단 중 가장 중요한 것이 종이와 연필, 그리고 이에 대응되는 읽기와 쓰기일 것이다. 그러나 이들은 너무 일상적이어서 강력한 도구인 문자, 숫자, 쉽게 들고 다닐 수 있는 필기구, 비싸지 않고 기능적인 종이 등을 만들어내는 데 얼마나 많은 기술이나 생각의 혁신이 있었는지 깨닫지 못하는 것이 보통이다.

문자언어나 기술 문명의 기계적인 도구 등이 없는 구전 문화를 가진 사회는 이 도구들이 주는 혜택을 공유할 수 없다. 마찬가지로 고급 수학을 풀어내지도, 문제 해결과 의사 결정의 공식적인 방법을 발전시킬 수도 없다. 문자가 없는 사회에서는 공식적인 교육의 필요성도 없다. 대신에 대부분의 교육이 도제 방식, 즉 숙련자의 기술을 전수받기 위해 지도를 받고, 비숙련자가 따라하는 것으로 이루어진다. 이 문화들은, 인위적인 인공물의 도움이 없기 때문에 수학이나 과학, 역사나 상거래 기록 등을 발전시키지 못하였다.

2천 년 전 플라톤은 당시 중요한 쟁점에 관한 소크라테스의 견해를 대화록에 기록하고 있다. 플라톤에 따르면 소크라테스는 책이 사고를 해친다고 주장했다. 어떻게 그럴 수 있을까? 책 읽기와 쓰기는 '교육 받은 지적 시민의 핵심'이라고도 볼 수 있는데, 어떻게 우리 문명의 가장 위대한 사색가의 한 사람이 그 중요성을 부인한다는 말인가?

소크라테스는 오히려 교사와 학생 간의 대화가 중요하며, 이를 통해 다른 사람의 생각을 파악하면서 의문을 제기할 수 있다고 생각했다. 의문 제기와 파악은 반성적 사고의 도구이다. 여기에 하나의 생각이 있으니, 심사숙고하고, 그것에 의문을 제기하고, 생각을 수정하고, 제한을 탐색하는 것이다. 어떤 사람이 의견을 제시할 때, 듣는 사람은 질문을 하며 의견의 근거가 되는 전제 조건들을 검토할 수 있다. 책 속에는 저자가 들어가 있을 수 없으니의문을 제기한대도 어떻게 책이 대답하겠는가? 바로 이 점이 소크라테스를 괴롭힌 것이다.

소크라테스는 사물을 깊게 생각하는 능력, 모든 상태를 검사하고 의문을 제기하는 반성적 사고에 관심을 갖고 있었던 것이다. 그는 독서를 체험의 영역으로 생각했으며, 반성적 사고를 할 수 없도록 한다고 생각했다.

소크라테스: 그러면, 글을 남긴 사람과 마찬가지로 누군가는 그 글이 신뢰할 수 있고 영원한 어떤 것을 제공할 것이라는 가정 하에 그것을 받아들이겠지만, 이는 아주 단순한 생각이다. 글이란 것이 그 글이 무엇에 대해 쓴 것인가를 사람에게 다시 상기시켜주는 것 이상을 할 수 있다고 가정한다면, 그 사람은 정말 아몬(이집트의 창세신화에 등장하는 신)의 진리에 무지한 것이다.

파이드루스: 맞는 말입니다.

소크라테스: 파이드루스, 알다시피 글의 이상한 점은 그림에 비유될 수 있다. 화가의 그림은 마치 살아 있는 대상처럼 보이지만 우리가 질문하면, 위엄있는 모습으로 침묵하고 만다. 글도 마찬가지다. 글은 마치 지식으로 무장한 채 우리에게 말을 걸고 있는 것 같지만, 정작 질문을 하면 같은 이야기를 영원히 반복할 따름이다. 게다가 글이란 한 번 기록되면 그것이 무엇이든지 여기저기 떠돌아다닌다. 그 글을 이해하는 사람에게 뿐만 아니라 전혀 관계가 없는 사람의 손에 들어가기도 한다. 어떤 사람이 적절한 사람이고 어떤 사람이 적절하지 않은 사람인지를 구별하지 않는다. 글 자신이 스스로를 방어하거나 독자에게 도움을 줄 수 없기에 잘못 취급되거나 공정하지 못하게 오용될 때는 글을 쓴 저자의 도움이 필요하게 된다.

파이드루스: 정말 옳은 말입니다.

소크라테스는 지식인이었고 그에게 생각이란 곧 반성적 사고를 의미하는 것이다. 그는 사고를 위해 체험적인 자료들을 필요로 하지 않았다. 소크라테스 같은 사람에게 최악의 글이란 소설과 같은 이야기였을 것이다. 이야기는 체험적 양식으로 마음을 사로잡고 사건의 흐름에 독자가 몰두하게 만든다. 음악, 연극 소설 같은 모든 체험적인 양식은, 가치 없는 대중의 오락거리로 간주하였다. 소크라테스는 독서는 수동적이므로 저자의 생각에 대해 진지하게 의문을 제기하지도 않고 저자의 사고를 받아들이게 되는 것을 걱정하였다.

이후 중세 시대의 분위기는 정 반대였다 당시의 독서란 보통 청중 앞에서 소리 내어 읽는 것이었다. 이처럼 독서가 아주 활동적인 과정이었기에, 수잔 녹스는 중세의 독서를 분석하며, "독서는 간편한 운동인 걷기처럼, 고대부터 의사들이 추천할 정도"였다고 지적하고 있다.

더구나 녹스는, 오늘날의 좋은 소설의 특성들이 예전에는 알려지지도 않았다고 지적한다. "오늘날 독자들은 좋은 소설의 특징으로 꼽는 것은 한 번도 손에서 떼지 않고 처음부터 끝까지 읽게 만든 책이다. 반면 중세 후기 서적들은 독자로 하여금 비연속적으로 읽도록, 즉 본문과 주석의 관계가 궁금해서 읽기를 멈추게 하였다. (주석이란 본문과 관계된 해명이나 설명과 같은 것으로 저자, 혹은 필사자나 독자가 집어넣은 것이다.)"

중세의 독자들은 수사학의 규칙들을 배웠으며 이를 매 문장에 적용하여야 했다. 즉 내용을 배우고 기억하는 암기술, 본문 안에 들어가 있는 여러 수준의 숨은 의미를 찾아내는 풍유 혹은 우화, 역사적 비유들을 고려하는 유형론 등을 사용해야 했다. 어떠한 책도 독자의 마음속에서 정교화되지 않거나 소리 내어 읽은 후 집단적 토론과 논쟁을 거치지 않는다면 완전하다고 생각하지 않았다.

중세 후기의 독자들은 소크라테스가 불가능하다고 주장한 바로 그런 방식으로 책을 읽었다. 그들은 저자의 생각에 의문을 제기하고 서로 토론하였다. 저자가 옆에 없더라도 여러 방식으로 독서를 더 재미있고 도전적으로 만들었다. 한 문장을 읽고 의문을 제시하였다. 한 쪽을 읽고 그것을 비판한다. 어떤 저자도 그것에 반대할 수 없다. 어떤 저자도 자신의 수사학 지식으로 독자의 주장을 반박할 수 없다. 독자는 저자의 간섭 없이 자신의 의견이나 반대를 자유롭게 개진할 수 있었다. 그러나 오늘날 우리의 독서는 소크라테스의 염려만큼 퇴행한 것 같다. 우리는 저자의 생각에 의문을 제기하지 않고 그냥 신속히 읽기만 한다. 물론 잘못은 책이 아니라 독자에게 있다.

인지적 인공물이란 도구, 즉 인지적 도구이다. 이런 도구들이 마음과 어떻게 상호작용하는지, 어떤 결과를 만들어내는지는 그 도구들을 어떻게 사용하느냐에 달려 있다. 어떻게 사용하는지를 아는 사람에게 책은 인지적 도구가 되고, 그 도구가 어떤 종류인가는 독자들이 그 도구를 어떻게 사용하느냐에 달려 있다. 독자들이 자료에 대해 반성적으로 사고하고 추론하는 방법을 알지 못하는 한, 책은 반성적 사고의 도구가 될 수 없다.

인지적 인공물

인지적 시대, 즉 인지적 존재로서의 인간은, 대상, 사물, 개념을 지칭하기 위해 소리, 몸짓, 상징을 사용하기 시작했다. 소리, 몸짓, 상징 자체는 아무것도 아니지만 그것이 사물을 대신하여 나타낸다는 데 데 의미가 있다. 그것들이 사물을 표상하는 것이다.

인지의 힘은 추상화와 표상으로부터 비롯된다. 지각, 경험, 사고 등에서 불필요한 세부 사항을 추려내고(즉 추상하고) 다른 수단으로 나타내는(즉 표상하는) 능력이 바로 지능의 핵심이다. 왜냐하면, 표상 과정이 정확하면 새로운 경험, 통찰력, 창조물이 나타날 수 있기 때문이다.

중요한 것은 우리는 어떤 다른 것을 표상하기 위해 표시나 상징을 사용할 수 있고, 그 표시를 사용해 추리할 수 있다는 점이다. 사람들은 이를 보통 자연스럽게 사용한다. 이는 학술적인 훈련에서 나오는 것이 아니다. 헨리라는 사람이 교통사고 경험을 친구에게 이야기한다고 하면 대략 다음과 같을 것이다.

책상 위에 연필 하나를 올려놓고 "여기에 내 차가 가고 있는데"라고 말한다. 그리고 "신호등이 파란불이라서 교차로를 지나가고 있었어. 그런데 갑자기 개 한 마리가 거리로 뛰어드는 거야."라고 말하며 책상 위에 있는 차 앞에 개를 나타내는 클립을 하나 올려놓는다. "브레이크를 급히 밟았는데 미끄러져서 다른 방향에서 오는 차 쪽으로 갔어. 심하게 부딪치지 않았지만 얼마나 놀랐는지 원."

헨리는 다른 연필로 두 번째 차를 나타내고, 자신의 차를 나타내는 연필이 어떻게 미끄러지고 방향을 바꿔 다른 연필과 부딪치는지를 설명한다. 책상 위에는 두 개의 연필과 클립이 있다.

클립을 치우면서 "개는 도망가고, 신호등이 빨간불로 바뀌었는데 움직일 수가 없더라고, 그 때 파란불로 바뀐 옆길에서 차 한 대가 갑자기 나오면서, 꽝, 우리 두 차를 이렇게 박은 거야." 헨리는 세 번째 차를 손가락으로 나타내며 두 연필을 친다.

이 이야기에서 책상, 연필, 클립, 손가락은 모두 상징적으로 사용된다. 즉 거리, 세 대의 차, 개와 같은 실제 사물을 나타낸다. 듣는 사람의 머릿속에는 거리와 신호 등을 표상하는 다른 상징들도 있을 것이다. 책상, 연필, 클립과 같은 인공물이 없다면 이 상황을 설명하기가 얼마나 어렵겠는가. 실제 독자들은 이 장면을 머릿속에 그리지 않는 한 이 이야기를 따라가는 데 어려움이 있을 것이다. 개가 나타난 길은 어느 쪽인가? 교차로 어느 위치에서 두 차가 멈춰 섰는가? 어떻게 세 번째 차가 나타났는가?

책상 위에서의 이야기는 인공물의 몇 가지 간단한 속성을 보여준다. 마음이 복잡한 사건을 따라가며 이해할 수 있도록 도와주는 것이 바로 인공물이라는 것을 여러분은 알 수 있다. 동일한 표상 구조가 사회적 의사소통의 수단으로 사용된다. 여러 사람이 책상 위에서 이루어지는 이야기를 공유할 수 있으며, 아마도 다른 행위를 제안할 수도 있다. 메리가 연필 하나를 집으며, "글쎄, 개를 봤을 때 이렇게 움직였으면 되잖아."라고 말할 수 있다. 헨리는 "그럴 수 없었어. 다른 차가 거기 있었거든." 이라고 말하며 또 다른 연필을 책상 위에 올려놓는다. 책상 위가 사건을 공유하는 작업 공간이 된다.

지금 일어나고 있는 일을 주목해보자. 사람들은 인공물 자체를 이용해 대안의 행동 과정을 추리한다. 표상은 추상화를 거치긴 했지만 실제 사건을 대체하고 있다. 연필이 자동차를 표상한다고 하지만 재료나 크기는 다를 수밖에 없다. 차가 얼마나 빨리 달렸는지, 브레이크를 밟았을 때 얼마나 미끄러졌는지를 정확하게 보여줄 수 없다. 이를 위해서는 보다 강력한 표상 수단이 필요하다. 그럼에도 불구하고, 표상은 사건을 매우 효과적으로 묘사할 수 있고, 다른 사람들로 하여금 더 잘 이해할 수 있게 한다. 대안적인 행동도 쉽게 분석해낼 수 있다. 표상 덕택에 기억력은 더 강해지고 정밀해진다.

훌륭한 표상은 사건의 핵심적 요소를 잡아내고 나머지는 의도적으로 없앤다. 연필이 차처럼 보이지는 않아도 사고를 이해하기 위해 그 차이는 중

그림 3-1

표상되는 세상과 표상하는 세상. 표상되는 세상이 위에 있는 그림이다. 여기서 '표상되는' 세상은 사람, 나무, 산, 그리고 공이다. '표상하는' 세상은 종이 위에 마크로 표현된 아래의 그림이다. 표상하는 세상은 표상되는 세상이 추상화되고 단순화된 것이다. 위의 예에서 막대 모양 표시들은 각각 한명씩의 사람을 나타내며, 그림이 나무로 나타나 있다. 그 외의 것들은 표상하는 세상에서 제거되어 있다.

요하지 않다. 표상은 그 대상과 일치하지 않으며, 만약 그렇다면 표상을 사용할 이유가 없다. 중요하지 않은 것이 아니라 중요한 것만을 표상하는, 즉 적절히 추상화하는 것이 결정적인 기술이다. 이렇게 하면 모든 사람들이 부적절한 자극에 방해를 받지 않고 본질에 집중할 수 있다. 바로 여기에 표상의 힘과 약점이 있다. 표상이 적절하다면 사람들의 사고력과 추리력을 증가시키지만, 그렇지 않으면 오히려 실제를 오인하게 만들고 사건의 중요한 측면을 간과하게 만들며, 심지어 잘못된 결론에 도달하게 한다.

인지적 인공물을 이해하기 위해서는 우선 표상을 이해해야 한다. 그림 3-1에 제시된 것처럼 어떤 표상 체계든 다음의 두 속성을 갖고 있다.

1. **표상되는 세상:** 즉 표상되어지는 대상
2. **표상하는 세상:** 상징의 집합으로 각각은 표상되는 세상에서 무엇인가를 나타냄

표상이 중요한 까닭은 사물이나 사건을, 혹은 결코 존재하지 않는 가상의 대상이나 개념을 시간과 공간의 범위 밖에서 다룰 수 있게 하기 때문이다. 외적 표상, 특히 작업장에서처럼 여러 사람이 공유해야 하는 표상은 이를 위한 구성 장치, 즉 인공물이 있어야 한다. 특별한 배열로 만든 돌 조각이나 모래에 그린 도형처럼 단순한 표상이라 할지라도 그 사용 행위는 인위적인 것이다. 다시 말해, 특정한 공간을 사용한다든지, '표상되는 세상'의 어떤 측면을 '표상하는 세상'의 어떤 대상으로 해석하게 해주는 언어적 설명이 있기 마련이다. 물론 우리는 막대기, 돌, 모래보다 훨씬 더 강력한 인공물들을 발명해왔다. 즉 여러 종류의 표상을 지원하고, 오래 지속

되고, 휴대가 가능하며 쉽게 만들어낼 수 있고, 먼 거리에서도 의사소통할 수 있으며, 그것 자체로 강력한 연산 기능이 있는 도구들 말이다.

인지적 인공물의 지원을 받는 표상의 가장 중요한 특성은 그것 자체로서 지각될 수 있고 연구될 수 있는 인공적 사물이라는 점이다. 그것들은 사람들이 만든 인공물이기에 그 시점에서 최대의 기능을 할 수 있는 형태와 구조를 가질 수 있다. 원래의 생각, 개념, 사건을 가지고 작업하기보다는 우리의 사고 과정에 더 잘 맞는 표상으로 사고하고 지각한다. 그림 3-1은 지식을 표상하는 능력의 한 예이다. 이 그림 자체가 하나의 표상으로 표상에 관한 개념을 나타내고(즉 표상하고) 있는 것이다. 이 그림에는 인공물에 대한(표상하는 세상이라고 이름 붙인) 표상이 포함되어 있고, 상징과 표상하는 세상과 인공물 간의 관련성이 포함되어 있다. 이 그림은 상위 표상, 표상에 대한 표상인 셈이다.

사고나 개념의 표상을 다시 표상할 수 있는 능력이 반성적 사고와 고차적인 사고의 본질이다. 바로 이러한 상위 표상을 통해서, 새로운 지식을 생성하고, 실제 세상에서는 알아차리기 힘든 어떤 일관성이나 패턴을 표상에서 발견할 수 있는 것이다. 보조 수단이 없는 마음으로서는 이러한 고차적인 표상을 찾아내기 힘들다. 이론적으로는 보조 수단이 없는 마음이 인공물의 도움 없이도 찾아낼 수 있으리라고 생각할지 모르지만, 실제로 마음은 능동적인 의식 상태에서 사물을 다루는 능력이 제한되어 있으므로 그럴 가능성은 거의 없다.

일단 우리가 생각을 표상으로 나타내면 물리적인 세상은 더 이상 적절하지 않다. 대신 우리는 표상에 대해 사고하고 때로는 표상의 표상까지 사고하게 된다. 이것이 바로 우리가 실제 세상 혹은 세상에 대한 표상에서 고차적 관련성, 구조, 일관성 등을 찾아내는 방법이다. 이러한 구조를 발견하는 능력이 추리의 정수이며, 문학, 예술, 수학, 과학의 결정적인 요인이다. 물론 가장 이상적인 표상은 다음과 같아야 한다.

- 표상되는 세상에서, 부적절한 것은 무시하며, 중요하고 결정적인 특성을 잡아내야 하고
- 사람들에게 적절하고, 해석의 과정을 촉진할 수 있어야 하고
- 과제에 적절하여 구조와 규칙성을 발견하기 위한 판단 능력을 향상시켜야 한다.

인공물에는 여러 종류가 있다. 체험적 인공물은 반성적 인공물과 기능이 다르다. 체험적인 인공물은 세상을 경험하고 행동하는 방식을 제공하는 것이며, 반성적 인공물은 표상에 대응하고 수정하는 방법을 제공한다. 체험적 인공물은 우리가 실제로 가지 않더라도 간 것처럼 사건을 경험하게 하고, 실제 갔더라도 접근할 수 없는 정보를 얻게 한다. 망원경은 우주 공간 멀리 있는 정보를 제공한다. 영화나 음반은 시공간으로 떨어진 사건을 경험하게 한다. 자동차의 계기판은 접근하기 어려운 차의 정비 상태를 알게 한다. 체험적인 인공물은 마음과 세상을 매개하는 것이다.

반면 반성적 인공물은 현실 세계을 무시하고 인공적으로 '표상하는' 세상에만 집중하도록 한다. 반성적 사고 과정을 통해 경험을 재고하고 나아가 새로운 해석이나 대안적인 행위를 검증할 수 있다. 이 과정은 강력하지만 동시에 위험하기도 하다. 새로운 발견을 할 수 있지만, 표상을 실재라고 잘못 판단할 때는 위험할 수도 있다.

우리가 인공물 안에 표상되어 있는 정보에만 주의를 기울이면, 표상에 드러나지 않은 것은 무시할 수 있다. 사실, 생략된 대부분은 우리가 어떻게 표상해야 할지 모르는 것이지만 전혀 중요하지 않은 것은 아니다. 오히려 표상하지 않은 것이 중요할 수 있다. 그것들은 잊혀지거나, 기억되더라도 의미를 부여하지는 않는다. 이것이 바로 1장에서 배운 것이다. 우리는 측정되거나, 표상할 수 있는 것만을 중요시한다.

과제에 적합한 표상 연결하기

어떤 문제를 해결한다는 것은, 해답이 분명하도록 표상을 형성하는 것을 의미한다.

사이먼, 1981

'15'라는 게임을 해보자. 이 게임에서는 1, 2, 3, 4, 5, 6, 7, 8, 9의 아홉 개 숫자를 사용한다. 두 사람이 한 번에 하나씩 숫자를 선택하라. 일단 선택된 숫자는 다시 쓰면 안 된다. 선택한 숫자 중에서 세 개 숫자의 합이 열

다섯이 먼저 되는 사람이 이기게 된다.

예를 들어 A는 8을, B는 2를 선택했다. 그리고 다시 A가 4를, B가 3을 선택한 후, 마지막으로 A가 5를 선택했다.

질문1: 여기서 여러분이 B라면 어떤 수를 선택하겠는가?

이는 어려운 문제라고 할 수 있다. 왜냐하면, 내가 문제를 기술하는 방식, 즉 표상 때문이다. 이 문제는 일종의 산수 문제로, 다음에 어떻게 해야 할지는 당신과 A가 어느 정도 이길 가능성이 있는가를 고려하여 결정하게 된다. 어떤 세 숫자의 합이 15가 되는가를 결정하기 위해 많은 계산을 해야 한다. 기억 보조 수단이 거의 없기에, 누가 어떤 숫자를 집었고 그래서 이제 어느 것이 남아 있는지를 계속 추적하며 생각해야 한다. 나는 의도적으로 사용하기 힘든 표상 형태로 문제에 관한 정보를 제시했다. 즉, 사람들이 선택하는 순서대로 정보를 제시했고, 따라서 A와 B가 어떤 숫자를 갖고 있는지 알기 어렵게 하였다. 계산 자체는 단순할지 모르지만, 계산을 하는 동안 모든 가능성을 고려해야 하기 때문에 이 게임은 어렵다.

다음으로 다른 오락인 세목 놓기를 생각해보자. 두 사람이 각각 ○와 ×를 한 줄에 세 개씩 배열하는 놀이로 차례대로 9개의 정사각형 공간에 표시를 한다(그림 참조). 일단 한 위치에 표시를 하면 상대방이 바꿀 수는 없다. 직선에 세 개의 표시를 하면 이기게 된다. A가 ○, B가 ×이고 다음과 같은 상태라고 하자.

X	O	X
	X	
O		

질문 2: 여러분이 B, 즉 ×이고 이번이 당신의 차례라면 어디에 표시하겠는가?

'15' 게임과는 달리 이 과제는 쉽다. 이것은 연산 게임이 아니라 공간 게임이다. 진행 상황을 알기 위해서는 놀이판을 보면 된다. 슬쩍 보기만 해도 오른쪽 아래를 ○으로 막지 않으면 A가 이긴다는 것을 알 수 있다.

질문 1은 암기에 의존하여 반성적 사고를 해야 하기에 어렵다. 질문 2는 체험적으로 혹은 지각적으로 답할 수 있기에 쉽다. 계산할 필요 없이 게임판을 보면 적절한 방책을 알 수 있다.

하지만 실제로 이 두 게임은 동일한 것이다. 만약 '15' 게임에서 사용하는 아홉 개의 숫자를 다음처럼 배열한다면 세목놀이와 동일해진다.

4	3	8
9	5	1
2	7	6

앞의 문제를 기억하는가? A는 8을 집었고 B는 2를 집었다. 그리고 다시 A가 4를 잡고 B가 3을 집은 후 A가 5를 집었다.

X	O	X
	X	
O		

4	3	8
	5	
2		

여러분의 차례라면 오른쪽 아래 모서리에 6을 선택하면 된다. 이 두 놀이는 소위 말하는 '동형체'이다. 전문적으로 말하면, 질문은 같은 것인데, 예가 보여주듯이 표상의 선택이 과제를 변화시키고 어려운 정도를 극적으로 변화시킨 것이다.

사람들에게는 '15' 게임보다 공간적 표상인 세목놀이가 훨씬 쉽지만 컴퓨터는 연산 문제를 더 쉽게 해결한다. 만약 컴퓨터가 공간적인 세목놀이 문제를 풀어내기 위해서는 먼저 ○와 ×가 직선상에 놓여 있는지를 알기 위해 점간의 삼각 관계를 풀어야 할 것이다. 우리에게는 얼마나 쉬운가. 그냥 보기만 하면 된다. 인간의 지각 체계는 이런 과제에 맞게 설계된 것이다. 물론 이러한 절차를 컴퓨터에 설계할 수는 있지만, 컴퓨터가 사용하는 방법은 우리에게 어렵고 복잡하다. 반대로 컴퓨터가 지각 처리를 하게 만들기는 아주 어렵다.

이 예는 두 가지 사실을 알 수 있게 한다. 첫째, 비록 표상의 선택이 문제 자체를 변화시키는 것은 아니지만, 표상의 형태는 과제의 난이도에 현저한 영향을 미친다. 둘째, 문제에 적용할 수 있는 지식, 체계, 방법에 따라 어떠한 표상 형태가 적절한지 결정된다. 앞 예에서는 사람에게 가장 쉬운 방법이 컴퓨터에게는 가장 어렵고, 사람에게 가장 어려운 방법이 컴퓨터에게는 가장 쉬웠다. 그러므로 이 예는 인간과 컴퓨터의 정보 처리 과정은 서로 다르며, 상보적 관계임을 잘 보여준다.

과제에 적합한 표상의 장점은 여러 곳에서 나타난다. 나쁜 표상은 아주 간단한 문제를 반성적으로 풀어야 할 도전으로 만든다. 좋은 표상은 동일한 과제를 쉬운 체험적 과제로 변형시킬 수 있다. 한 양식에서 찾기 힘든 답도 다른 사고 양식을 사용하면 즉시 해결할 수 있다.

	1131	SAN	0820+1	LGW	AA	2734	FCYBM	D10	1
		AA	2734	CHG PLANE AT DFW					
×12	1805	SAN	1425+1	LGW	BA	284	FJMSB	D10	1
	2100	SAN	2030+1	LHR	TW	702	FCYBQ	*	2
		TW	702	EQUIPMENT 767 LAX-L10					

이것은 비행기 노선 공식 안내서에서 발췌한 부분(1990년, 11월)으로 샌디에이고에서 런던으로 가는 세 가지의 항공편을 나타내고 있다. 위에서 아래로 왼쪽에서 오른쪽으로 읽으면, 첫 줄에는 오전 11:31에 샌디에이고(SAN)에서 떠나 다음날(+1) 오전 8:20에 런던 개트윅 공항(LGW)에 도착한다는 것을 알 수 있다. 이 비행기는 아메리칸 에어라인(AA) 2734호기이며 다섯 등급의 서비스가 있고(FCYBM), 비행기는 DC-10기이고 한 번 기착한

다는 정보를 준다. 두 번째 줄은 댈러스/포르트 월스 공항(DFW)에서 환승해야 한다는 것이 나와 있다. 세 번째 줄은 비행이 월요일과 화요일을 제외하고 매일 있으며(X12) 비행기는 브리티시 에어의 284기이며 한 번 기착하며 도착 시간이 오후 14:25임을 나타내고 있다. 네 번째 줄은 TWA 항공이 두 번 기착하며 런던의 해스로우 공항(LHR)에 오후 8:30에 도착한다는 것을 나타낸다. 마지막 줄은 샌디에이고와 로스앤젤레스(LAX) 간의 비행기는 보잉 767이지만, LA에서부터 록히드 L-1011기로 바뀐다는 것을 나타낸다.

두 도시를 이동하는 비행기 여행 계획을 짜야 한다고 생각해보자. 그리고 내가 사는 미국 캘리포니아의 샌디에이고에서 영국의 런던으로 가려고 한다 하자. 비행기 정보는 보통 앞의 표처럼 제시되는데, 이는 비행기 노선 공식 안내서에서 사용하는 형식으로 미국 내의 전문 여행사에서 가장 널리 사용된 것이다.

최소의 공간에 가능한 많은 정보를 집어넣도록 만들어진 것이 이 안내서이다. 매달 나오는 전 세계판은 1,500쪽 분량이 넘는 페이지에 아주 작은 글씨로 인쇄되어 있다. 발행인들이 그나마 사용하기 편리하도록 제작한 것은 사실이지만, 사용자로서는 정보를 처리하고 베끼는 데 엄청난 정신적 수고를 해야 한다. 이들은 비행 계획 선택을 반성적 과제로 바꾸어놓은 것이다.

예를 들어, 나는 오후 늦게 런던에 도착하는 비행기를 타고 싶다. 언뜻 보면 이 안내서가 완전한 것처럼 보인다. 네 번째 칸에 도착 시간이 직접 표시되어 있기 때문이다. 가장 편리한 도착 시간만 살펴보면 된다. 표를 보니 저녁 9:00에 샌디에이고를 떠나 다음날 저녁 8:30에 도착하는 TWA가 적당한 것 같다. 비행기를 타서 책 좀 읽다가 잠깐 자고 런던에 도착하면, 세관을 지나고, 호텔에 가면 잘 시간이다. 잘 골랐다.

그런데 이게 맞을까? 잘 읽어보면 바로 잠자지 않는 편이 낫다. LA에서 비행기를 바꿔 타야 하고 두 번 기착한다. LA하고 다른 한 곳은 어딜까? 혹시 이 비행기가 다른 것보다 더 오래 걸리는 걸까?

오후 늦게 도착하길 원하는 것은 맞지만, 비행시간을 더 소비하고 싶지는 않다. 그러면 어떤 비행기가 가장 적은 시간이 걸리는지 찾아보아야 한다. 자, 이제 어떻게 이 표가 과제에 영향을 미치는지 알 수 있다. 도착 시간으로 비행기를 찾기는 쉽지만, 비행시간으로 찾는 것은 쉽지 않다. 나로서는 도착 시간에서 출발 시간을 빼는 계산을 하는 수밖에 없다. 하지만 서로 다른 날에 도착하는 것이고 두 도시 간에 일곱 시간의 차이가 나므로 계산이 쉽지 않다.

게다가 직접 계산을 하기 위해서는 중간 단계의 공식을 추가로 만들어야 한다. 도착이 출발 다음 날이면 도착시간에 24시간을 더한다. 즉 다음날 오전 1:00면 25:00가 되고 다음날 오후 8:30이면 44:30(20:30+24:00)이다.

이렇게 하면 출발과 도착의 시간 차이를 쉽게 알 수 있는 형태가 되며, 그 후, 일곱 시간을 빼면 된다. 즉, 다음과 같은 비행 시간표를 만들 수 있다.

항공편	출발	도착	시간 차이	소요 시간
				(Diff.-7)
AA 2734	11:31	32:20	20:49	13:49
BA 284	18:05	38:25	20:20	13:20
TW 702	21:00	44:30	23:30	16:30

TWA는 원하는 시간에 도착하기는 하지만 거의 다른 비행기보다 세 시간이 더 걸리므로 선택하고 싶지는 않다. 내가 만든 표는 비행 시간을 계산하기는 쉽지만 이제 도착 시간을 파악하기가 어렵다. 물론 다른 칸에 비행시간을 넣으면 되지만 이 안내서에는 너무 많은 정보가 들어 있어서 이를 위한 공간이 없다.

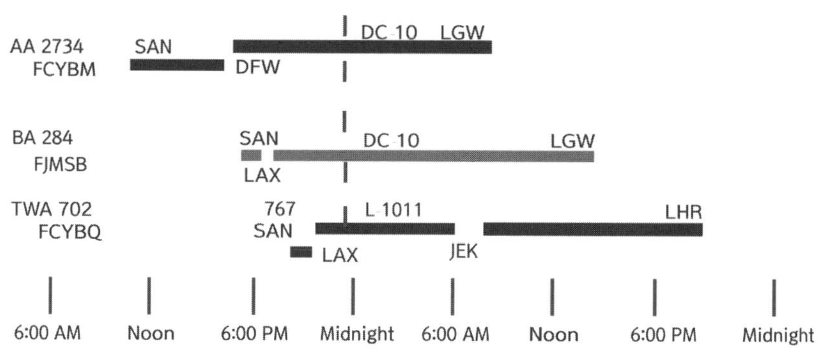

현지 시간을 기준으로 합니다. 샌디에이고와 런던의 시차는 7시간입니다.

이 모든 비교와 계획의 과정에는 반성적 사고가 작동한다. 나는 안내서에 있는 정보를 들여다보고, 의문을 제기하고, 자료를 재구성하고, 계산을 했다. 이것은 반성적 사고의 장점을 보여주는 좋은 예이다. 비록 그럴 필요가 없지만 말이다. 이 정보를 경험적인 형태로 제시하면, 간단히 훑어보아도 이 과제는 해결된다.

이 안내서에는 표를 사용하여 정보를 제시하므로 서로 비교하기 어렵다. 스티븐 캐스너는 그림으로 제시된 비행 정보가 의사 결정에 더 용이하다는 점을 보여준다. 그러면, 그의 연구를 통해 세 비행 편을 살펴보자.

이 그래픽 표시는 비행에 관한 몇몇 정보를 아주 이해하기 쉽게 한다. 이는 안내서에 있는 모든 정보를 담고 있을 뿐 아니라 기착에 관한 정보도 제공한다. 비행시간은 출발과 도착시간 사이의 선의 길이로 표시된다. 비행기 변경을 나타내는 표기법도 간단하다(선을 계단처럼 표시했고, 기착해서 소요되는 시간은 선의 간격으로 나타냈음). AA기는 한 번 기착하고 비행기를 바꿔 타야 하며 댈러스 포르트 웰스 공항(DFW)에서 지연이 있음을 보여주고 있다. BA기는 기착하고 얼마 후 다시 떠나지만 LA(LAX)에서 비행기를 갈아타지는 않는다. TWA기는 LA에서 비행기를 갈아타야 하고 뉴욕 JFK 공항에서 기착한 후 오랫동안 기다려야 한다.

어느 비행기 편의 비행시간이 가장 짧을까? 우리는 이미 안내서의 표를 가지고 이 질문에 답하기 어렵다는 것을 논의했다. 이론적으로 그래픽 표

를 가지고 이 질문에 답하기 어렵다는 것을 논의했다. 이론적으로 그래픽 표시에서는 답을 찾기 쉬워야 하는데, 이유는 해야 할 것이 단지 세 선의 길이를 비교하는 것뿐이기 때문이다. 하지만 실제적으로는, 여러분 스스로 해보면 알 수 있듯이 비교가 쉽지 않다. 비행시간을 비교하기 위해서는 어느 편이 가장 짧은지 마음속에서 선을 정렬해야 한다. 이 예는 지각 처리만으로는 부족하다는 것을 보여준다. 형태를 비교하기 위해 마음속에서 변형이 필요하다면, 그래픽 표상은 보는 사람들에게 힘든 과제가 된다.

선들이 시작하는 위치를 일치시키면, 반성적인 비교작업이 체험적 과제로 바뀐다. 즉 그냥 보면 답을 알 수 있다.

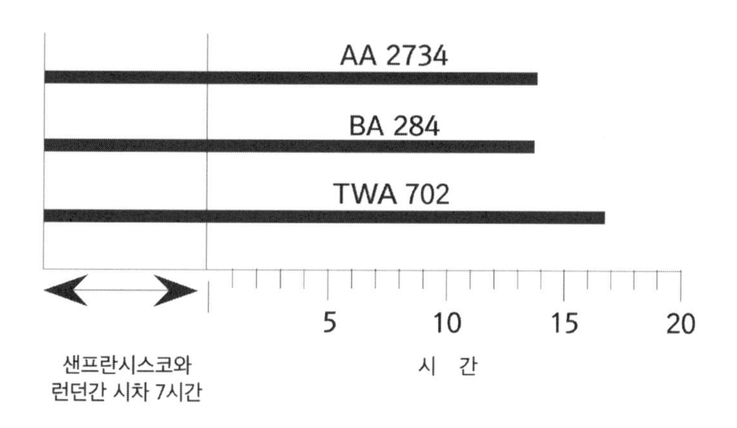

TWA가 가장 길고 나머지 둘은 비슷하다. 시작점을 일치시키고 몇 가지 혼란스러운 것을 제거하면 아주 쉬운 과제가 된다. 이 과제를 풀기 위해 앞의 표에서는 계산을 해야 하고, 그래픽 표시에서는 상상으로 선을 겹쳐야 했지만, 이제는 단순히 그림을 훑어보면서 가장 돌출한(가장 긴 비행시간) 혹은 가장 덜 돌출한(가장 짧은) 선을 찾으면 된다.

이 새로운 표상은 다른 장점도 있다. 비행 후 도착하는 시각은 현지 시각이기 때문에 시차만큼 일곱 시간을 빼야 한다. 그런데 위의 그래프로는 이 문제도 해결된다. 그림에 나타나 있듯이 단지 선들의 시작점을 오른쪽으로 일곱 시간 옮기기만 하면 된다.

어떤 한 과제에 대해서 어떤 표상이 가장 적절한 것일까? 대답은 과제에 무엇이냐에 달려 있다. 단순히 서비스의 종류, 비행기의 유형에 대해서는 글로 된 텍스트가 가장 낫다. 정확한 출발 시간(예로 11:31)을 알기 위해서는 숫자를 인쇄해 놓는 것이 필요하다. 신속하게 비행시간을 비교하기 위해서는 그래픽 표시가 최상이다.

자, 우리는 그래픽 표시가 과제를 쉽게 할 수 있다는 것을 보았다. 그렇다면 이 안내서는 이제 어떻게 해야 하나? 나는 현재대로 유지할 것을 권한다. 이 안내서의 발행인들은 사용자와는 다른 과제를 가지고 있다. 그들로서는 가능한 한 적절한 많은 정보를 포함시켜야 한다. 공간이나 분량도 매우 중요하다. 그리고 이 안내서가 쓰는 텍스트 방식의 표시는 효율적이기도 하고 비교적 사용하기도 쉽다. 이 안내서는 사용성을 증가시키기 위해 몇 여 년에 걸쳐 형식을 바꿔왔다. 그래픽 표시는 공간을 너무 많이 차지한다. 가장 적절한 양식은 과제에 따라 달라지며, 어떤 단일한 양식이 항상 최선이 될 수 없다.

가까운 미래에 모든 정보가 전자 장치에 입력되면, 동일한 정보가 여러 방식으로 필요에 따라 제시될 수 있을 것이다. 모든 비행기의 목록을 출발 시간에 따라, 비행시간에 따라 혹은 요금에 따라 볼 수 있다면 얼마나 좋겠는가? 과제에 따라 숫자에서 그래픽 표시로 순간적으로 바뀔 수 있는 표시판이 있다면 얼마나 좋겠는가? 너무 많지도 않고, 너무 적지도 않게 필요한 정보를 얻을 때까지 여러 양식으로 바꾸어볼 수 있다면 얼마나 좋을까?

어떻게 표상이 정보에 대한 접근과 판단을 도와주는가

제시되어 있는 정보를 사용하는 사람에게는 다음과 같은 두 가지 주된 과제가 있다.

1. 적절한 정보를 발견하기
2. 원하는 결론을 판단하기

정보의 표시 방식을 살펴보면서, 우리는 이 두 과제를 위해 표시 방식마다 어떤 도움을 주는지를 알 수 있다. 즉 적절한 정보에 접근할 수 있도록 어떤 도움을 주는가? 판단을 하는 데 어떤 도움을 주는가?

박사학위 논문 초고에서 뽑은 다음 예를 살펴보자.

그들은 유추를 가장 좋은 것에서 가장 나쁜 것으로 평가할 때, 실제적 유사, 진정한 유추, 단순한 외양 유사, 잘못된 유추 순이었으나, 이야기에 대한 회상에서는 실제적 유사, 단순한 외양 유사, 진정한 유추, 잘못된 유추 순이 되는 것을 발견했다.

이 문장이 왜 이렇게 이해가 어려운 것일까? 무슨 의미인지를 파악하기 위해 여러분이 해야 할 것을 고려해보자.

자, 가장 좋은 것에서 가장 나쁜 것이라, 최고는 실제적 유사다. 그리고 이야기에서도 최고는 실제적 유사로 같네. 가만있자 다음은 진정한 유추고, 이야기에서는, 음, 단순한 외양 유사로 달라졌군.

이 문장 이해라는 과제는 반성적 사고, 특히 불필요한 반추의 예인데, 위 문장을 다음과 같이 제시하는 것이 훨씬 좋기 때문이다.

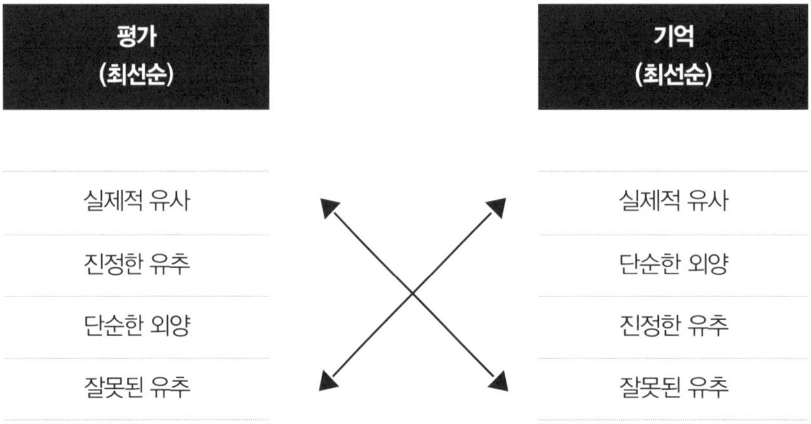

평가 (최선순)	기억 (최선순)
실제적 유사	실제적 유사
진정한 유추	단순한 외양
단순한 외양	진정한 유추
잘못된 유추	잘못된 유추

이 도표는 독자들을 도와주는 여러 가지 기술을 사용한 것이다.

즉, 원래의 문장과 똑같은 정보를 포함하고 있지만 훨씬 이해하기 쉬운 형식이다. 표로 배열했기에 탐색과 계산, 특히 비교가 훨씬 단순하다. 이것이 그림이냐 도표이냐는 중요하지 않다. 과제에 적절한 방법을 찾으면 된다.

독자의 요구	제공되는 정보
중요한 항목 비교하기	화살표로 중요 요소를 비교
비교할 적절한 변인을 찾기	항목들을 순서로 배열
조건의 순서를 기억하기	위에서부터 순서대로좋은 것
여러 조건의 비교	네 조건을 수직으로 배열하고 이를 다시 수평으로 배열
탐색과 계산	왼쪽 항목은 오른쪽으로 배열하고 오른쪽 항목은 왼쪽으로 배열

사례: 의료 처방전

의료 처방전은 날로 복잡해지고 있으며 많은 사람들이 매일 수많은 약을 복용해야 한다. 과연 사람들은 처방을 잘 따르고 있을까? 그렇지 않다. 몇몇 조사에 따르면, 10%에서 30% 정도의 사람들이 정해진 시간에 약을 얼마나 복용해야 하는지를 결정하지 못한다. 한 연구에서, 관절염 환자들에게 약을 가져오도록 한 후, 그들이 하루에 먹는 양을 적어보도록 해보았다. 시간은 충분히 주었다. 대부분은 이 임무를 어려워했으며 평균 14%가 실수를 했다. 처방된 약이 많을수록 실수의 비율이 증가했고, 일곱 개 이상의 하루 투약량을 처방받은 사람들은 실수도 가장 많았고, 그 비율도 30% 이상으로 가장 높았다.

의사의 처방대로 약을 먹는 것이 어렵다는 사실은 잘 알려져 있다. 우리 동네 약국은 약을 복용하는 어려움을 덜어주려고, 여러 가지 방법을 고안하였다. 그중 한 가지는 '약 정리함'으로 먹어야 할 주, 날, 시간별로 이름을 붙여 상자별로 나누어 놓은 것이다. 일단 약들을 정해진 상자에 넣는다면, 원리상, 환자에게 도움이 될 것이다. 아아, 하지만 이번엔 약을 정해진 구획 안에 배분하는 일이 남았다. 결국 이 상자는 처방전의 근본적인 문제를 극복할 수 없다.

이 정리함을 사람들이 어떻게 이용하는가도 살펴보았다. 역시 제대로 사용하지 못했다. 한 환자는 권고량의 두 배를 한 상자에 집어넣기도 하였으며, 약을 분류해서 상자에 담는 시간이 평균 9분 정도 늘어났다. 약을 담는 데 실수하고, 시간이 많이 필요하다면 이 방법은 효과가 없는 것이다.

이는 시급한 조치가 필요한 영역이다. 효율적인 해결을 위해서는 처방과 관련된 모든 사람들—환자, 의사, 약사—의 요구를 지원해야 하고 포함시켜야 한다. 이는 진짜 죽느냐 사느냐의 문제일 수 있다.

문제 중 하나는 처방 자체가 환자의 관점에서 작성된 것이 아니라는 것이다. 심리학자 루스 데이가 한 연구에서 사용한 다음 처방을 보자. 이는 가벼운 뇌졸중으로 입원했던 환자에게 주어진 것이다.

Inderal — 한 정씩 하루에 세 번

Lanoxin — 한 정씩 매일 아침

Carafate — 식전과 취침 시 한정

Zantac —매 12시간마다(하루에 두 번) 한 정

Quinaglute — 하루에 네 번 한 정

Coumadin — 하루에 한 정

이러한 지침은 보기만 해도 어렵다. 데이는 이 환자에 대해서 아래와 같이 보고하고 있다.

며칠 동안 그는 어떤 약을 먹어야 하는지 뿐만 아니라 이미 먹은 약도 기억하기 어려워했다. 환자를 비난하기는 쉽다. 물론 그는 81세의 고령이고 뇌졸중을 겪었던 사람이다. 하지만 그는 지적이고, 직업이 있었으며(실제 몇 년 전에 새 일을 시작했던 사람이다), 갈피를 못 잡는 사람도 아니었고, 적극적으로 자신의 직장과 생활로 돌아가고자 하는 동기가 강한 사람이었다.

위에서 제시한 의사의 처방은 잘 정리되어 있고 정확하며 읽기도 쉽다. 미국에서 이루어지는 대부분의 처방과 비슷한 형식이다. 문제는 그것이 잘못된 과제를 위해 만들어졌다는 것이다. 처방하는 의사의 관점에서 이 표상은 적절하다. 즉 환자에게 필요한 것이 무엇인가를 찾고 적은 것이다. 그러나 실제 복용에서는 유용하지 않다. 약 중심으로 정리된 목록은, 의사와 약사가 약을 찾고 처방하는 것을 쉽게 한다. 하지만 환자는 시간별로 정리되어 있는 목록이 필요하다. 어떤 특정한 시간에 어떤 행동을 해야 할까? 데이는 사람들에게 다음 두 질문에 답하도록 하면서 처방의 사용 편의성을 검사하였다.

1. 점심시간(12시)이다. 어떤 약을 먹어야 할까?
2. 점심 때 집을 떠나 다음날 아침까지 돌아오지 않을 것이다. 어떤 종류의 약을 얼마나 챙겨가야 할까?

여러분 스스로 해보면 알겠지만 이 질문에 대답하기는 쉽지 않다. 문제는 처방을 따르는 것이 체험적인 과제가 되어야 하는데 반성적 과제로 이루어졌다는 데 있다. 반성적 사고는 정신적인 노력이 들기 때문에 아픈 환자에게는 고생을 시키는 꼴이다. 환자의 요구에 맞추기 위해서는 하루의 시간대별로 처방이 정리되어야 한다. 앞서 제시한 처방 방식은 의사와 약사에게는 물론 적절하다. 다음은 데이가 제안한 정보 제시 방법이다.

	아침	점심	저녁	취침 전
Lanoxin	✔			
Inderal	✔	✔	✔	
Quinaglute	✔	✔	✔	✔
Carefate	✔	✔	✔	✔
Zantac		✔		✔
Coumadin				✔

데이의 해결 방안을 살펴보면, 항목들을 시간별(행 혹은 칸), 그리고 약 종류별(열 혹은 줄)로 구성할 수 있다. 사용자들은 단순히 자신이 원하는 시작점에서 목록을 훑어보면 된다. 간단한 표상의 변화가 어려운 반성적 과제를 훨씬 간단한 체험적 과제로 바꾼 것이다. 데이의 실험 결과는 행렬로 이루어진 표가 원래의 널리는 쓰이는 방법보다 쉽고 더 올바른 해석을 할 수 있게 만든다는 것을 보여주었다.

데이가 지적했듯이 행렬 모양의 배치는 단순한 나열보다 큰 이점이 있다. 나열은 한 차원에 의해서(즉, 약 이름)만 정리된다. 행렬로 배치하면 여러 차원(약 이름이나 복용시간)에 의해 정리할 수 있다. 여러 요구를 충족해야 하는 경우 행렬이 훨씬 우수하다.

행렬로 정리하면 탐색도 계산도 쉽다. 원래의 처방전에, "점심에 얼마나 많은 약을 먹어야 하나?"의 질문에 대답을 하기 위해서는 전체 목록을 읽고 해석해야 한다. 하지만 행렬로 배치하면 단지 '점심' 칸을 따라 읽고 세어보면 된다. 다시 한 번, 적절한 인공물의 선택이, 반성적인 과제를 체험적인 과제로 변경하여 과제를 용이하게 하고, 원하는 답을 얻는 데 필요한 조작을 단순화시킨다는 것을 잘 알 수 있다.

숫자 표상

로마 숫자로 곱하기—즉 CCCVI 곱하기 CCXXXVIII—를 한다고 생각해보라. 불가능하지 않지만 아주 어려울 것이다. 같은 수를 현대 표기법으로—306 곱하기 238—하면 훨씬 쉽다. 현대의 아라비아식 표기법은 효율적인 연산 절차에 이용할 수 있다. 물론 곱셈을 하기 위해서는 종이에 적어야 한다. 로마 숫자에서는 각 기호가 양을 나타낸다(4는 IIII, 9는 VIIII). 그리고 원래는 기호를 쓰는 순서도 관계가 없었다. 즉 CCXXXVIII와 ICVXIICXX는 같은 양을 나타낸다. 현대의 아라비아 숫자에서도 같은 기호를 반복적으로 쓰지만 각 기호의 의미는 위치에 의존한다. 306에서 0이 필요한 이유고, 3이 오른쪽에서 세 번째 위치이기에 '300'이 된다. 로마 숫자에서는 '0'이 필요 없다.

숫자에 대한 표상 방식을 어떻게 선택하느냐에 따라 조작이 쉬워질 수도, 어려워질 수도 있다. 아라비아 숫자가 언제나 가장 좋은 표상이 되는

것은 아니다. 숫자의 양을 나타내는 가장 오랜 형식은 계수 기호로 요즘도 흔히 쓰인다. 셈을 위해서는 짧은 수직선을 써서 |; 하나, ||; 둘, |||; 셋, ||||; 넷을 하나에 하나씩 표시한다.

계수 기호는 사용하기도 쉽고 비교하기에도 쉽기에 오늘날에도 종종 사용된다. 이에 비해 로마 숫자와 아라비아 숫자는 훨씬 어렵다. 왜 그럴까? 계수 기호는 가산적이기 때문이다. 가산적 표상에서는 앞선 기호 값을 증가시키려면 하나의 기호를 이미 있는 기호에 단순히 더하면 된다. 3(|||)을 나타내는 기호가 손쉽게 4(||||)가 된다. 이미 있던 것은 변하지 않는다.

반면에 아라비아 숫자는 대체적이다. 대체적 표상에서는 앞선 기호 값을 증가시키려면 먼저 있던 기호를 새 것으로 바꾸어야 한다. 하나 값을 증가시키려면 앞선 값을 줄을 그어 지우고 새로운 값을 써야 한다. 1이 1̸ 2, 그리고 1̸ 2̸ 3이 된다.

물론 아라비아 표시와 계수 기호 사이에는 표기의 용이함 외에도 다른 차이가 있다. 아라비아 숫자는 계수 기호보다 표시하기는 어렵지만 읽고 계산하기 쉽다. 계수 기호 읽기를 쉽게 하기 위해 보통 다섯 개씩 묶는 방식으로(즉 ~~||||~~) 사용한다.

가산적 표기법은 다른 중요한 특징도 갖고 있다. 즉, 표상의 크기가 숫자의 값에 비율적이다. 그래서 부목 표시가 일종의 그래프로 기능할 수 있

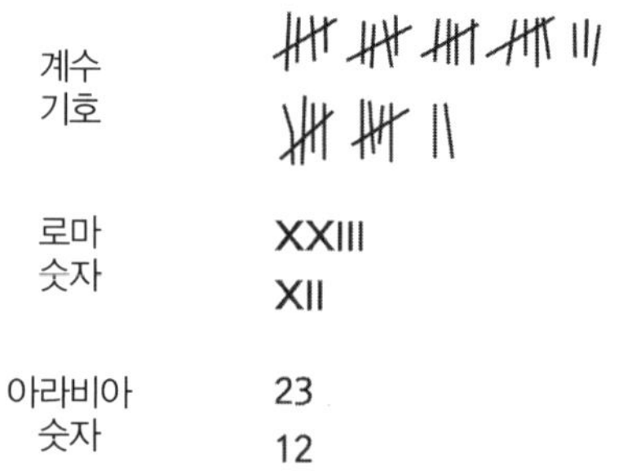

계수 기호	
로마 숫자	XXIII XII
아라비아 숫자	23 12

그림 3-2

계수 기호, 로마 숫자, 그리고 아라비아 숫자도. 23과 12를 표시하는 방법을 비교하기. 계수 기호는 가산적인 표상 체계로, 표상의 길이는 표상되는 값과 비례한다. 따라서 가산적인 표상의 값은 경험적으로 비교할 수 있다. 대충 보아도 위의 계수 기호된 수가 아래의 계수 기호된 수보다 2배 정도 되는 것을 알 수 있다. 로마 숫자는 계수 기호를 변형하여 만든 것이므로, 계수 기호의 가산적인 특징은 그대로 지니고 있다. 따라서 로마자의 길이는 값의 크기와 관련되어 있다. 로마 숫자로 표기한 예시 중 위쪽에 있는 수가 아래쪽에 있는 수보다 훨씬 크지만, 계수 기호처럼 숫자의 길이가 수의 크기 비를 정확하게 반영하는 것은 아니다. 아라비아 숫자는 대체적 표상이다. 차이가 크지 않은 수치일 때는 표상의 길이로 수치의 크기에 관한 아무런 정보도 얻을 수 없다. 대체적으로 표상된 이 수치들은 정신적인 계산 과정을 통해, 즉 반성적 사고 과정을 통해 비교해야만 한다.

다(그림 3-2 참조).

이 예들은, 표상을 변화시키면 장점뿐만 아니라 단점도 있음을 나타낸다. 즉 쉬워지는 측면이 있는가 하면 어려워지는 측면도 있다. 단순히 셈이 필요할 경우, 특히 수가 많지 않을 때는 계수 기호가 아라비아 표기보다 용이하다. 그러나 계산이 필요한 경우에는 계수 기호가 아라비아식보다 훨씬 어렵다.

더하기는 아라비아 숫자보다 로마 숫자가 더 쉽다.

이상할지 모르지만, 우리가 일상생활에서 쓰는 아라비아 숫자보다 로마 숫자가 두 숫자를 더할 때는 더 쉽다. 오늘날의 학생들은 산수표를 배워야 한다. 우선 열 개의 숫자에 대한 열 개의 인위적인 기호를 학습해야 하고, 46이 네 개의 10과 여섯이 합쳐진 것이라는 위치 표기법을 배워야 한다. 그리고 45개의 가능한 숫자 짝의 합을 외워야 한다(0에서 9까지의 열 개의 숫자는 100개의 가능한 조합이 있으나, 순환성이라고 불리는 특성(즉 4+5=5+4)과 0을 더하는 것은 따로 학습하지 않아도 되기에 단지 45개의 조합만 배우면 된다). 마지막으로 학생들은 앞자리의 수를 1만큼 올리는 숫자가 있을 때 어떻게 계산하는지를 배워야 한다.

반면 로마 숫자에서는 단지 각 숫자에 대한 기호를 배우면 된다. 즉 1에서 1000까지 일곱 개의 숫자(I, V, X, L, C, D, M)를 배우면 된다. 그리고 나서 두 숫자를 더하려면, 단순히 기호들을 합치고 다시 정렬하면 된다. 같은 기호는 같은 기호끼리, 큰 수치의 기호를 맨 왼쪽으로 이동하면 된다. 그리고 단순화 규칙을, 즉 작은 수 기호가 합쳐져 큰 수 기호가 되는 규칙을 한 기호에 하나씩 적용하면 된다(예로, IIIII = V, VV = X). 열 개의 기호, 45개의 계산 조합, 위치 표시, 자릿수 올리기 등을 배워야 하는 아라비아 숫자 표기보다 훨씬 배워야 될 것이 적다. 그래서 더 쉽다.

예: 306 + 238

문제: CCCVI + CCXXXVIII

기호 결합: CCCVICCXXXVIII

기호 재정렬: CCCCCXXXVVIII

단순화된 답: DXXXXIIII

아라비아 숫자로는 544이다.

숫자의 합을 알 필요가 없다. 단지 합치고 다시 배열하고 단순화하고 기호를 읽으면 된다. 로마의 아이들은 오늘날의 아이들보다 연산이 훨씬 더 쉬웠을 것이다. 적어도 곱셈과 나눗셈을 배우기 전까지는 말이다.

가산적 표상과 대체적 표상

가산적 차원과 대체적 차원 사이에는 중요한 구분점이 있으며, 이는 그래픽 표상을 이해하는 데 커다란 차이를 일으킨다. 이 차이를 그래픽 디자이너들은 잘 고려하지 않는다.

신문에 인쇄된 도표를 필자가 다시 그린 그림 3-3을 살펴보자. 이 도표는 방사능 가스인 라돈의 허용 기준치를 넘어서는 가정의 비율을 미국 지도 위에 서로 다른 무늬로 표시하고 있다. 맙소사, 이 도표는 잘못된 표상을 사용하고 있다. 즉 대체적 표상(명암의 차이)이 가산적인 정보(라돈의 허용 기준치를 넘어서는 집의 비율)를 표시하는데 사용되고 있다. 그래프를 보고 라

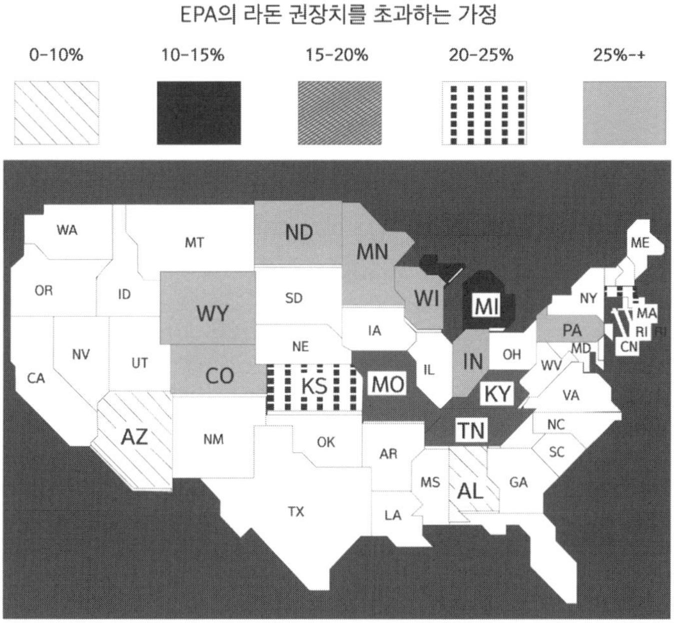

EPA의 라돈 권장치를 초과하는 가정

0-10% | 10-15% | 15-20% | 20-25% | 25%-+

그림 3-3

부자연스러운 지도. 여기서는 비율(가산적 차원)을 대체적 기준(명암으로 구분)으로 표상하였다. 명암의 차이를 가산적 척도로 이용하면 서열화를 할 수 있는데, 그림에서는 이러한 서열과 비율의 서열이 상충된다.

돈이 가장 많은, 혹은 가장 적은, 그리고 평균치에 해당하는 곳을 찾아보자. 이 과제가 어려운 이유는 명암을 임의적으로 사용하기 때문이다. 특정한 명암이 다른 것보다 큰지 작은지를 기억하기 위해 범례를 계속 참조해야 한다. 즉 명암의 선택이 체험적이어야 하는데도 반성적인 과제로 변형시킨 것이다.

그림을 그리는 적절한 방법은 비율(가산적 차원)을 표시하는 데 서열적인

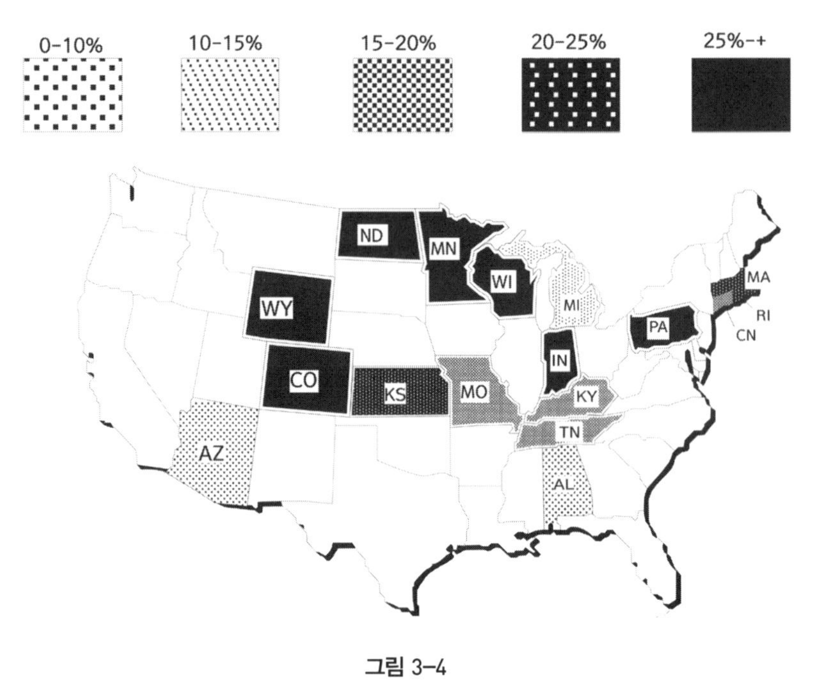

그림 3-4

자연스러운 지도. 비율을 가산적 척도(명암의 농도 차이)로 표상하기 위해 그림 3-3을 다시 그린 것이다. 이제 명암의 서열과 비율의 서열이 일치하게 된다.

강도(가산적 척도)를 사용하는 것이다. 동일한 과제(라돈이 가장 많은, 혹은 가장 적은, 그리고 평균치에 해당하는 곳을 찾기)를 그림 3-4의 지도를 이용해서 해보라.

나는 표상 형식의 중요성을 강조하기 위해 그림 3-4에 의도적으로 표상과 관련된 문제를 포함시켰다. 지도를 보면 미국 북서쪽이 가장 라돈이 적은 것처럼 보인다. 그 이유는 지도가 하얀색이며 사용한 강도의 척도에서 흰색은 0~10%보다 왼쪽에 위치하기 때문이다. 하지만 실제로는 이 경우

해당 주들에 관한 자료가 없어서 흰색이 표시되지 않았을 뿐이다. 더 좋은 방법은 정보가 없는 주를 그래프에서 빼버리는 것이다. 나는 이러한 오해가 표상 양식의 영향을 지적하는 데 도움이 될 것이라고 생각하고 일부러 남겨 놓았다.

가산적인 비율을 표상하기 위해 대체적 명암으로 잘못 사용한 그림 3-3에서는 비교 과제가 반성적 사고를 필요로 한다. 단, 표상과 맞춰 가산적인 명암을 사용한 그림 3-4에서는 체험적으로 과제를 수행할 수 있다.

색깔(색조)은 지도, 인공위성 사진, 의학 사진 등에서 강도 혹은 양을 나타내는 데 자주 사용한다. 그러나 색깔은 대체적인 표상이며 우리가 관심 있는 값은 보통 가산적인 척도이다. 그러므로 이 목적에는 색깔이 적절하지 않다. 색깔을 사용하면 해석이 어려워진다. 컴퓨터로 만드는 여러 현란한 그래픽은 수치를 표현하고자 여러 가지 색깔을 사용한다. 하지만, 이를 보는 사람들은 관심 있는 가산적 척도와 색깔(대체적 정도)을 대응시키려고 계속 범례를 찾아보아야만 한다. 오히려 강도, 농도, 혹은 밝기가 더 나은 표상이다.

자연스러움과 체험적 인지

이 장에서 제시한 여러 예들은 중요한 디자인의 원리, 즉 자연스러움을 잘 나타내고 있다.

자연스러움의 원리: 표상의 특징이 표상되어지는 대상의 특징과 맞아 떨어질 때 체험적 인지가 쉽다.

나는 4장에서 이것과 기타 디자인의 원리를 다룰 것이다. 우선 이 원리가 시사하는 바를 탐색해보자. 인간은 공간적인 동물로 지각적 정보에 대한 의존도가 높다. 따라서 공간적, 지각적 관련성을 활용한 표상은 우리의 지각 시스템을 효율적으로 만들고 체험적으로 사고할 수 있게 한다. 인위적인 기호를 사용하는 표상은 정신적인 변형과 비교 그리고 다른 처리 과정을 필요로 한다. 이것이 우리를 반성적으로 사고하게 만든다. 반성적 사고가 적절하고 필요한 여러 사례가 있지만, 체험적 인지보다는 어렵다. 게다가 특히 강한 스트레스 상태에서는 실수를 유발하기 쉽다.

대응이란 표상되는 실제 대상과 표상 양식 간의 관계이다. 디자인이 잘된 지각적, 공간적 표상이 추상적 표상보다 더 쉽고, 더 믿음직하며, 더 자연스러운 대응을 이룬다.

지각적 원리: 지각적, 공간적 표상이 그렇지 않은 경우보다 더 자연스럽기에 더 자주 사용되어야 한다. 단, 표상과 표상이 나타내는 것 간의 대응이 매끄러워야 즉 실제 지각적, 공간적 환경과 일치하여야 하는 전제 조건을 만족시켜야 한다.

일반적으로 그래프가 숫자 표보다 낫다. 이유는 그래프의 선의 길이가 숫자 값에 비례하기에 지각적으로 다른 값과 비교할 수 있기 때문이다. 숫자만 두고 관련성을 파악하기 위해서는 정신적인 계산의 과정이 필요하다. 하지만 그래프가 표보다 항상 우수한 것은 아니며, 과제가 지각적 판단에 적합할 때만 낫다는 점을 기억하기 바란다.

우리는 어느 숫자가 더 큰지를 판단할 때, 아라비아 표기보다 계수 기호가 더 우수하다는 것을 이미 확인했다. 왜냐하면 계수 기호의 길이가 표상하는 값에 비례하기 때문이다. 이게 뭐 그리 대단하다고 여러 차례 반복하여 언급하는지 의아할 수도 있다. 23과 12를 비교할 때 아주 자연스럽고 당연하게 23이 크다는 것을 알 수 있다. 그런데 대단한 것은 숫자가 실제로는 자연적인 것이 아니라는 것이다. 숫자는 반성적 도구이지 체험적 도구가 아니다. 강력하고 필수적인 도구이지만 그럼에도 불구하고 반성적이다. 처음 아라비아 숫자가 발견되었을 때는 교육을 많이 받은 사람들만이 통달할 수 있었고, 사용 여부 자체가 논쟁거리였으며 심지어 사용이 금지되기도 했다. 오늘날조차도 아이들이 산수에 숙달하려면 여러 해가 걸리며, 많은 연습이 축적되어 성인이 되어서야 자연스럽게 할 수 있는 것이다. 많은 학습이 필요하다면 그 어떤 것도 자연스럽지 않다.

아래의 두 수를 비교해보자.

A: 어느 수가 더 큰가?

284　　　　912

B: 어느 수가 더 큰가?

284　　　　312

놀랍게도, 실험심리학자들은 사람들이 대답하는 데 B보다 A가 빠르다는 것을 알아냈다. 시간 차이는 매우 작아서 당신 스스로 알아챌 수 없을 정도지만 적절한 실험을 하면 쉽게 측정할 수 있을 정도로 크다. 보통 우리는 숫자를 비교할 때, 별 어려움 없이 신속하게 하지만, B가 A보다 더 많은 시간과 정신적 노력을 필요로 한다. 왜 그럴까? 이 결과를 설명할 수 있는 유일한 답은 인간은 비교를 하기 전, 아라비아 숫자를 지각적 상(즉, 가산적 표상)으로 변환하기 때문일 것이라는 것이다. 지각적 차이가 클수록 과제가 쉬워지기 때문이다.

논리적인 관점에서 보면 A, B 모두 난이도가 같아야 한다. 여기서 배울 수 있는 교훈은 심리학이 상식심리학이나 논리와는 같지 않다는 것이다. 사람들은 보통 자신의 마음이 어떻게 작용하는지에 관한 상식적인 견해(즉, 상식심리학)를 갖고 있다. 하지만 실제로는 자신의 의식적인 경험만을 자각할 수 있다. 유감스럽게도 의식 경험은 실제 일어나는 과정의 작은 한 부분에 지나지 않는다. 심리적 행위에 대한 상식적인 견해는 그럴 듯 하고, 의미도 있으며 일상 경험과 일치한다. 논리적인 견해도 마찬가지지만 두 가지 모두 틀리는 경우가 종종 있다.

이번에는 숫자 비교의 예를 지각적으로 제시하였다. 앞에서 했던 A, B 문제와 일치하도록 선의 길이를 그려 놓았다. 자 A와 B에서, 어느 선이 더 긴가?

지각적 비교는 단순하고 직접적이다. B보다 A에서 더 빨리 비교할 수 있다. 그래프에서의 비교가 숫자 비교보다 쉽고 빠르다. 전자는 체험적이고 후자는 반성적이다. 두 선의 길이를 비교할 때는 숫자를 알 필요조차 없다. 즉, 지각 체계는 여러 허드렛일을 단순하고 효율적으로 처리한다.

지각 능력에 적절한 표상이 반성적으로 사고하는 것보다 단순하고 쉽다. 더구나 작업 부담이 심한 경우(심한 스트레스를 받는 경우나 위험하거나 시간 제한이 있는 경우)에는, 아라비아 숫자와 같이 반성적 사고를 요구하는 표상이 단순 비교하는 체험적 표상보다 신속하거나 효율적이지 않다. 단순히 비교할 때는 그래픽 표기법이 우수하다. 정확한 숫자 값이 필요하거나 연산 등의 숫자 조작이 필요한 경우는 분명히 아라비아 표기법이 우수하다. 오늘날 아라비아 숫자 표기가 표준 표기법이 된 이유도 이 때문이다.

인지적 인공물의 능력은 표상에서 나온다. 인공물마다 가장 적절한 표상의 양식은 수행해야 할 과제에 따라 다르다. 왜냐하면, 동일한 정보를 과제에 따라 다르게 표상할 필요가 있을지도 모르기 때문이다. 표상을 적절하게만 선택한다면, 어려운 과제도 쉽게 해결할 수 있다.

제4장

인공물을 사람에게 맞추기

여러 해 전에 나는 사람들이 사물을 어떻게 기억하는지를 연구한 적이 있었다. 방음 장치를 한 작은 방에서 대학생들을 모아놓고 긴 숫자 목록을 읽어주었다. 그 다음, 숫자를 하나 주고 아까 그 목록에서 지금 제시된 숫자 다음에 어떤 숫자가 있었는지를 말하게 하는 방식으로 그들의 숫자 기억력을 측정하였다. 이 방식으로 동료 낸시 워와 나는 '작업 기억'(이전에는 '일차적 기억'이라고 했지만)의 한계에 관한 흥미로운 데이터를 얻을 수 있었다. 그런데 피험자 중 한 명이 숫자 목록을 몰래 적어 놓고, 그것을 보면서 답하는 것을 알아차리고 나는 아주 당황했다. 너무 당황한 나머지 그 피험자에게 당장 그 방을 나가라고 소리를 질렀다. 실험에서 속임수라니! 그런데 그녀는 내가 화를 냈다는 사실에 더 화가 난 듯 했다. 그리고 자신이 모든 질문에 정확히 답하고 있었으니 내가 화를 내기보다는 기뻐해야 하는 것 아니냐고 되물었다.

지금은 그녀를 이해할 수 있다. 결국 내가 그녀에게 무의미한 과제를 하게 한 셈이고, 그녀는 현명하고 지능적으로 반응한 것뿐이었다. 실험 심리학자를 제외하고 그 누가 종이와 연필의 도움 없이 어리석게 관련성도 없는 숫자 목록을 기억해내려고 하겠는가? 우리 마음은 적절한 패턴과 구조로 되어 있는 자료를 기억하는 일은 잘 해낼 수 있다. 심지어 그것이 거대한 양일지라도. 그러나 현대 생활 속에서 우리를 심히 골치 아프게 하는 것은 무의미하고 임의적인 것들이다. 물론, 모든 업무를 일일이 기록해 놓고 참고하면서 실행에 옮기는 것보다 오히려 빠르게 기억해두는 것이 종종 더 쉬울 때도 있다. 하지만, 왜 기억해야만 하는 일들이 그렇게 무의미하고 또 임의적인 것일까? 이런 일의 대부분은 현대 기술의 부산물이다. 아마 적절히 디자인을 하면 이런 모든 것, 아니 거의 대부분은 없어질 수 있을 것이다. 사람들이 생활의 편리함과 사생활 유지를 위해, 의무감에서가 아니라 자발적으로 사물들을 배우게 되는 세상. 그것을 설계하는 것은 불가능한 일이 아니다. 세련되고 의미 있는 사물들 말이다.

기억하기 위해 적어 두는 것은 현명한 일이다. 기계중심의 세상에서 그렇지 않을 이유가 없지 않은가? 인간의 작업 기억은 한계가 있기 때문에 인지적인 인공물을 사용해야 기억을 확장시킬 수 있다. 그러나 명심할 것은 기록해둔다고 해서 실제 기억을 변하는 것은 아니라는 것이다. 차라리 그 일은 과제를 기억해야 되는 것에서 기록해야 되는 것으로, 나중에는 다시 그 정보를 읽는 것으로 변화시키는 것이다. 일반적으로, 인공물은 인간의 인지능력을 변화시키는 것이 아니라 우리가 해야 할 일을 바꾸어줄 뿐이다.

인지적 인공물에 대해서는 두 가지 견해가 있다. 인공물이 개별 인간에게 미치는 영향을 고려하는 개인적인 관점과 인공물과 사람을 하나의 체계로 보고 개별 인간이 가진 인지능력들과는 어떻게 다른지를 고려하는 시스템적 관점이 있다. 개인적인 관점에서 본다면 인공물은 우리를 더 영리하게 만들어줄 수도 우리가 더 좋은 기억능력을 가지게 할 수도 없다. 단지 수행할 과제를 바꾸어줄 뿐이다. 시스템적 관점에서 본다면, 인간과 결합된 인공물은 어느 한 쪽만 있을 때보다 훨씬 더 강력하다. 실제로 이러한 시스템으로 이루어진 수행은 향상될 수 있는데 비해, 한 개인의 수행은 향상되지 않는다.

개인적인 관점

인공물은 과제를 변화시킨다.

시스템적 관점

사람 + 인공물은 어느 한 쪽만 있을 때보다 더 현명하다.

인공물은 간단한 보조 기구가 아니다. 어디에 가서 인지적 인공물을 찾거나 가진다고 어떤 것을 더 잘하게 되는 것도 아니다. 대부분의 인지적 인공물은 배워야 할 어떤 것, 읽어야 할 어떤 안내서, 새롭게 택해야 할 강좌, 또는 느리고 지루하지만 참고 견뎌야 하는 어떤 학습을 당신에게 요구한다.

읽기와 쓰기, 계산능력은 아마 우리가 가진 가장 강력한 인지 기술이기는 하지만, 이런 정신적인 인공물을 배우는 데는 수년이 걸린다. 게다가 이 기술을 완전히 습득할 수 있는 것도 아니다. 또한 인공물에 대한 연구는 인간 능력에 대한 연구이기도 하다. 사람들이 이런 기술을 배우는 것이 왜 그렇게 어려울까? 이것을 더 잘 가르치는 방법은 없을까? 나에게 더 중요한 의문은 '무엇 때문에 어떤 인공물은 효과적이고 또 어떤 것은 그렇지 않은가'다. 이것은 우리가 어떻게 하면 배우고 사용하기에 더 쉬운 인공물들을 만들 수 있는지를 알려주는 인공물 디자인 과학을 발달시킬 수 있을까의 문제로 연결된다.

표면 표상과 내적 표상

숨겨진 내적 표상을 지닌 전자제품과 컴퓨터가 등장하기 전까지만 해도 우리는 인공물이 어떻게 동작하는지 들여다볼 수 있었다. 기어, 체인, 레버, 다이얼 등 모든 것이 눈에 보이는 형태가 있었다. 우리는 원하는 부분을 간단하게 동작시킬 수 있었고, 해당 위치가 어디인지, 현재 움직임이 어떻게 진행되고 있는지 확인할 수 있었다.

그러나 지금과 같은 전자 시스템의 시대에는 제어판과 기기자체 간에는 아무런 물리적, 공간적인 관계도 없다. 이 관계는 임의적이고 추상적으로 변했다. 모든 기기들은 저마다의 제각기 다른 조작과 기법이 있기 때문에 모든 사용법을 익히기란 무척 어려운 일이 되었다.

책상 위의 서류철이 열려 있는 것과 닫혀 있는 것은 눈에 띄게 다르다. 종이로 채워져 있거나 비어 있을 때도 각각 다르게 보인다. 전자 서류철의 경우는 그렇지 않다. 우리가 볼 수 있는 것이라곤 디자이너가 제공한 이미지뿐이고, 이마저도 지나치게 많거나 어떤 경우에는 전혀 없다. 유형의 서류철은 가시적인 속성이 자동적이고 내재적으로 존재하는 반면, 전자 서류철의 경우에는 비가시적인 정보 구조를 가시적으로 지각할 있도록 해주는 설계자의 선의와 솜씨에 의해 결정된다. 우리는 지각되는 것들을 기준으로 인공물을 이해한다. 어떤 인공물들의 경우에는 그것이 충분하지 않다.

인공물은 본래 지니는 가시성에 따라 표면 인공물과 내적 인공물의 두 범주로 나눌 수 있다. 이런 구분은 설계상의 중요한 함의를 가진다. 보이는 것이 전부인 표면 인공물은 단지 표면적인 표상만을 지니고 있다. 이 책을 보라. 여기에 담겨 있는 정보들은 단지 단어와 이미지가 인쇄되어 표상된 것으로 흰 종이 위의 자국일 뿐이다. 이 흔적은 정적이고 수동적이어서 물리적으로 지우지 않는 한 변하지 않는다. 이 책과 마찬가지로 모든 표면 인공물의 경우에는 보이는 것이 전부다.

반면 내적 인공물의 경우에는 정보의 일부가 인공물 내부에 표상되어 사용자에게는 보이지 않는다. 예를 들어, 계산기를 생각해보라. 보이는 것이라고는 화면에 보이는 정보와, 정보를 입력하는 버튼 등의 표면 표상들뿐이다. 이런 표면 표상 이면에 우리가 볼 수는 없지만 작동을 위한 내적 표상이 있어 계산 과정에서 조작, 변환, 수정된다. 내적 표상 중에는 은닉 표상들도 있는데, 예를 들어 계산기 속에서 일시적으로 사용되는 내부적인 표상들은 노출되지도, 가시적이지도 않다. 내적 인공물을 가진 계산기는 보이는 것보다 안 보이는 것들이 더 많다.

종이, 책, 칠판 같은 기억 보조물들은 디스플레이의 표상을 오래 유지할 수 있게 한다. 줄자와 주판은 정보의 표면 표상만을 지니는 계산 도구의 예이다. 이런 도구들은 디스플레이와 상징을 연결시키는 일차적 시스템이다. 이것들은 '표면 표상'이라고 불리는데, 상징이 기기의 가시적인 '표면'—종이에 있는 연필이나 잉크 자국, 칠판 위의 분필 자국, 모래, 점토, 나무의 움푹한 자국 등—에 의해서 유지되기 때문이다. 이들 중 어떤 표상들은 수동적인데, 일단 정보를 첨가하면 인공물이 해당 정보를 직접 바꾸지 않기 때문이다. 그래서 칠판에 쓰든지 책에 인쇄하든지 간에 정보는 사용자가 변화시키는 것이지 인공물이 하는 것이 아니다. 참고 정보를 인쇄해 놓은 표가 이런 속성을 가지고 있다. 표는 바뀌는 것이 아니라 참조되어야 하는 것이다.

내적 인공물의 경우, 내적 표상 안에 숨어 있는 정보들을 사용 가능한 표면적 형태로 변환시켜주는 인터페이스가 필요하다. 이때 디자인은 다음의 몇 가지를 고려해야 한다. 먼저 표면 표상은 물리적 제약을 받지 않기 때문에, 디자이너는 사용자의 요구에 가장 잘 맞도록 하는 표상을 무제한적으로 선택할 수 있다. 또한 디자이너는 인공물을 만드는 기술과 인간심리학, 그리고 사회적 상호작용 분야에 전문가가 되어야 한다. 예전에는 디자이너들이 이런 이슈들을 생각할 필요가 없었고, 더군다나 이런 도전의 광범위한 함축을 감당할 수 있었던 사람은 거의 없었다.

표면 표상만을 가진 인공물은 특별한 인터페이스가 필요 없는데, 왜냐하면 표면 표상 그 자체가 인터페이스 역할을 하기 때문이다. 그러나 이것이 디자인을 신중하게 할 필요가 없다는 뜻은 아니다. 인공물은 표면 표상과 사용자 및 과제가 요구하는 것 사이를 잘 연결시키려는 대체 디자인이 존재하기 마련이다. 대부분의 표면 인공물에는 여러 숨겨진 부분들이 있고 디자이너는 어떤 부분을 감추고 어떤 부분을 즉각 이용하게 할지를 선택해야 한다. 사용자들은 표면 인공물을 통해 기기의 전체 성질을 이해하기 때문이다.

표면 표상의 속성들

어떤 인공물은 수동적이어서 사용자만이 표상을 바꿀 수 있다. 칠판과 종이는 수동적인 인공물이어서 사용자가 이들의 표면 표상을 바꾸는 모든 행위를 주도한다. 어떤 인공물은 능동적이어서 스스로 표상을 변화시킬 수 있다. 시계나 계산기, 컴퓨터가 바로 그 예인데 사용자가 특별한 조작을 하지 않아도 스스로 표상을 바꿀 수 있다. 전자시계는 능동적 표면 인공물인 반면, 컴퓨터는 능동적 내적 인공물이다.

사람은 표면 인공물이라기보다 내적 인공물에 더 가까워, 겉만 보고서는 전부를 파악할 수 없다. 그래서 자신의 생각을 표면 표상으로 바꾸어 다른 사람들과 상호작용 해야 한다. 즉, 생각을 말, 표정, 몸짓, 팬터마임, 동작, 스케치, 소리—의중을 남에게 전달하는 데 사용할 수 있는 모든 감각적인 능력들을 이용하는 것—로 바꾸는 것을 의미한다. 인간의 표면 표상은 일시적이어서 소리는 점점 희미해지고 몸짓과 동작도 사라진다. 어떤 외적인 표면 표상은 인간의 표면 표상의 한계를 극복할 수 있다. 예를 들어 자국이나 이미지와 같은 외적 표상은 영구적일 수 있다. 물론 항상 그렇지는 않다. 소리와 비디오 이미지는 순간적이어서 단지 그것들이 사건을 나타내고 있을 동안만 지속될 뿐이지만, 적절한 인공물만 있다면 영원히 반복될 수도 있다.

사람과 인공물은 서로 명백히 다른 내적 표상들과 처리 과정들을 지니지만, 표면 표상들은 서로 유사하거나 적어도 서로 보완적이 되어야 한다. 여기서 중요한 디자인 문제는 올바른 표면 표상을 갖게 하는 것이다. 인공물의 표면 표상이 인간의 표상과 일치한다 하더라도 내적 표상까지 일치할 필요는 없을뿐더러, 때로는 이들이 서로 의미 있는 차이가 있을 때 더 가치있다. 그러나 내적 표상들이 서로 다를 때는 표면 표상의 성질이 특히 중요한데, 이것이 기기의 사용과 상태에 대한 정보를 얻는 원천이기 때문이다. 여기서 디자인의 과학이 시작된다. 어떻게 하면 정보를 가장 사용하기 쉬운 형태로 나타낼 수 있을까?

왜 강사가 슬라이드나 녹음기를 사용하는가를 생각해보면 올바른 표면 표상의 속성들을 쉽게 알 수 있다. 만일 연설의 주제가 해외여행이라면 슬라이드와 녹음기가 필요할 것이다. 강사의 말만으로는 여행 장소에 대한 이미지가 확실하게 전달되기 어렵기 때문이다. 슬라이드와 녹음기는 더 나은 표상들—수동적이고, 표면적이며, 체험적인—을 제공해준다.

사업이나 과학 분야에서 슬라이드를 사용하는 강사들의 경우는 어떤가? 이 경우에도 슬라이드는 다음과 같은 여러 가지 방법으로 의사소통에 관여된 인지과정들에 도움을 준다.

- **공유된 작업 공간:** 청중들 모두가 동시에 같은 정보를 볼 수 있고 동시에 영향을 받을 수도 있다.
- **협동 작업:** 공유된 작업 공간이 있기 때문에, 모든 사람들이 동시에 같은 점을 고려하고 분석할 수 있다. 몇 명의 청중은 새로운 질문을 하거나 새로운 통찰을 할 수 있다.
- **기억 영속성:** 슬라이드는 외부 기억으로 작용함으로써 이미지가 표현되는 동안 단어나 개념에 대한 정확한 기록을 오랫동안 유지하게 해준다. 즉 인간 기억의 불완전함을 극복하여 강사가 기억의 유지 시간을 통제할 수 있게 된다.

- **기억량:** 슬라이드는 청중이 각기 다른 영역들을 선택적으로 탐사할 수 있도록 하여 기억 내에서 보유할 수 있는 것보다 더 많은 정보를 효과적으로 제시해주기 때문에 눈을 적절한 위치로 움직여서 쉽고 빠르게 기억해낼 수 있다.
- **지각 과정:** 아이디어를 공간적으로 배열함으로써 이들의 관계를 검토하는 데 도움을 준다. 슬라이드를 물리적으로 제시함으로써 청중의 주의를 환기시키도록 할 수 있다.
- **개인차:** 어떤 사람들은 청각 정보를 더 선호하고, 어떤 사람은 시각 정보를 더 선호한다. 정보가 청각적일 때 더 잘 처리될 수도 있고, 시각적이거나 공간적일 때 잘 처리되는 경우도 있다. 청중이 자신이 더 선호하거나 더 쉽다고 생각하는 정보양식을 선택할 수 있기 때문에 슬라이드는 중복적인 의사소통 채널을 제공해준다.

=슬라이드를 적절하게 사용하면 연설하는 동안뿐 아니라 청중이 슬라이드를 보는 동안 중요한 개념을 계속 유지할 수 있다. 슬라이드는 외부 기억으로 작용한다. 강사는 인공물의 이런 측면에 의지하여 슬라이드의 관련된 부분들을 언급함으로써 결정적인 부분을 강조할 수 있다. 심지어 슬라이드가 꺼진 후에도 강사는 상황에 따라 정보가 있었던 위치를 가리킬 수 있는데, 스크린이나 보드에 아무것도 보이지 않을 때조차도 강사가 언급했던 것을 청중이 기억하고 있기 때문이다.

슬라이드를 잘못 사용할 경우, 어떤 강사들은 중도에 꺼버리는 경우도 있다. 청중이 강사의 말을 듣지 않고 슬라이드만 읽느라 주의가 산만해질 수 있다. 미숙한 강사는 슬라이드와 강연의 타이밍을 잘 맞추지 못하거나, 슬라이드를 너무 빨리 제시하여 청중이 내용을 놓치지 않으려고 노트 필기를 하느라 강연도 제대로 알아듣지 못하고, 정작 메모가 필요한 중요한 핵심 내용까지도 놓쳐버린다. 마지막으로, 정부 기관 및 기타 기업체 연사들은 청중이 눈으로 훨씬 빨리 읽을 수 있는데도 불구하고 강연 내용 전체가 담긴 슬라이드를 보여주며 그것을 그대로 따라 읽는 경우도 있다. 결과적으로 이는 청중을 지루하게 하고 졸리게 할 뿐이다.

하노이 탑 · 오렌지 · 커피 잔 과제

내가 지도하고 있는 학생 중 하나인 지아제 장은 인공물의 물리적인 특성이 어떻게 문제 해결의 용이성을 극적으로 변화시키는지를 박사 학위 논문에서 잘 보여주었다. 그는 인지과학자들이 즐겨 사용하는 퍼즐 중 하나인 하노이 탑을 가지고 연구했는데, 이 결과들은 여러 다른 영역에도 적용시킬 수 있다.

하노이 탑 퍼즐은 많은 사람들에게 알려진 친숙한 퍼즐이다. 그림 4-1은 지아지에 장(Jiajie Zhang)이 연구한 버전인데 원래의 퍼즐을 약간 수정한 것이다. 퍼즐은 세 개의 말뚝과 세 개의 원반으로 구성된다. 처음 말뚝 하나에 원반을 크기순으로 쌓아두었다. 보통은 가장 작은 것이 맨 꼭대기

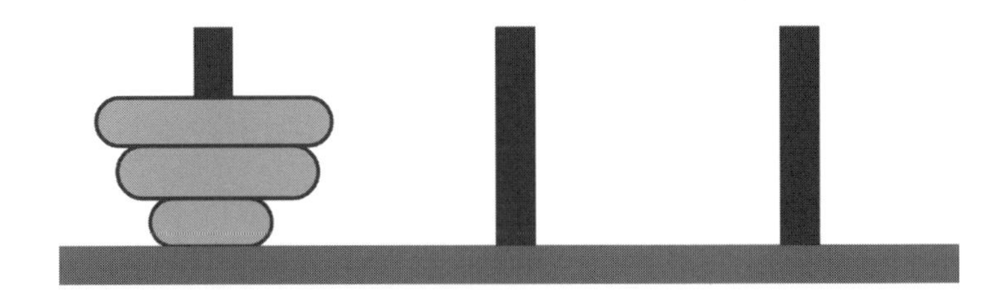

그림 4-1

연구에 사용된 하노이탑 퍼즐. 세 개의 링이 한 말뚝에 꽂혀 있다. 목표는 가장 왼쪽 말뚝에 있는 것을 가장 오른쪽으로 모두 옮기는 것이다. 한 번에 하나씩의 링만 이동시킬 수 있으며, 작은 링은 큰 링의 위에 있을 수 없다(이것이 일반적 하노이탑과 반대인 점이다. 보통 큰 링은 아래에, 작은 링은 위에 있다. 하지만 이러한 차이가 중요한 것을 변화시키지는 못한다).

에, 가장 큰 것이 맨 밑에 놓이도록 배치된다. 장은 '커피 잔 퍼즐'과 유사하게 만들기 위해 하노이 탑의 순서—가장 큰 것이 맨 위에, 가장 작은 것이 맨 밑에—를 역으로 배치하였다. 이 퍼즐은 말뚝에 걸려 있는 원반을 두 가지 규칙에 따라 다른 말뚝으로 옮기는 것이다.

규칙 1: 한 번에 단 한 개의 원반만 옮길 수 있다.

규칙 2: 작은 원반 위에 큰 원반을 올릴 수는 없다.

장은 기존 하노이 탑 퍼즐을 변형하여 연구를 진행했다. 첫째, 이미 언급했듯이, 원반을 정상적인 순서와 반대로 쌓아올렸다. 둘째, 최종 목표인 원반의 상태가 왼쪽부터 대, 중, 소의 순으로 되도록 바뀌었다. 마지막으로 장은 세 번째 규칙을 덧붙였다.

규칙 3: 가장 큰 원반만 다른 말뚝으로 옮길 수 있다.

사실 세 번째 규칙은 이 퍼즐 자체에 아무런 변화도 주지 않는다. 만약 당신이 규칙 1에 따른다면, 당신은 한 번에 한 개의 원반을 옮길 수 있는데, 그렇게 되면 말뚝의 물리적 구조상 옮길 수 있는 원반은 맨 위에 있는 것뿐이다. 그 다음 규칙 2를 따랐다면 말뚝의 맨 위에 있는 원반은 항상 가장 클 것이다. 이 퍼즐에서는 말뚝의 물리적 구조 때문에 규칙 3은 불필요하다. 그렇다면 왜 굳이 덧붙였을까? 만약 물리적 구조가 이러한 이점을 제공하지 못했다면 어떻게 되었을까? 장은 퍼즐의 물리적 속성이 문제해결을 어떻게 도울 수 있는가를 연구한 것이다.

여기에 답하기 위해 장은 하노이 탑 퍼즐의 두 가지 다른 버전을 고안해냈다. 퍼즐의 버전들 모두 세 군데의 다른 위치로 옮겨야 할 대상을 세 개 가지고 있는데, 모두 동일한 규칙을 사용하고 있고 형식상 모두 동등하기는 하나, 난이도가 상당히 달랐다. 다른 퍼즐들을 소위 하노이 탑의 '동형체'라 불린다. 동형체란, 3장에서 언급했듯이, 동일한 문제이지만 다르게 기술하고 있는 것을 말한다.

두 개의 다른 퍼즐 동형체가 있다. 오렌지 퍼즐과 커피 잔 퍼즐이다(나는 퍼즐을 설명하기 위해 도식적인 그림을 사용할 것이다. 장은 원반으로 도넛을 사용했고, 쟁반과 커피를 담을 수 있는 진짜 잔을 사용했다. 하지만 그는 오렌지 대신에 크기가 다른 공 세 개를 사용했다).

오렌지 퍼즐

어떤 낯설고 이국적인 식당에서는 모든 행동을 특이한 방식으로 하도록 요구한다. 이를테면 이런 식이다. 카운터에 앉아 있는 세 명의 손님이 각자 오렌지를 주문했다. 왼쪽에 앉은 손님은 큰 것을, 가운데 앉은 손님은 중간 크기를, 그리고 오른쪽에 앉은 손님은 작은 오렌지를 주문했다. 웨이트리스가 쟁반 하나에 오렌지 세 개를 전부 담아서 가지고 왔다. 그러고는 가운데 있는 손님 앞에만 오렌지가 세 개 담긴 쟁반을 놓고 다른 두 사람 앞에는 빈 쟁반만 놓았다(그림 1을 보라).

이국적인 스타일의 식당이었기 때문에, 웨이트리스는 이상한 의식에 따라 각 손님에게 맞게 오렌지를 옮겨야만 했다. 오렌지가 테이블 표면에 닿아서는 안 된다. 웨이트리스는 단지 한 손만 사용하여 세 개의 오렌지를 재배열해야 하는데 다음에 나오는 규칙에 따라 오렌지를 쟁반 위에 바르게 옮겨 담아야 한다.

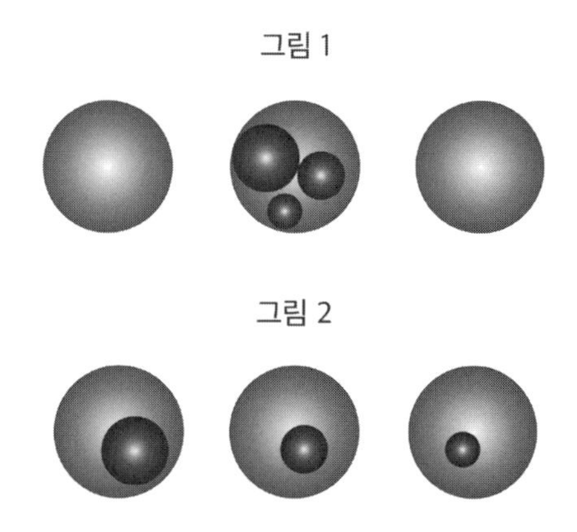

규칙 1: 한 번에 하나만 옮길 수 있다.

규칙 2: 쟁반에 옮겼을 때 옮긴 오렌지는 가장 큰 것이어야 한다.

규칙 3: 각각의 쟁반에서 가장 큰 오렌지만 다른 쟁반으로 옮길 수 있다.

웨이트리스가 어떻게 할까? 즉, 당신이 이 퍼즐을 풀어서 웨이트리스가 어떻게 오렌지를 그림 1에서 그림 2로 맞게 재배열할 수 있을지를 보여라.

커피 잔 퍼즐

낯설고 이국적인 또 다른 레스토랑에서도 모든 행동을 특이한 방식으로 하도록 요구한다. 카운터에 앉아 있는 세 명의 손님이 각자 커피를 주문했다. 왼쪽에 앉은 손님은 큰 것을, 가운데 앉은 손님은 중간 크기를, 그리고 오른쪽에 앉은 손님은 작은 컵을 주문했다. 웨이터가 쟁반 하나에 컵을 포개어 세 개 컵을 전부 담아 가지고 왔다. 그러고는 가운데 있는 손님 앞에만 컵이 세 개 담긴 쟁반을 놓고 다른 두 사람 앞에는 빈 쟁반만 놓았다(그림 3을 보라).

이국적인 스타일의 레스토랑이었기에, 웨이터는 이상한 의식에 따라 손님에게 맞게 잔을 옮겨야만 했다. 커피 잔이 테이블 표면에 닿아서는 안 된다. 웨이터는 단지 한 손만 사용하여 세 개의 잔을 재배열해야 하는데 다음에 나오는 규칙에 따라 잔을 쟁반 위에 바르게 옮겨 담아야 한다.

규칙 1: 한 번에 한 개만을 옮길 수 있다.

규칙 2: 쟁반에 옮겼을 때 옮긴 잔이 가장 큰 것이어야 한다.

규칙 3: 각 쟁반에서 가장 큰 잔만 다른 쟁반으로 옮길 수 있다.

웨이터가 어떻게 할까? 이 퍼즐을 풀어서 웨이터가 어떻게 잔을 그림 3에서 그림 4로 맞게 재배열할 수 있을지를 보여라.

하나는 오렌지를, 다른 하나는 커피 잔을 옮기는 것에 관한 문제이다. 다시 말해, 이 두 가지는 동일하다. 왜 이것이 흥미 있는 일일까? 동일한 규칙의 동일한 형식을 지닌 문제인데, 난이도는 매우 다르기 때문이다. 오렌지 퍼즐의 해결은 커피 잔 퍼즐보다 거의 2와 1/2만큼의 시간이 더 걸릴 뿐 아니라, 이동 횟수도 두 배이고 실수 횟수도 여섯 번이나 된다. 이

난이도의 차이는 물리적인 제약과 관련이 있다.

그림 3

그림 4

커피 잔 퍼즐에서, 세 가지 규칙을 진술했지만 실제로 하나만 있으면 된다. 규칙 1, "한 번에 한 개만을 옮길 수 있다." 규칙 2와 3은 컵의 구조상 이런 규칙들을 이미 내재하고 있기 때문에 불필요하다. 잔이 커피로 채워져 있고 더 큰 잔 안에 작은 잔이 들어갈 수밖에 없는 구조이기 때문이다. 규칙 2를 위반하면 쟁반 위에 잔을 더 놓기 위해서는 잔 위에 쌓아 올리는 방법밖에 없기 때문에 커피를 엎지르지 않은 한 작은 잔을 큰 잔 위에 놓을 수 없다. 또 쟁반의 크기 때문에 규칙 3은 필요 없다. 쟁반 위에 하나 이상의 잔이 있을 때는 다른 컵 위에 포개어 놓을 수밖에 없다. 그래서 만약 당신이 한 번에 잔 하나를 옮기려 한다면(규칙 1) 옮기려는 잔이 다른 쟁반 위에 있는 원래 잔보다 위에 놓여야 하고 또 가장 큰 것이어야 하는데, 이것이 바로 잔이 가지고 있는 물리적 성질이다.

단 하나의 규칙만이 필요한 커피 잔 퍼즐과는 반대로, 오렌지 퍼즐에는 규칙 세 개가 다 필요하다. 규칙에 따르게 하는 어떤 물리적 제약도 없다. 하노이탑 퍼즐을 '도넛 퍼즐'이라고도 하는데, 이것은 웨이터가 세 가지 크기의 도넛을 세 명의 손님에게 커피 잔 퍼즐에서와 같은 규칙에 따라 가져다주는 것으로, 단지 커피 잔을 도넛으로 바꾸었을 뿐이다. 그림 4-1에서 보여주는 방식으로 쟁반은 말뚝을, 도넛은 말뚝 위의 원반을 의미한다. 도넛 문제에는 규칙 1과 2만이 필요한데, 왜냐하면 말뚝의 물리적인 제약이 규칙 3을 따를 수밖에 없게 만들기 때문이다.

우리는 형식상 동일한 세 가지 문제들을 살펴보았다. 하나는 오렌지 퍼즐로 이것은 세 가지 규칙들이 모두 필요하다. 다른 하나는 도넛 퍼즐인데 규칙이 두 개 필요하다. 나머지 하나는 커피 잔 퍼즐로 규칙이 하나만 있으면 된다. 규칙이 덜 필요한 것일수록 더 쉬운 문제인 셈이다. 커피 잔 퍼즐이 가장 쉽고(가장 빠르고, 가장 오차 없이 해결할 수 있다), 도넛이 그 다음이며, 오렌지가 가장 어렵다. 규칙들이 그대로 제시되기만 한 경우와, 그 규칙들이 퍼즐의 물리적 구조와 통합되는 경우에 따라 왜 이러한 큰 차이를 가져오는 것일까?

이 모든 세 가지 규칙이 위의 세 가지 퍼즐에 모두 적용되기는 하지만, 표면 표상은 그 물리적 구조가 행위와 표상에 자동적으로 제약을 주기 때문에 퍼즐 해결력을 높인다. 컴퓨터로 이 퍼즐을 풀도록 프로그램을 짠다면 이 세 가지 퍼즐 모두 동일한 프로그래밍 난이도를 가졌다고 볼 것이다. 왜냐하면 세 가지 퍼즐 모두 동일한 알고리즘을 가지고 있기 때문이다. 이는 컴퓨터가 물리적 구조의 도움을 전혀 받을 수 없다는 데 기인한다.

왜 물리적 형태가 사람들에게 그렇게 중요할까? 장은 이 문제가 서로 다른 세 가지 방식으로 표상되어야 한다고 주장했다. 첫째, 문제가 해결자의 마음속에 내적으로 표상되어야 하고, 둘째, 물리적 제약이 중요한 역할을 하는 퍼즐 자체의 표면 표상이어야 하며 마지막으로, 사람들이 문제를 해결하는 방식을 연구하는 과학자들의 마음속에 있는 표상이어야 한다. 문제의 추상적인 표상을 구성하여 해결할 수 있는 방향으로 추진하는 사람이 바로 과학자이다. 과학자(또는 컴퓨터 프로그래머)에게는 이 세 가지 문제가 동일하다. 그러나 퍼즐의 물리적 구조를 활용할 수 있는 사람에게는 환경에 더 많은 정보가 존재할수록 마음속에서 필요한 정보가 줄어든다. 그 결과, 사람들에게는 세 가지 과제가 매우 다르다. 실제로 사람들은 종종 이 문제들이 동일하다는 사실을 인식하지 못한다.

커피 잔 퍼즐과 오렌지 퍼즐이 특이하게 보이지만, 이들은 표면 표상이 기억과 계산을 돕는 것뿐만 아니라 문제를 관찰하는 방식과 해결 용이성에 어떻게 극적으로 도움을 주는가를 잘 보여준다.

표상을 과제에 맞추기

3장에서 표상의 힘에 대해 소개했다. 사람들에게 15게임이 세목 놓기보다 어렵고 284가 912보다 작다고 결정 내리는 것이 312보다 작다고 판단하는 것보다 쉽다는 것을 알았다. 논리적으로 15게임과 세목 놓기는 동일하다. 또 논리적으로, 사람들은 284가 912나 312보다 작다는 것을 제일 왼쪽에 있는 수를 비교해봄으로써 알아내는 것이라 판단 과정은 똑같이 동일하다. 이런 예들은 우리가 순간적인 판단을 할 때는 수학적이거나 상징적인 논리로서 계산하지 않는다는 것을 보여준다. 대신, 우리는 지각적 과정을 통해 반응한다. 우리는 특히 지각적 판단에 익숙해 있기 때문에 추상적이거나 상징적 판단은 서툴다.

하지만 우리가 지각적인 존재라는 사실이 우리가 사물을 어떻게 조작하는가를 설명해주지는 않는다. 우리의 인식이란 복잡해서 항상 직관이나 상식 또는 심리학이 예측하는 방식을 따르지는 않는다. 우리는 심리적 경험을 물리적 변수에 연관 짓고 싶어 한다. 사실 빛이나 소리를 더 강하게 하면 빛의 밝기나 소리의 강도가 증가한다. 빛이나 소리의 주파수를 변화시키면 빛의 색조와 소리의 음조가 변화한다. 하지만 이렇게 단순한 연결은 오류에 빠질 수 있다. 물리적 차원과 심리적 차원의 관계는 매우 복잡하다.

대체 얼마나 복잡하냐고? 글쎄, 어떤 대상이 어느 정도 밝게 보이는지를 생각해보자. 빛을 더 많이 받은 대상일수록 더 밝다, 옳은 말일까? 틀렸다. 다음 그림을 보라.

내부에 있는 작은 네 개의 직사각형이 동일한 양의 빛을 받았는데도 불구하고 왼쪽의 것이 오른쪽에 있는 것보다 더 밝아 보인다. 이렇게 되는 이유는 밝기와 빛의 강도가 동일한 것이 아니기 때문이다. 밝기는 이미지와 이미지를 둘러싸고 있는 배경의 대비에 달려 있다. 회색 점은 그 옆에 밝은 것이 있을 때 더 검게 보인다. 이 말이 틀리게 들리는가? 빛을 더하는데 더 어두워질 수 있단 말인가? 실험해보자. 이 책을 깜깜한 벽장 안으로 들고 가서 천천히 문을 열어 아주 적은 양의 빛이 서서히 벽장 속으로 들어오게 해 보라. 벽장 안으로 빛을 더 많이 들어오게 할수록 가장 오른쪽 안에 있는 사각형이 더 어두워질 것이다.

이러한 원리는 텔레비전에서 찾아볼 수 있다. 텔레비전을 끈 상태의 화면은 회색이다. 이제 다시 화면을 켜고 이미지에 검은 영역과 검은 선을 확인해보라. 텔레비전 화면을 더 검게 만들 수는 없다. 텔레비전 화면은 빛을 방출한다. 전자가 화면에 부딪혀서 화면 위의 형광 물질이 빨강색이나 녹색 또는 파랑색으로 빛난다. 형광 물질은 화면에서 내보내는 빛의 양을 늘릴 뿐, 줄이지는 못한다. 전자가 화면의 일부분에는 전달되지 않아서 생기는 것이 검은 영역이기 때문에, 이 부분에서 나오는 빛의 양은 텔레비전이 꺼져 있을 때 방사되는 빛의 양과 정확히 동일하다. 즉, 꺼진 텔레비전의 바탕 화면은 회색으로 보이지만, 화면이 켜지면 검정색으로 인식되는 것이다. 어떻게 그것이 가능할까? 그것은 그림의 가장 오른쪽에 있는 사각형이 가장 왼쪽에 있는 것보다 더 어두워 보이는 것과 동일한 이유에서 그렇다. 중요한 것은 대비이다.

이 모든 예들은 우리가 지각하는 것이 반드시 존재할 필요는 없다는 사실을 입증하고 있다. 지각심리학은 지각물리학과는 매우 다르다. 빛이나 소리의 강도가 증가할 때 밝기나 소리의 크기가 선형적으로 증가하지는 않는다. 방과 사물의 빛의 양을 두 배로 증가시키더라도 그만큼 밝아지지는 않는다. 이것은 검증하기는 쉽다. 손전등으로 방을 비추고 있다가 같은 세기의 손전등을 하나 더 비추어 보라. 방의 밝기가 크게 달라졌다는 느낌이 들지 않을 것이다.

심리학자들은 지각된 빛과 소리의 크기가 제곱근 법칙을 따른다고 생각했다. 빛의 밝기와 소리의 크기는 강도의 제곱근에 비례한다(실제법칙은 밝기나 크기가 에 비례한다). 이는 강도를 두 배로 하면 지각의 크기는 20% 증가한다는 것을 뜻한다. 밝기나 소리의 크기를 두 배로 만들려면 강도는 10배나 증가시켜야만 한다.

대부분의 사람들은 소리의 강도와 크기 사이의 관계를 전혀 모른다. 물리적으로 측정된 것과 심리적으로 지각한 것 간에 어떤 차이가 있다는 사실을 아는 사람은 거의 없다. 심지어 소리를 데시벨로 측정하는 소리 공학자들조차 종종 데시벨이 음의 심리적인 크기에 대한 적절한 측정치가 아니라는 사실을 깨닫지 못한다. 소리의 강도가 10배 감소한다는 것은 dB이 10만큼 감소된다는 것(-10dB)을 뜻하는데, 이는 소리의 심리적 크기를 반으로 줄일 뿐이다. 100배를 줄인다면 dB의 수준은 -20dB이 감소할 것이지만 소리의 크기는 1/4이 된 셈이고, 1,000배 감소시킬 경우에는 -30dB이 줄어들 것이나 소리의 크기는 1/8이 된다.

종종 어떤 사람들은 소리의 강도와 크기 간의 복잡한 관계를 역이용하여 음향 조작의 효과를 과장하기도 한다. 만약 누군가가 "우리는 소음 '수준'을 반으로 줄였다!"라고 말한다면 유심히 살펴보라. 그들은 아마 소음의 '강도'를 반으로 줄인 것일 뿐이고 이는 일반 청자들의 입장에서는 그 소리의 심리적 크기의 변화는 거의 인지하기 어려운 수준인 것이다.

라디오의 소리 크기 조절을 생각해보자. 볼륨 손잡이를 돌리면 소리의 강도를 조절할 수 있을 것이고, 이는 소리의 크기에 영향을 주게 될 것이다. 공학자들은 강도를 최대에서 중간 지점으로 조절해도 소리 크기에는 큰 차이가 없다는 것을 깨닫고 소리 크기를 조절하는 것이 그리 단순하지 않는다는 것을 빨리 배웠다. 그들은 소리의 크기가 강도의 로그 값에 비례한다는 것을 가정하고 소리를 대수(지수와 로그)로 조작했다. 결과적으로 잘못된 가정이었지만 적어도 선형적 제어를 이용한 것 보다는 낫다. 빛을 조절하는 장치를 설계하는 공학자들도 이런 점을 몰랐기 때문에 방 안의 조명을 제대로 제어하기 어려웠을 뿐 아니라, 설상가상으로 알람 시계의 불빛이나 라디오의 시계 불빛조차도 제대로 조절하지 못했다. 공학자들은 인간의 시력이 1에서 천억 이상의 범위에 걸쳐 빛 에너지에 민감하다는 사실을 깨닫지 못했던 것이다. 더욱이 1시간 또는 30분 동안 어두운 곳에 있으면 눈은 점점 '암순응'되어 빛에 대한 민감도가 상당히 증가하게 된다. 밤에 시간을 확인하려 할 때 희미한 불빛을 사용하는 대부분의 라디오 시계를 우리가 정확하게 읽기 어려운 이유가 바로 이 때문이다. 당신이 먼저 전기를 끄고 나서 침대로 걸어갈 때 희미한 라디오 시계의 불빛을 간신히 지각해낼 수 있지만, 한밤중에 당신의 눈이 여러 시간 동안이나 어두운 상태에 순응한 다음에는 동일한 불빛이라도 눈이 부실 만큼 너무 밝을 것이다. 왜 이런 일이 일어날까? 왜냐하면 정보를 어떤 방식으로 제시하느냐에 따라 인공물의 표면 표상이 크게 달라지기 때문이다.

그래픽 표상

그래프와 그래픽 표상은 놀랍게도 아주 최근에 고안된 것이다. 이미지로 정보를 제시하는 그래프의 특성이 처음부터 수치 정보를 표현하는 우수한 방법이라고 평가받았을 것 같지만 사실은 그렇지 않다. 그래픽 표시는 1800년대 후반과 1900년대 초반까지 미국 업계에서 사용되지도 않았고 그 후에도 가끔 비관론에 부딪쳤다. 오늘날 그래픽 표시는 단어나 표보다 더 효과적으로 추이를 보여주거나 요소 간 비교를 쉽게 해주는 도구로 널리 인정받고 있다. 물론 어떤 것의 효과가 입증된 후에는 적절한 경우가 아닌데도 남용되기도 한다. 게다가 아주 다양한 그래픽 절차들이 있어서 모든 절차가 모든 상황에 다 적절한 것도 아니다.

오늘날 그래프를 만드는 것은 매우 쉽다. 너무나 쉽다. 개인용 컴퓨터를 위한 소프트웨어 프로그램 또한 풍부하다. 그래프로 표시된 자료를 구성하고 분석할 수 있도록 만들어진 특수한 프로그램들이 있을 뿐만 아니라, 엑셀부터 파워포인트, 워드 프로세서에 이르기까지 아주 다양한 다른 프로그램들에도 그래프를 작성을 돕는 특수 기능들이 있다. 문제는 이런 프로그램들이 자체의 내부적인 논리규칙에 따라 어떤 자료든 그래프로 나타낼 수 있다는 점이다. 즉, 프로그램에 사용된 이러한 논리 규칙들은 자료의 성질과 그래프의 사용 목적까지 고려해주지는 않는다.

의도적이든, 정말 몰라서 그런 것이든, 심리학적 원리들을 위반하는 부적절한 그래프는 도처에 많다. 내가 친구, 동료, 학생이나 신문사에 불만을 드러내면 흔히들 "컴퓨터 프로그램이 자동적으로 했기 때문에 나는 선택의 여지가 없었어요."라는 변명하곤 한다. 이것은 빈약한 변명이다. 규칙에 대한 무지는 그것이 법률적인 것이든, 심리학적인 것이든 간에 타당한 핑계가 아니다.

정보 제시의 가장 흔한 오류들 중의 하나에서부터 시작해보자. 인구에 비례하는 원의 면적으로 세계의 여러 도시들을 지도에 표시한다고 가정해보라. 이런 방식으로 도시의 상대적 크기를 얼마나 잘 판단할 수 있는가? 어쨌든 이것이 신문과 같은 매체에서 사용하는 전형적인 방식이다.

다음은 2000년에 예상되는 인구에 비례하는 면적을 나타낸 북경과 동경이다.

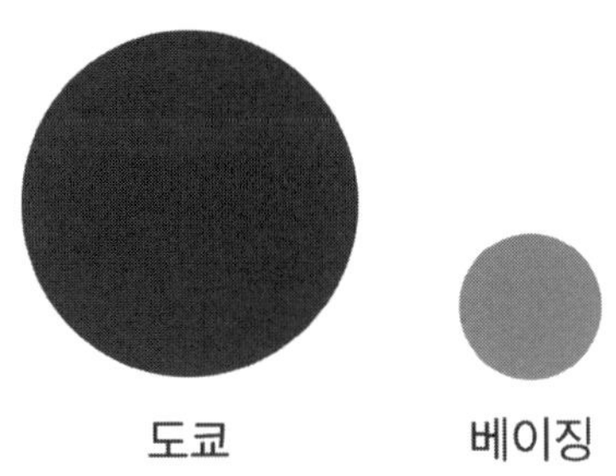

분명 동경이 북경보다 훨씬 더 큰 것처럼 보이지만 그렇다면 얼마나 큰 것인가? 다시 한 번 보자. 면적이 인구를 표시하는 '파이 그래프'로 바꿔 보았다.

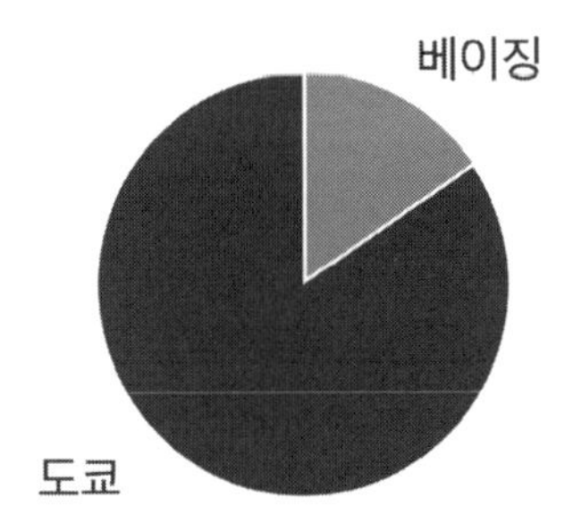

파이 그래프에서는 북경에 대한 동경의 상대적인 우위가 원의 경우보다 수배나 더 크게 보인다는 점에 주목하라. 이제 같은 자료를 막대의 길이가 인구에 비례하는 막대그래프의 형태로 비교해보자.

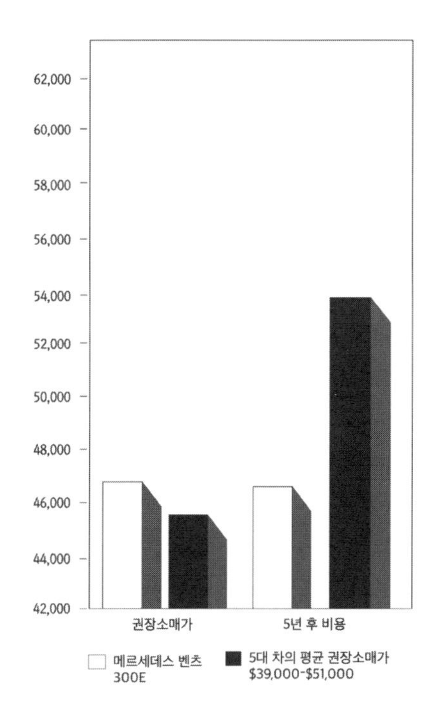

그림 4-2

속임수가 있는 그래프. 그림 우측에 있는 검정색 막대는 하얀색 막대보다 2.5배 높아서 소유 비용이 벤츠 자동차의 경우보다 250%나 더 높다는 것을 암시한다. 하지만 영점이 제거되어 있으므로 막대 그래프는 등간 척도 자료만 보여주고 있는 것이며, 길이 비율을 비교하는 것은 적절치 못하다. 정확한 비율은 1.15대 1이다. 딱 15% 차이이다.

인구 크기의 실제 비율은 얼마인가? 2000년에는 동경의 인구가 북경보다 5배만큼이 될 것으로 추정된다(3천만 대 6백만).

인간은 지각에 특화되어 있어서 패턴을 파악하는 것에는 뛰어나지만, 그로부터 정확한 수치 비교는 잘하지 못한다. 인간은 직선적으로 증가하는 선 길이를 판단하는 데 가장 정확하기 때문에 막대그래프에서의 추정이 가장 정확하다. 그러나 우리가 이미 소리의 크기와 빛의 밝기에 대해 논의한 것처럼 그래프의 적용은 경우에 따라 달라질 수 있다.

이런 지각적 왜곡들은 그래프를 만드는 전문가들을 통해 확인할 수 있다. 불행히도, 이 지식들은 그래프를 보는 사람들로 하여금 잘못된 판단을 하는 데 이용될 수도 있다. 부적절한 표상은 의도적으로 정보를 알기 어렵게 만들거나 일부러 노출시키고 싶은 특징들을 강조하고 그렇지 않은 것들은 은폐함으로써 우리를 혼란에 빠뜨릴 수 있다. 그림 4-2는 표상 양식의 부적절한 사용이 어떻게 사람들에게 잘못된 결과를 초래할 수 있는가를 보여준다.

광고는 벤츠 300E급 자동차의 가격이 경쟁 차보다 더 높지만, 5년간의 소유 비용에 있어서는 오히려 경쟁차가 훨씬 더 많이 든다는 것을 보여주려는 의도이다. 얼마나? 그래프를 보면 경쟁 차 막대의 높이가 벤츠보다 약 2.5배, 즉 무려 250%만큼 더 비싸다! 글쎄, 과연 그럴까? Y축을 살펴보면 그래프가 4만2천 달러부터 시작하고 있음에 주목하라. 영점이 멀리 떨어져 있어 노출되지 않는다. 실제 비율은 1.15대 1로 비용의 차이는 단지 15%에 불과하다. 일단 영점이 막대그래프에서 제거되었기 때문에 선 길이의 자연스런 비교는 무의미하다. 정보 자체는 사실이며, 그래프도 기술적으로 정확하게 그려져 있다. 그러나 시각적인 정보는 첫인상을 지배할 뿐더러 모든 독자가 수치로 된 정보들을 꼼꼼하고 신중하게 분석하기 위해 시간을 소비하지 않는다. 이렇게 광고업계에서는 순간적인 인지로 인한 해석을 의도적으로 이용한다.

심리적 척도와 표상

적절한 그래픽 관계를 구축하기 위해 이용할 수 있는 수많은 심리 원칙들이 있다. 그래프는 정량적인 정보와 정성적인 그림 정보가 결합되었다는 점에서 흥미롭다. 사실 그래프는 추상적이고 해석하기 어려운 수적 관계를 지각적이고 가시적인 그림 관계로 바꿀 수 있기 때문에 유용하다. 그러나 모든 것을 그림으로 바꾸는 것이 반드시 좋은 것은 아니다. 그림 4-3에서의 왼쪽의 그래프는 오른쪽의 표보다 언뜻 더 낫게 보인다. 문제는 선 길이가 수적인 값을 암시한다는 점이다. 우리가 그래프를 볼 때, 우리는 선이 3배 더 길기 때문에 사브(스웨덴제)가 메르세데스 벤츠(독일제)보다 3배 더 낫다고 판단하고픈 유혹에 빠지게 된다.

이런 예들은 표상이 매체의 힘을 적절하게 반영해야 한다는 것을 보여준다.

적절성의 원칙: 표상은 과제에서 받아들일 수 있는 정보를 많지도 적지도 않게 정확히 제공해야 한다.

어떤 특정한 관계를 표시하는 '올바른' 방법이 정해져 있는 것은 아니

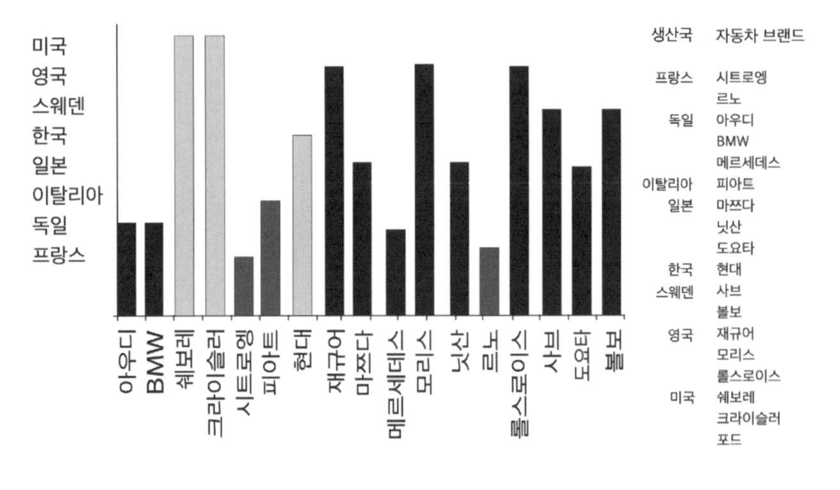

그림 4-3

자동차 제조국. 이 그래프는 아주 정확한 것이지만, 명명척도의 정보를 비율척도인 선 길이로 사용한 것은 잘못되었고, 우리의 판단을 방해한다. 대다수의 사람들은 이 그래프가 모순적이라는 점을 알아차릴 수 있다. 우측에 나타낸 표의 양식이 이러한 유형의 정보에 훨씬 더 적합하다.

지만 '잘못된' 방법은 확실히 있다. 적절한 표상이란 조직화와 탐색을 돕는 것 뿐만 아니라 해결해야 할 문제가 무엇이냐에 따라 달라진다. 그림 4-3에서 우측에 있는 표에 의한 표상은 사용자가 과제가 자동차 제조국의 이름을 기준으로 자동차 브랜드를 찾을 수 있도록 조직화되어 있다. 그러나 목표가 반대로 자동차 브랜드에서 시작하여 제조국을 찾는 것이라면, 이 표상은 탐색에 도움을 주지 않는다. 즉 자동차 브랜드를 찾는 데는 좋은 제시 방법이 아니다.

그러면 어떻게 개선시킬 수 있을까? 사용자가 항상 제조국의 이름으로

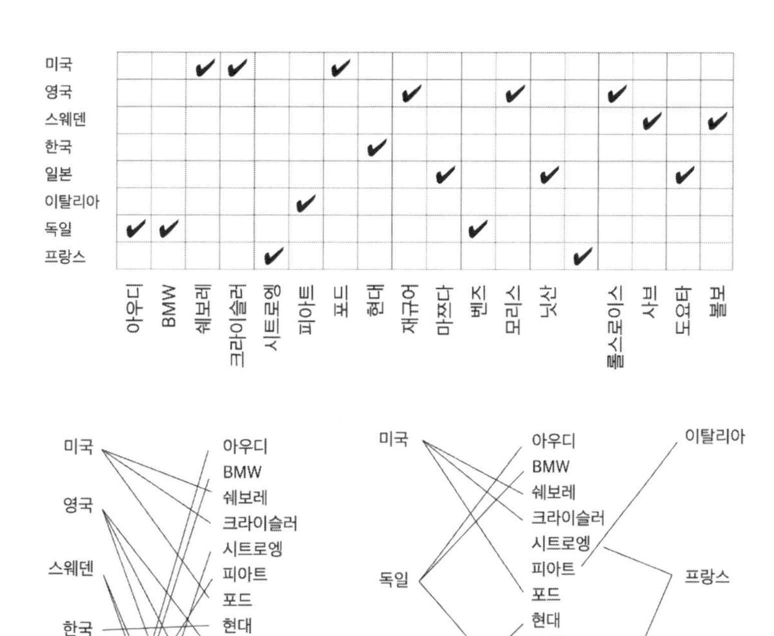

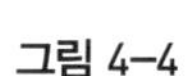

자동차 제조국을 보여주는 세 가지 방법. 대칭적 탐색을 가능케 해주는 방식으로 자동차 브랜드와 제조국을 목록화하는 세 가지의 방법들이다. 처음의 것은 자동차 브랜드에서 제조국을 찾거나 제조국에서 브랜드를 찾아보는 것이 동일하게 쉽다. 이 행렬은 3장에 나오는 처방전의 행렬을 모방한 것이다. 하지만 이 그림에서는 긴 횡렬과 종렬을 눈으로 따라가기가 어렵다. 좌측 하단에 있는 조합 다이어그램은 복잡하고 필요한 정보를 찾기가 어렵다. 우측 하단에 있는 조합 다이어그램에서는 제조국의 이름을 알파벳순으로 나타내지 않았고 그 결과를 찾기가 더 어렵다는 점을 빼곤 가장 사용하기가 쉽다.

부터 브랜드의 탐색을 시작하는 것이라면, 이 표는 최적에 가깝다. 반면

항상 자동차 브랜드로부터 탐색을 시작하는 것이라면, 자동차 브랜드 목록을 알파벳순으로 표시하고 생산 국가를 각각의 이름에 따라 나란히 표시하면 된다. 그러면 두 탐색이 모두 필요하다면 어떻게 될까? 한 가지 방법은 행렬 조직이다. 관련 교차점에 체크 표시를 하면서 한 축은 자동차 브랜드의 알파벳순 목록, 다른 축에는 제조국의 알파벳순 목록을 표시한다. 혹은 브랜드와 제조국의 두 목록을 나열하고 각각 관련된 제조국-브랜드 쌍들을 함께 연결하는 네트워크 구조를 사용할 수도 있다. 여기서도 디스플레이의 득실 교환이 있다. 어떤 것은 다른 것들보다 더 심미적으로 만족스럽고, 어떤 것은 다른 것들보다 더 효과적이다. 그림 4-4에서 여러 가지 가능성들 비교해보라.

그림 4-3은 표상이 너무 강력하게 사용될 때 일어나는 일을 보여준다. 기본적으로 너무 강력한 표상 체계의 문제는 실제 정보에 의해 정당화되지 않는 결론을 이끌어내는 경향이 있다는 말이다. 반면, 너무 약한 표상 양식은 정보가 자연스럽게 표현되지 못하므로 사용자의 정보 처리 어려움이 가중된다. 또한 사용자가 지각적 처리 능력을 발휘하기에 너무 많은 정신적 노력이 강요되어 표상 능력을 저하시킨다는 것이다.

디지털 대 아날로그 디스플레이

디지털시계에 대한 불만들을 빼놓고 표상 양식을 논의하기란 거의 불가능하다. “이런 형편없는 장치 같으니라구.” 불평이 이어진다. “아날로그 시계가 훨씬 우수하다. 당신은 언뜻 보고서도 대략 몇 시인지 남은 시간이 얼마인지 알 수 있다. 디지털시계로는 그렇게 할 수 없다.” 아날로그시계 예찬론자들은 디지털시계를 차고 있는 사람들을 쉽게 구분해낼 수 있다고 말할 것이다. 왜냐하면, 시간을 물어보았을 때 그들은 “8시 40분”이라거나 “약 9시 20분 전”이라고 하기보다는 “8시 42분”이라고 아주 정확하게 대답할 것이기 때문이다.

그런데 동일한 논거를 아날로그 디스플레이—문자판을 따라 움직이는 바늘—인 자동차 속도계를 좋아하는 사람들과 디지털 디스플레이를 선호하는 사람들 사이에서도 들을 수 있다. 전 세계는 디지털을 좋아하는 사람들과 그렇지 않은 사람들의 두 분류밖에 없나?

어느 표상이 우수한가? 어느 쪽도 아니다. 표상의 우수성은 오직 과제에 달려 있다. 어떤 표상은 어떤 영역에 더 낫고 어떤 표상은 다른 영역에 더 낫다. 자동차 속도계를 생각해보라. 디지털 혹은 아날로그 디스플레이 중 어느 것이 더 나을까?

답은 당신이 알고자 하는 것은 무엇이냐에 따라 다르다. 현재 속도를 정확하게 알고 싶자면 정확한 형태의 답, 즉 숫자를 표시해주는 디지털이 더 우수하다. 원하는 답을 재빠르고 정확하게 읽을 수 있기 때문이다. 아날로그 문자판의 경우, 속도의 정확한 수치를 확인하기 어렵다. 정확한 값을 산출하려면 바늘의 위치를 해석해야만 한다.

그러나, 대부분의 경우 우리는 속도의 정확한 수치까지는 알 필요가 없다. 우리는 대략적인 추정치를 필요로 하거나 법정 제한 속도와 같은 어떤 결정적인 속도 이상 혹은 이하인가 정도만 알면 된다. 이런 점에서 아날로그 속도계가 우수하지만 단, 계기판에 한눈에 볼 수 있는 표지가 있다는 가정 하에서 그렇다. 이렇게 되면 우리는 단순히 바늘이 표식의 어느 쪽에 놓여 있는가만 확인한다. 그 이상이면 당신은 제한속도보다 너무 빠르게 가고 있는 것이고, 그 이하면 더 느리게 가고 있는 것이다. 게다가, 바늘 움직임의 속도와 방향뿐만 아니라 바늘과 표지 간의 간격도 대략적인 속도와 가속 비율에 대한 유용한 정보를 알려준다. 비슷한 방식으로, 속도계에 익숙해시면, 바늘의 각도를 잠깐 보고서도 대략적인 속도 값을 산출함으로써 알고자 하는 대부분을 충분히 정확하게 판단할 수 있다.

상업용 비행기의 경우, 조종사에게는 풍속 표시기를 통해 중요한 위치로 조정할 수 있도록 해주는 작은 참조 표지들인 '속도 버그'들이 제공된다. 이를 통해 아날로그 문자판의 판독 값을 풍속 '이상' 혹은 '이하'라고 쉽게 바꿀 수 있다. 아날로그 계측기는 이런 목적에 대해서는 월등히 우수하다.

자동차의 경우, 결정적인 속도를 융통성 있게 표시하는 방법이 불완전하기 때문에 아날로그 판독의 이점과 결점이 혼재되어 있다. 즉, 아날로그나 디지털 속도계 어느 쪽도 우수해보이지 않는다. 아날로그 문자판의 경우, 결정적인 속도가 35라면 척도상 35의 위치를 알고 바늘이 35 위에 있는지 아래에 있는지를 판단해야 한다. 디지털 속도계의 경우, 결정적 속도 이상인지 이하인지를 정하기 위해 정해진 숫자로부터 마음속으로 35를 빼야 한다. 어느 쪽 방법도 특별히 효과적인 것 같지 않다.

그렇다면, 최상의 방법은 무엇일까? 왜 굳이 둘 중 하나를 선택해야만 할까? 왜 두 방식을 모두 취하면 안 되는가? 왜 디지털 디스플레이가 나란히 붙어 있는 아날로그 속도계는 없는가? 오늘날의 항공기는 주요 값에서의 '버그'를 쉽게 설정하기 위해 풍속과 고도에 대해 아날로그와 디지털이 조합된 디스플레이를 사용한다. 비슷한 원리를 자동차에 적용하면 효과적일 수 있다.

항공기 고도계의 바늘은 보통 3개인데, 조종사들이 판독 과정 중 실수가 잦았다. 이런 이유로 오늘날 대부분의 고도계는 최소한의 중요한 숫자들만을 위해 아날로그 바늘을 존속시키고 나머지 2개는 디지털 판독으로 대체되었다. 비행기의 고도가 31,255 피트라면, 디지털 계기는 고도를 피트의 천 단위인 '31'로 표시하고 아날로그 계기는 백 단위 이하—즉, '2.55'(255피트)—로 표시한다. 이러한 이중 디스플레이 방식은 많은 장점이 있다. 가장 중요한 판독—정확한 수치가 중요한 경우—은 피트의 천 단위 디지털로 나타낸다. 바늘은 피트의 백 단위를 나타내고, 이런 목적을 위해 정확한 숫자 정보는 거의 필요하지 않다. 게다가 조종사는 단지 바늘이 어느 쪽으로 얼마나 빨리 회전하는지를 봄으로써 비행기가 상승하는지 하강하는지를 즉시 판단할 수 있다. 디지털 판독의 경우, 고도 변화가 너무 빠르면 단지 흐릿한 글자들의 겹침만 보일 뿐이다(동일한 문제가 디지털 속도계에도 있다).

시계는 어떨까? 디지털 혹은 아날로그 어느 쪽이 최상인가? 답은 동일하다. 오로지 과제에 달려 있다. 다만, 속도계와 비교했을 때, 시계는 큰 단점이 있다는 것을 명심해야 한다. 속도계의 경우, 하나의 바늘과 하나의 척도가 있다. 시계의 경우, 둘 또는 세 개의 바늘과 두 가지의 다른 척도가 있다. 아날로그시계에서 시간을 읽는 법을 배우는 것은 쉽지 않다. 아이들은 상당한 어려움을 겪으며, 재빨리 시간을 읽어내는 어른들도 시침을 분침으로 혼동하거나 그 반대로 혼동함으로써 3시 20분을 4시 18분으로 읽는 실수를 한다. 오늘날의 손목시계와 탁상시계들의 경우, 우리는 더 이상 아날로그와 디지털 사이에서 억지로 선택해야 할 필요가 없다. 둘 다 사용하는 것도 충분히 가능하다.

표상을 사람에게 맞추기

세상이 우리에게 얼마나 많은 정보를 제공하는지 아는가? 그렇지 않다면 우리는 전혀 생활해나갈 수 없었을 것이다. 우리가 일상생활에서 사용하는 물건들(칼, 포크, 연필, 종이 집게, 구두, 구두끈, 단추, 지퍼)이 얼마나 많은지를 보라. 내가 추정컨대, 우리는 작고 전문화되어 있으며 학습이 필요한 2만여 가지의 서로 다른 대상들에 익숙하다. 우리가 이런 것들을 어떻게 사용하는가? 우리는 어떻게 이런 각각의 물건들의 사용법을 배우는가? 이에 대한 대답은 한 대상의 물리적 디자인이 모든 차이를 만든다는 것이다. 당신은 대부분의 경우 그 기능이 무엇인가, 잡거나 밀거나 당기는 부분이 어느 것인가, 혹은 어느 부품이 다른 장치를 작동시키는가 등을 봄으로써 알아차릴 수 있다. 압정은 눌러야 하는 위치와 꿰뚫고 잡거나 심지어 들어올리는 데 필요한 위치가 명백히 나누어져 있다. 대부분의 장치들은 조작을 어떻게 하는지에 대한 충분한 단서를 제공하는데, 혹여 약간의 설명이 필요한 경우라 할지라도 한두 마디면 되거나 다른 사람이 그 장치를 사용하는 것을 한 번 보기만 해도 된다. 물리적 장치들은 사용 방법을 알아내는 데 매우 도움이 되는 행동유도성, 대응성, 제약성을 가지고 있다. 물론, 그 장치가 불완전하게 디자인되거나 설계되면 오히려 이런 요인들이 사용을 크게 방해할 수 있다. 이것이 내가 『디자인과 인간심리』라는 책에서 말했던 이야기다.

물리적인 인공물들은 배우기 쉽고 사용하기 쉽도록 디자인될 수 있다. 인지적인 인공물들의 경우에도 마찬가지인데, 다만 몇 가지 새로운 원칙들이 추가되어야 한다. 그리고 수행해야 할 과제의 본질과 인간의 능력을 고려해야 할 필요가 있다.

우리 인간들은 이해와 원리와 목적을 추구한다. 우리는 경험이나 이야기 그리고 사건들을 기억하는 것은 잘하지만 현대 생활의 세세한 것들에서는 그렇지 못하다. 우리는 주변 환경에 세심한 주의를 기울이고, 변화를 매우 빨리 알아차린다. 또 모호하고 숨겨져 있는 패턴과 의미도 알아차린다. 그러나 바로 이러한 특성들이 현대의 산업적, 기술적 생활이 요구하는 것들과 충돌할 수 있는 것이다. 특히 우리의 상황은 고려하지 않은 채 기술이 지닌 여러 조건을 강제함으로써 갈등은 더 심화된다. 기술이 인간의 상황과 조건에 맞춘다면 이 갈등은 최소화되거나 제거될 수 있다.

더구나 우리는 사회적인 동물이다. 우리는 작은 집단 속에서 의사소통을 하고, 개인의 능력을 넘어서는 업무를 성취하기 위해 공유하고 협동한다. 협동은 언어와 신체의 의사소통 능력(말과 글, 몸짓, 시선의 마주침, 표정 등)을 통해 촉진된다. 사람들은 생물학적으로 풍부하고 끊임없이 변화하는 사회문화적 환경 속에서 일하는 것을 좋아하는 성향이 있다. 우리는 발견할 수 있는 모든 관계를 이용하며 해석을 고안해낸다. 이 모든 것이 혼란스러운 세상을 이해하도록 도움을 준다.

오늘날 우리는 정보에 기반을 둔 기술적인 세상에서 살고 있다. 문제는 이것이 눈에 보이지 않는 기술이라는 점이다. 지식과 정보는 모두 비가시적이다. 그것은 자연스러운 형태가 없다. 정보와 지식의 모양, 질료, 조직을 제공하는 것은 전달자에게 달려 있다. 아이러니하게도 기술로 가득 찬 지금의 세상은 너무 많은 부분이 지나치게 단순화되고 추상적이어서 우리의 가장 강력한 능력을 무력화시킨다는 것이다.

정보 매체는 반드시 인간에게 순종하는 형태를 취하지는 않는다. 정보는 추상적이고 비가시적이라는 점에서 진짜 내적인 인공물이다. 정보는 그 내용에 관계없이 동일한 방식으로 내적으로 표상된다. 이런 점은 모든 것이 2진법으로 표현되어 0과 1로 대체되는 디지털 매체의 경우에 특히 그러하다. 텔레비전, 전화, 라디오, 책 등 우리의 매체는 저장과 전달을 더욱 쉽게 하기 위해 디지털 양식을 점점 더 많이 사용하고 있다. 디지털 신호는 많은 이점이 있다. 전자식으로 처리하고, 조작하기가 상대적으로 쉬우며 전기적 잡음에 의한 간섭에 거의 영향을 받지 않고 컴퓨터 시스템에 의해 자연스런 저장과 처리가 가능한 매체이다.

디지털 매체는 몇 가지 불리한 점도 가지고 있다. 가장 큰 문제점은 사람들로 하여금 매체에 쉽게 접근하여 사용법을 이해하게 만드는 일이다. 모든 것에 적용되는 공통적인 형식은 도움이 되지 않는다. 가장 아름다운 그림, 가장 감동적인 음악, 가장 심오한 생각들은 모두 인공물의 내적 상태와 동일한 형식으로 축소될 수 있다. 사실 내적 표상만 보고는 주어진 메시지가 음악인지 미술인지, 아름다운지 추한지를 가늠할 수 없다. 매체는 내용 자체에 대해 완전히 중립적이다. 여기에 매체의 힘이 있다. 신호들은 내용에 큰 관계없이 전달되고 조작될 수 있다. 사람들이 형태와 내용을 중요시하게 되면 문제가 발생한다. 인간은 의미 있고 접근 가능한 표상을 필요로 한다. 즉 의미 있고 해석 가능한 방식으로 조직화된 소리, 시각,

촉감 등이 중요해지는 것이다. 그 결과, 정보를 가시적이게 하여 인공물을 사용할 수 있도록 하는 기기의 디자인에 더욱 의존하게 된다.

최신식의 정보 인공물들은 임의적인 모양과 형태를 취한다. 자연스런 대응, 자연스런 작동원리는 없다. 중요한 작동은 모두 내적 표상을 통해 눈에 보이지 않게 일어난다. 우리가 이런 인공물들을 쉽고 효과적으로 이용하려면 디자이너가 이해 가능하고 일관된 구조로 설계해주어야 한다. 디자이너는 인공물을 의미 있는 것으로 만들고, 질료와 풍부함을 제공하며, 그 사용이 흥미 있는 활동이 되도록 하는 힘을 가지고 있다. 가장 좋은 인공물은 과제가 인공물과 완전히 융합되어 있으면서도 눈으로 보이지 않는 것이다. 이렇게 만들어진 것들은 사용하기 즐겁다.

디자인은 마치 이야기를 하는 것 같아야 한다. 디자인팀은 인공물로 사용의 도움을 주려는 과제와 그것을 사용할 사람들을 고려하는 것에서부터 출발해야 한다. 이것을 달성하기 위해 디자인팀은 인간의 인지, 사회적 상호작용, 지원되어야 할 과제 및 사용될 기술에 대한 전문 지식을 망라해야만 한다. 적절하게 디자인하는 것은 힘든 일이다. 그러나 그런 것 없이는 도구는 우리에게 계속 좌절감을 안겨주고, 뚜렷하게하기보다 혼란하게 하며, 과제와 융합되는 것은 고사하고 오히려 방해가 될 것이다. 정보 인공물의 힘은 그것이 우리의 삶의 질을 향상시키는 더할 나위 없이 좋은 기회를 제공한다는 점이다. 그리고 위험한 것은 그것이 도리어 일상생활의 스트레스를 가중시킨다는 점이다.

행동을 유도하는 기술

"나를 괴롭히는 텔레비전과 신문 간의 차이가 뭔지 알아?" 한 친구가 묻는다. 텔레비전의 경우, 광고는 거부할 수 없으며 당신을 바로 강타한다. 그래서 방을 떠나지 않고서는 피할 수도 없다. 신문의 경우에는 전혀 그렇지 않다. 사실상, 오히려 반대다. 때로는 내가 광고를 보려고 해도, 그럴 수 없다. 왜 그런가?

문제는 텔레비전과 신문 간의 행동유도성(affordance: '어포던스'라고도 불리기도 한다. 어떤 행동을 유도한다는 의미로, 사용자가 디자인된 제품을 직관적으로 어떻게 사용할지 짐작할 수 있게 하는 것이다—옮긴이) 차이에 있다. 한 대상의 행동유도성이란 그것의 가능한 기능을 의미한다. 의자는 서 있기 위한 것이든, 앉아 있기 위한 것이든, 물건을 놓아두기 위한 것이든 '지지대'의 역할을 한다. 연필은 들어올리기, 움켜잡기, 돌리기, 찌르기, 떠받치기, 두드리기, 그리고 쓰기를 가능하게 한다. 디자인의 핵심은 사용자로 하여금 행동유동성을 인식하게 하고, 그것이 암시하는 방식으로 사물들을 사용하게 해야 한다는 것이다(그러므로 많은 전자기기의 경우, 가장 강력한 기능 중 일부를 사용하지 못하기도 한다—실제로는 대부분 그런 기능이 있는지조차 모른다).

행동유도성은 또한 기술에도 적용된다. 각각의 기술은 서로 다른 방식으로 움직인다. 즉, 의도적으로 행동유도를 하여 어떤 것은 하기 쉽게, 다른 것은 어렵거나 불가능하게 만든다.

텔레비전 광고의 불가피성과 신문 광고의 비가시성에 대한 내 친구의 불평은, 각 기기의 행동유도성 차이를 파악하면 이해할 수 있다. 대체로 사람들은 한 번에 한 가지에만 집중할 수 있기 때문에 텔레비전은 한 방향으로 흐르는 직렬적 시간 순서에 맞춰 정보를 내보낸다. 반면 신문에 인쇄된 페이지는 병렬적이며 독자가 원하는 순서대로 선택할 수 있다. 텔레비전의 경우 화면도 하나, 소리도 하나로 한 번에 한 가지 메시지만 송출된다. 물론, 우리는 공상에 잠기거나 텔레비전에서 눈길을 돌릴 수도 있지만, 그것을 피하기 위해 적극적인 노력을 하지 않으면 텔레비전에서 송출되는 것들은 우리의 의식과 마음에 영향을 미친다. 결국 우리는, 이러한 인간의 특성과 유혹적이고 경험적인 매체의 특성을 최대한 활용하려는 광고주들의 전략에 말려드는 것이다.

인쇄물의 경우 상황이 다르다. 신문은 정보의 선택이 가능하다. 우리는 페이지를 가로지르며 눈을 적극적으로 움직여야만 한다. 다수의 기사와 광고가 각각의 페이지에 나오지만 사람들은 한 번에 한 가지만 읽을 수 있기 때문에, 우리는 어느 것을 읽을 것인지 적극적으로 선택해야만 한다. 하나를 선택하면, 다른 것은 자동적으로 배제된다. 게다가 일단 우리가 한 기사를 읽기 시작하면 우리의 눈은 페이지를 훑으며 그 위치를 추적하는데, 그것 때문에 해당 페이지의 다른 자료를 놓치게 된다.

텔레비전 채널은 모든 것을 동일한 공간에 노출시키면서 시간대에 따라 서로 다른 정보를 배치한다. 책, 잡지, 신문과 같은 인쇄매체는 모든 것을 동시에 제시하면서 서로 다른 공간적 위치에 서로 다른 정보를 배치한다. 텔레비전과 인쇄매체 간의 공간과 시간 사용의 차이가 서로 다른 행동유도성을 초래하는 것이다. 그 결과 우리는 공간적인 위치에 집중하기 때문에 텔레비전의 광고를 피하기 어렵다. 그리고 광고를 알아채자마자 주의를 딴 곳으로 돌리더라도 너무 늦다. 신문의 경우, 광고가 기사와 동일한 공간적 위치에 있지 않으므로 오히려 광고를 보고 싶은 경우에도 놓칠 수 있다.

텔레비전은 정보를 시간에 따라 조직화하고 신문은 공간에 따라 조직화한다. 그 결과, 텔레비전은 매체가 시청자의 페이스를 조절하는 반면, 인쇄물은 독자에 달려 있다. 이것이 인쇄물이 텔레비전에 비해 생각을 할 수 있는 더 나은 행동유도성을 제공하는 이유다. 읽기는 스스로 페이스를 조절할 수 있기 때문에, 잠깐 멈추고 방금 읽은 내용이 무엇이었던가를 생각할 시간이 있으므로 텔레비전 주도의 행동유도성보다 더 깊은 분석을 하는 것이 가능하다.

어떤 기술 때문에 특정 매체가 행동유도성에 위배되는 사용법을 강제할 경우, 그 매체는 오히려 방해가 된다. 그 결과 인간적인 기술과 비인간적인 기술 간의 차이가 생긴다. 원래는 그럴듯한 아이디어였던 것이 매체의 잘못된 행동유도성 때문에 비인간적으로 되어버린 한 예인 음성 메시지 시스템을 들어보자.

음성 메시지 시스템은 몇 개의 서로 다른 선택지를 안내한다. 이 시스템은 선택적인 메시지를 전달하여 고객들이 필요로 하는 특정한 정보를 제공하기 쉽게 만드는 것이 목표다. 이러한 매력 때문에 기업들은 음성 메시지 시스템을 도입했고, 그 결과 급격히 확산되어왔다. 그러면, 진짜 전화를 거는 고객은 어떨까? 화가 나고 당황스럽다. 격렬한 분노를 느끼기도 한다. 왜 그런가? 시스템 자체의 논리는 합리적이지만 행동유도성이 매우 잘못되었기 때문이다. 이 시스템은 전화라는 매체의 행동유도성을 위반한다.

여러 문제점들이 있지만, 가장 큰 원인은 고객이 이용할 수 있는 의사소통 수단에 관련된 기술이 매우 빈약하다는 것이다. 고객이 가진 것은 12개의 버튼이 달린 숫자판과 음성 메시지를 말하고 들을 수 있는 전화기뿐이다. 아무튼, 이런 최소한의 도구를 이용하여 전화를 거는 사람들은 회사가 제공한 수천 가지의 가능성들 중에서 자신이 원하는 정확한 정보에만 접근해야 한다. 그리고 이 시스템은 음성 메시지를 통하여 설명이나 대안을 선택하도록 하는데, 여기서 음성의 제한된 행동유도성이 문제의 핵심이다.

음성은 상대적으로 느리고, 한꺼번에 많이 들을 수 없으며, 순차적인 의사소통 매체이다. 음성은 일시적이다. 들려오는 정보는 음성메시지가 나오고 있는 동안에만 인식 가능하다. 그러므로 한 번에 제공하는 선택지들은 사람이 기억할 수 있는 양으로 한정되어야 한다. 열 개는 너무 많고 다섯 개는 사람이 집중하고 있다면 받아들일 만하다. 세 개 정도가 무난할 것이다. 세 개라고? 5백 개의 서로 다른 메시지들과 담당 부서들을 가지고 있는 회사가 이 고객에게 어떻게 제대로 안내할 수 있단 말인가? 선택지의 수를 다섯 개로 제한하는 것조차도 별 도움이 되지 않는다.

음성의 일시적인 성질은 서비스를 제한하는 한 가지 근본적인 문제이다. 말하는 속도는 별개의 문제다. 각각의 대안은 말하는 데 1~2초가 걸린다. 그러므로 세 가지 대안을 가진 메시지는 6초 정도가 걸린다. 열 가지의 대안은 20초가 걸릴 것이다. 결코 짧지 않은 시간이다. 이런 문제들에 대해서는 흔히 동시에 사용되는 두 가지 표준적인 해결책이 있다.

첫 번째 해결책은 더 많은 수의 선택지를 제시하되, 사용자로 하여금 듣자마자 원하는 번호를 누를 수 있게 권장하는 것이다. 이 방법은 기억의 용량 문제를 피할 수 있다. 각각을 듣고, 예/아니오 결정을 한 다음, 또 다음으로 나아간다. 물론, 이것은 당신이 음성을 들으면서 원하는 것을 바로 인지할 수 있다는 것을 전제로 한다. 사실, 당신이 원하는 것을 선택하기 위한 유일한 방법은 모든 선택지를 듣고 관련이 있는지 없는지를 판단하는 것이다.

두 번째 해결책은 선택 과정을 위계적으로 만드는 것이다. 최종점에 도달할 때까지 각각의 선택 세트가 다른 선택 세트를 안내한다. 처음에 n개의 선택지가 있고, n개의 선택 각각이 역시 n개의 선택지가 있는 2단계에 이르게 되면 결합된 그 두 단계는 개의 선택지가 생긴다. 3단계의 경우에는 개의 선택지가 생긴다. 수준 당 다섯 개의 선택지와 5백 개의 가능한 최종점이 있다면, 4단계가 필요하다. 흠, 총 네 가지의 단계에, 각 단계 당 다섯 개의 선택지라. 각 단계에서 선택할 것을 듣고 그 중 하나를 선택하는 데는 10초 정도 걸릴 것이라 가정하면, 원하는 위치에 도달하기 위해 듣고 버튼을 누르는 데 대략 40초 정도 걸릴 것이다. 그것도 이렇게 도달한 최종점이 당신이 원하던 그 곳일 때 이야기지만. 40초는 긴 시간이다. 시도해보라. 지금 당장 멈추고 아무것도 하지 말고 40초 동안 있어보라.

전화 시스템은 실수를 바로잡기 위해 필요한 몇 가지 결정적인 행동유도성이 결여되어 있다. 우연히, 혹은 메시지를 잘못 이해해서 잘못된 번호를 누른다고 가정해보자. 당신은 그것을 어떻게 바로잡을 것인가? 첫 번째의 경우, 실수를 하자마자 알아차릴 것이다. 물론 전화 시스템이 선택지들 중 하나를 이전 단계로 돌아가게 할 수 있지만, 그렇게 된다면, 각 단계에서의 선택지들의 수가 증가해야 하거나(내가 든 예에서는 6개) 다른 선택지들 중의 하나로 대체되어야 한다. 첫 번째 절차가 사용된다면 수준 당 시간은 12초까지 증가하고 전체 시간은 48초까지 증가한다(작업 기억에 과부하가 걸릴 확률에 따라). 두 번째 절차가 사용된다면, 사실상 수준 당 4개의 선택지만 있고 종착점에 도달하는데 4단계 대신 5단계가 필요하고 시간은 50초까지 증가할 것이다.

예를 들어, 이 문제를 설명해보겠다. 나는 셔츠 주머니에 넣어 가지고 다녀도 될 만큼 작은 월간지인 「공식 항공 가이드〔Official Airline Guide (OAG)〕」 포켓판을 구독하고 있다. 아메리칸항공은 자동화된 전화 비행정보 시스템("Dial-AA-Flight")을 보유하고 있는데 OAG(Official Airline Guide: 항공안내서로, 전 세계의 항공 시간표를 중심으로 운임, 통화, 환산표 등 여행 자료를 수록한 간행물—옮긴이) 포켓 가이드와 이 시스템이 각각 아메리칸항공의 항공편을 찾는 데 걸리는 시간을 비교해보기로 했다.

나는 캘리포니아 주 샌디에이고와 미시간 주 디트로이트 간의 항공편으로 목표를 정하고 우선, 포켓 가이드를 사용하였다. 답을 찾는 데 걸린 시간은 40초였다. 이번에는 아메리칸항공의 자동 시스템으로 전화를 걸고 음악과 음성 메시지로 된 인사를 받았다. 선택지들 중 가장 가능성 있는 항목이 교육 세션이어서 나는 그것을 선택했고, 잘못 선택했기 때문에 시간이 의미 없이 흐르지 않도록 바로 전화를 끊었다. 그 다음 다시 전화를 걸었고 이번에는 경험자를 위한 옵션을 선택했다. 드디어 두 번째 단계로 진입했다. 시스템은 잘 작동하였다. 아메리칸항공은 작업 기억 범위 안에 정보를 유지할 수 있도록 각 단계에서 둘 혹은 세 개의 선택지만을 제시하였다. 그것들을 기억해내는 데 아무런 문제가 없었기 때문에 바로 비행 스케줄과 요금 정보를 선택한 후 전화 키패드로 출발 도시와 목적지 도시의 첫 네 글자를 타이핑하였다. 전화상의 각각의 버튼은 세 글자씩 할당되어 있어 숫자 열이 애매했다(예를 들어, 샌디에이고와 샌프란시스코는 둘 다 동일한 숫자 순서로 지정할 수 있다: 7263). 그래서 다음 단계에서 애매한 선택으로 인한 선택지들 중 다시 선택을 해야 했다. 8번째 단계에서 출발을 오전에 할 것인지, 혹은 오후에 할 것인지 답했다. 아주 이상하다. 만약 내가 아직 출발 시각을 정하지 않았다면 어떻게 되는 걸까? 내가 원하는 것은 가능한 대안들을 비교하는 것이었다. 결국 하나를 선택하는 수밖에 없었다. 나는 캘리포니아에서 동쪽으로 갈 때는 거의 항상 아침에 출발하므로 오전에 해당하는 '1'을 타이핑했다.

9번째 단계에서, 드디어 내가 제일 관심 있는 비행시간을 선택해야 했다. 앗? 나는 항공편의 출발 시각을 몰랐고 바로 그것이 내가 전화를 걸었던 이유였다. 나는 눌러야 할 번호를 확신할 수 없었고, 그래서 일단 가장 이른 출발 시각을 사용하기로 했다. 오전 8시. 윽, 실수로 '8' 대신 '7'을 눌렀다. 어떻게 실수를 되돌릴 수 있지? 모른다. 들은 적도 없었다. 나는 영리하게도 "그 시간은 적절하지 않습니다. 다시 선택해주세요."라는 메시지를 기대하며 잘못된 시간을 누르기로 결심했다. '777'이라는 시간을 입력했고 기다렸다. 친절한 오류 메시지 대신, 상담사를 연결해 주겠다는 더 친절한 메시지를 들었다. 나는 전화를 끊었다. 교육 세션을 선택했던 시간을 계산하지 않은 전체 시간은 128초였다. 무려 2분 8초였고—책의 경우 보다 3배 이상 더 길다—책에서는 알고자 하는 모든 항공편을 찾았으나 전화 시스템에서는 결국 아무것도 찾지 못했다.

아직도 나는 각각의 가능한 출발시간을 타이핑하는 식의, 한 번에 하나씩 하는 방식을 택하지 않고도 전화 시스템으로 모든 가능한 항공편을 찾는 것이 과연 가능한지를 알 수 없다. 내가 출발하기를 원하는 날짜와 시간만을 말함으로써 예약을 하지는 못한다. 나는 항상 가능성의 범위를 비교하고 생각을 한 후, 여행에 대한 내 요구를 가장 잘 들어맞는 것 하나를 선택한다. 내 생각에 나는 앞으로도 여행사와 OAG를 고수할 것 같다.

고객들이 화가 나는 것은 조금도 이상하지 않다. 음성 메시지로 정보를 전달한다는 아이디어는 실제로 아주 훌륭한 것이지만 매체가 그것을 제대로 지원하지 않는다. 음성은 너무 느리고, 너무 순간적이며, 전화기의 버튼은 너무 한정적이다. 음성 메시지 시스템은 아마도 전화를 거는 사람에게 이용 가능한 장비를 바꾸게 함으로써 그 매체가 더 나은 행동유도성을 가진다면 보다 쉽게 사용될 것이다. 인쇄매체인 포켓판 OAG가 재빠른 자료 탐색과 효율적인 정보 제시에 있어서 얼마나 우수한지를 보라. 음성만으로는 어렵다. 그것은 잘못된 행동유도성을 가지고 있다. 음성은 계열적이다. 시각은 병렬적이다. 음성은 순간적이다. 인쇄된 혹은 디스플레이된 이미지들은 상대적으로 영구적이다.

만약 내 전화가 고해상도-고대비의 고화질 시각 디스플레이를 가지고 있었더라면, 음성 메시지 시스템은 시각 메시지 시스템으로 대치되었을 것이다. 그렇게 되면 나는 인간이 단순한 방법으로 쉽게 도움을 얻을 수 있으면서 다양한 선택지들로 가득 찬 페이지를 항상 사용할 것이다. 적절하게 배열된 시각적 디스플레이에 20개에서 50개에 이르는 선택지들을 제시하는 것이 어렵지는 않을 것이므로 5백 개의 선택지들을 두세 단계에 모두 포함시킬 수 있을 것이다. 읽는 것은 듣는 것보다 더 빠르므로, 디스플레이가 재빠른 검색과 쉬운 실수 교정을 할 수 있도록 적절하게 디자인되었다면(현존하는 기술의 빈약한 발전 역사를 볼 때, 정말 '만약'이다). 시각적으로 제시된 행동유도성은 서투르고 비효율적인 조작방식을 사용하기 쉬운 방식으로 바꾸어줄 것이다.

시각적으로 제시되는 시스템이 사용된다고 가정해보자. 이것이 문제들을 해결할 수 있을까? 자, 나는 이제 기술적으로 해결해야 할 또 다른 문제점을 슬그머니 내놓으면서, 사람이 다른 사람과 대화하는 것을 피하도록 만들려고 하고 있다. 여기서의 내 대답은 여전히 같다. 표준적인 해답은 없으며, 모든 것은 상황에 달려 있다. 때로는 해답에 대한 재빠르고 효율적인 접근을 얻는 것이 더 나을 때도 있다. 하지만 때로는 인간의 상호작용이 필요하기도 하다. 잘 디자인된 시스템은 두 가지 모두 제공할 것이다.

매체의 행동유도성이 차이를 만든다. 나의 단순한 분석과 테스트는 이런 음성 메시지 시스템들이 선호되지 못하는 몇몇 이유를 보여준다. 그러나 이것은 또 다른 궁금증을 불러일으킨다. 보편적으로 선호되지 않는다면, 왜 이런 시스템들이 여전히 사용되는가? 왜 그 수효가 증가하는가? 왜 기술을 그렇게 부적합하게 사용하려고 노력하는가? 그 해답은 이러한 시스템이 기업의 이익에 공헌한다고 생각하기 때문이다. 이러한 시스템들은 직원들을 똑같이 표준적인 질문을 하는 무수한 고객들의 연속 포화로부터 해방시키고, 수많은 고객센터 담당자들과 서비스 운영자들에게 드는 비용을 절감시켜 준다. 물론, 이 때 그 시스템에 의해 좌절되고 화가 난 고객들에 대한 비용은 무시된다. 이 시스템을 폐지하도록 명령한 한 회사 간부는 그것을 직원들에게 이렇게 표현했다. "여러분의 시간이 고객들의 시간보다 더 가치 있다는 셈이군."

음성 메일과 음성 메시지 시스템이 제대로 사용될 수 있는 상황이 있다. 그것들은 개인적인 메시지를 전달하는 훌륭한 수단이 될 수 있다. 어떤 사람이 내게 말하기를, 영화와 극장 스케줄에 대한 정보를 제공하는 시스템으로서는 현존하는 다른 어떤 방법보다 더 뛰어나다고 했다.(나는 시험해볼 기회가 없었다.) 그 기술은 적절한 과제에 맞는 적절한 상황에 잘 사용될 수 있다.

통상적으로 기술은 일련의 득과 실이 있다. 각각의 장점은 단점에 의해 상쇄되기 때문에 장점이 단점을 능가하는지를 판단하는 것이 필요하다. 흔히 그 교환은 사람들마다 각기 다를 수 있다. 기술의 결함으로 고통 받은 사람들과 이득을 얻은 사람들이 동일한 사람이 아닐 때 큰 문제가 발생한다. 전화 시스템에서 이득은 회사에, 부담은 사용자들에게 떨어졌다. 나는 이런 종류의 교환을 처음 제안했던 조나단 그루딘의 이름을 따서 그루딘의 법칙이라고 부르고자 한다.

그루딘의 법칙: 이득을 얻는 사람들이 그 일을 하는 사람들이 아닐 때, 그 기술은 실패하거나 최소한 사라질 것이다.

그루딘의 법칙은 음성 메시지 시스템에 매우 정확히 적용된다. 이 시스템은 아마 급격한 종말을 고할지도 모른다.

제5장
인간의 마음

몇 년 전만 해도, 나를 포함한 많은 과학자들은 우리가 과학의 대약진 시대에 있다고 생각했다. 곧 인공지능 기계들을 만들 수 있을 것 같았다. 정보 이론, 인간의 문제 해결, 언어에 대한 우리의 이해가 진보함에 따라, 성능의 한계가 있기는 하겠지만, 문제를 해결하고, 질문에 답하고, 정보를 다룰 수 있는 그런 기계들이 등장할 것 같았다. 저명한 과학자들이 예견했듯이, 기계가 인간의 지능을 능가하거나 같아질 날은 오래 걸리지 않을 것이다.

과학이란 바로 그런 것이다. 과학자에게 귀를 기울이는 동안 명심해야 할 점은 그들은 매우 보수적인 동시에 매우 급진적이라는 것이다. 과학자는 새로운 결과나 선언을 믿지 말고 생소한 현상이나 관찰에 관한 첫 번째 보고를 의심하도록 교육받았다. 반면, 한번 과학자들이 그러한 발견을 믿게 되면, 모든 의심은 사그라든다. 즉, 그들은 모든 문제를 풀 열쇠를 찾았다고 믿는다. 몇 년만 지나면, 우주의 또 다른 비밀이 밝혀질 것이라는 듯이.

살아 있는 정상적인 뇌세포의 전기적 신호를 기록할 수 있는가? 만세, 우리가 뇌에 대해서 완전히 이해할 날이 다가왔도다! 당구공이 어떻게 부딪치고 튀는지 이해하는가? 만세, 우리는 우주의 움직임을 거의 이해하게 되었도다! 사람보다 어떤 게임을 잘할 수 있고, 어떤 수학의 정리를 증명하고, 간단한 문장을 이해할 수 있는 기계를 만들 수 있는가? 만세, 우리는 인간의 사고를 복제하게 되었도다!

과학자의 자만은 어쩌면 필요한 것일지도 모른다. 즉, 그들은 무엇인가 매우 중요한 어떤 선상에 있다고 믿으면, 탐구, 논쟁, 논의, 연구에 그들의 모든 삶을 노예처럼 바칠 것이다. 자신감은 그들을 지탱하며, 분발시키고, 연구에 힘을 쏟게 한다. 신념이 없으면 사기는 떨어지고, 연구는 시들해지게 된다. 자신감은 반드시 필요한 인간의 정신적 조건이다. 즉, 자기에 대한 신념, 자기 행동에 대한 신념 등이 필요하다. 사람들이 자신이 하는 일을 잘 믿는데, 심지어 모순된 증거가 있거나, 그 반대 입장을 지지하는 사람이 있는 경우에도 그렇다. 강한 믿음은 인간의 활동에 중요하다. 그렇지 않으면, 왜 우리가 그렇게 많은 일들을 하겠는가?

과학적 진보는 인간의 애착과 감정적 믿음 때문에 발생할지 모른다. 하지만 아이러니는 인간 인지에 관한 과학이 인간 진보를 아주 재미있고 흥미롭게 만드는 바로 그것들을 무시한다는 점이다. 그 대신 인지과학은 잘 통제된 실험을 통해 연구, 측정, 재현할 수 있는 일에 초점을 두었다. 사회적 상호작용, 유머, 감정, 창의성의 대부분은 다루지 않는다. 또한 정신물리학(감각 체계의 민감도), 반응시간(사람들이 얼마나 빨리 불빛과 소리에 반응하는가?), 기억(단어의 목록이나 신중하게 만들어진 이야기), 문제 해결(잘 정의된 작은 퍼즐)을 다룬다. 마음은 강력한 정보처리기로서 취급된다. 눈과 귀로 정보가 들어오고 동작과 언어가 밖으로 나간다. 그 중간에, 들어오는 감각 정보는 전기 화학적 표상으로 전환된다.

과학에 대한 이런 경직된 접근은 나름대로의 장점을 갖는다. 우리는 인간 인지에 대해 많은 것을 알게 되었다. 문제는 현재 알고 있는 것보다 알아야 할 것이 훨씬 더 많다는 것이다. 인간은 엄청나게 복잡한 피조물이다. 작은 크기이지만, 뇌는 약 개의 개별적 신경세포로 이루어져 있고, 하나의 세포는 평균 10,000개의 다른 세포와 연결되어 총 약 개의 연결이 있음을 생각해볼 때, 뇌는 정교한 장치다. 만일 각 세포가 1초에 단 10번만 전기 자극을 보낸다고 치면, 결국 모두 초당 번의 자극이 있는 셈이다. 이(1 다음에 0이 열일곱 개가 붙는) 숫자는 상상도 못할 만큼 큰 숫자이다. 게다가, 그것만이 전부가 아니다. 뇌는 모든 종류의 액체들을 내보낸다. 화학물질들이 신경세포를 적시고 있으며, 호르몬들이 여기저기에서 흘러나온다. 「사이언티픽 아메리칸(Scientific American)」지에서 인간의 뇌를 '우주에서 알려진 가장 복잡한 구조'라고 표현할 만 하다.

그러나 단순히 뇌에서 일어나는 인지 작용보다 우리는 알아야 할 것이 더 많다. 왜냐하면 우리는 사회적이며, 상호작용하는 존재이기 때문이다. 인생에서 중요한 많은 일들은 머리 밖에서, 세상과 상호작용하는 가운데, 다른 사람과 상호작용 속에서 벌어진다. 과학도 마찬가지다. 과학의 가치 체계는 수년 동안 과학자로 하여금 유망해 보이지만 결국 방향을 잘못 잡아서 성과가 없을지도 모르는 탐구를 끝까지 추구하도록 자극한다. 마찬가지로 인간 활동의 중요한 많은 부분이 단지 개인의 머리속에서 일어나는 활동만이 아니라 사회적 상호작용과 공유된 지식과 믿음을 통해 일어난다.

우리가 인간과 똑같은 능력을 지닌 기계를 만들기 위해서는 갈 길이 멀다. 어떤 관점으로 바라보느냐에 따라 이 말이 낙관적으로, 혹은 비관적으로 들리겠지만 인간과 기계는 닮은 점보다 다른 점이 훨씬 많다. 나는 현 상태가 대체로 괜찮은 편이라고 생각한다. 다시 말하면, 우리의 능력을 보완할 기회가 있다는 것이다. 기계는 인간의 뇌와는 아주 다른 원리로 작동되는 경향이 있어 기계의 강점과 약점은 인간과 매우 다르다. 결과적으로, 기계의 강점과 사람의 강점, 이 둘은 서로 보완할 수 있으며, 그 결합은 각각의 경우보다 더 효과적이고 강력해질 가능성이 있다. 만일 우리가 올바르게 디자인한다면 말이다.

기계들과 과학적 추론은 논리적이고 일관적인 경향이 있다. 산술, 수리적인 인공 언어가 기계에는 적합한 반면, 사람의 자연어는 그렇지 않은 것이 당연하다. 인공 언어는 정밀하고 형식적인 구조를 지닌다. 인공 언어를 쓰기 위해서는 따라야 할 규칙이 많기 때문에 수년간 연습과 교육이 있어야만 사람들이 편안하게, 그리고 능숙하게 사용할 수 있다. 수리적 조작은 사람에게 자연스러운 것이 아니며, 상당한 훈련을 해야 할 뿐만 아니라, 외부의 인공물(종이와, 연필, 수치표, 계산기, 컴퓨터)의 도움을 받고서도 착오를 일으키기 쉽다. 기계는 산술과 규칙에는 아주 유능하며, 물리적으로 고장이 날 때만 오류가 발생한다.

인간은 패턴이나 사건들에 의해 조종되는 경향이 있으며, 또한 아주 감정적이다. 우리는 타인의 문제에 공감하거나, 동정하거나, 비판한다. 우리는 판단을 내리고, 이유를 찾으며, 해석하고 이해하려고 한다. 인간의 언어는 수학적 기준으로 보면 너무나 복잡해서, 그것의 많은 속성들을 과학적으로 묘사하기는 여전히 어렵다. 그럼에도 불구하고 거의 모든 사람들은 학교 교육이나 어떤 공식적 교육 없이도 힘들이지 않고 모국어를 구사한다.

인간의 뇌가 기계와 아주 다른 방식으로 움직인다는 점에 대해 놀라서는 안 된다. 어쨌든 양자는 매우 다른 원리들로 작동하며, 심지어 가장 복잡한 컴퓨터조차 뇌의 역량과 비교해보면 보잘 것 없다. 그러면 사람과 동물의 차이는 어떠한가? 결국, 인간의 뇌는 유인원의 뇌와 아주 닮지 않았는가?

인지 연구자들은 유인원의 판단력보다 인간 이성이 매우 탁월하다는 사실에 오랫동안 궁금증을 가져왔다. 왜냐하면 생물학적 관점으로 보아 고릴라, 침팬지를 포함한 유인원류는 인류와 아주 유사하기 때문이다. 그럼에도 불구하고, 인간은 언어를 사용하고, 사고를 하며, 지식을 축적해가고, 커다란 협동 사회를 구축했다. 게다가 기술을 만들어내고 발전시키기까지 한다. 실제로 유인원도 비록 제한적이지만 이 모든 것을 한다. 단지 그들의 도구는 개미집에서 흰 개미를 잡는 데 쓰는 꺾은 나뭇가지나, 나무 열매를 깨는 데 쓰는 돌멩이들처럼 비교적 단순하다. 그들의 협동 전략은 한정적이며 자연스러운 언어 사용은 아주 제한되어 있다. 다양한 과학적 실험 언어를 배운 유인원조차 새롭고 구성적인 방식으로 언어를 사용할 수 있는 범위가 매우 제한적이다.

인간의 뇌는 유인원의 뇌에 어떤 여분의 무엇인가가 추가된 것이다. 진화는 기존의 구조를 수정, 보완하며 진행되고, 우리가 유인원에 비교적 가까울지라도, 우리는 그들의 계통을 잇지 않았다. 더 정확히 말하면 유인원과 인간은 약 6~8백만 년 전에 같은 조상에서 따로 갈라져 나왔다. 수정과 보완을 거쳐서 결과적으로 우리의 뇌는 유인원의 뇌와 달라졌다. 우리의 성대 구조도 달라졌으며, 그 때문에 빠르고, 유창한 말소리를 생성할 수 있게 되었다. 인간의 운동 기술 또한 더 정확하고 세밀하게 움직일 수 있다. 우리 뇌는 유인원에게는 없는 능력을 가지고 있다. 그 중 가장 중요한 것은 반성적인 사고를 한다는 점이다.

인간에게만 있는 독특한 지적 능력의 일부를 살펴보자.

- 예술
- 게임과 스포츠
- 유머와 농담
- 언어의 발명과 그것의 창의적이고 구성적인 사용 모두
- 음악
- 종교적 의식
- 풍자(무언극, 그림, 말을 사용)
- 학교 교육, 그리고 축적된 지식과 문화, 거기에서 한 세대의 발견이 다른 세대로 전해지며 이전의 발전 위에 새로운 성취가 쌓인다
- 스토리텔링
- 아름다움에 대한 평가

이것들은 상당한 기술이자 능력이면서 동물이나 기계가 할 수 없다. 이 모든 능력들은 최초의 지식과 그 다음의 상위 지식을 표상할 수 있는 정교한 마음과, 표상을 형성하고 한 표상을 다른 것과 비교하고, 세상의 사건들을 인과적으로 설명을 할 수 있는 능력을 필요로 한다. 우리는 자신과 타인의 필요, 동기, 욕구, 능력을 표상할 수 있다. 우리 마음의 힘은 다른 사람의 관점을 고려할 수 있는 능력을 포함한 마음의 표상적 능력에 있다. 우리는 타인의 행동을 그들의 의도와 욕구 때문이라고 생각하는데, 이것은 곧 우리가 자신과 타인의 마음에 대한 이론을 가지고 있음을 뜻한다. 인간은 설명하는 존재다. 우리는 세상사와 자신과 타인의 행동 대한 이유와 원인, 설명을 찾으려고 한다. 그리고 이러한 설명들이 대표적인 시

나리오들로 구성되어 '정신모형'을 창조한다. 정신모형은 우리가 이전 경험을 이해할 수 있도록 하고, 미래의 경험을 더 잘 예견할 수 있도록 한다. 정신모형은 또한 새롭고, 위험스런 상황에서 무슨 일을 예측하고 어떻게 대응할지를 아는 데 지침이 되며 도움을 준다.

진화, 동물 지능, 발달중인 인간 유아의 능력, 사람의 표상적 능력에 대한 현대 연구들은 인간 지성의 발달을 야기시키는 요인들에 대해 응집적이고, 일관성 있는 이해를 제공하는 방향으로 모아지기 시작하고 있다. 아래는 지금까지 수집된 몇 가지 연구 결과들이다.

- **사회적 상호작용:** 아주 유능한 동물만이 제대로 속일 수 있다. 왜냐하면 어떤 행동이 다른 동물을 속게 만드는지에 대한 지식을 필요하기 때문이다. 즉 속인다는 것은 다른 동물의 지식에 대한 지식이 전제 조건이다.

  마찬가지로, 가장 진보된 동물만이 진정한 협동적 사회 행동을 할 수 있다. 물론 곤충은 사회적 동물이며, 집단의 생존을 위해 함께 움직인다. 하지만 이것은 계획되거나, 의도된 것이 아니다. 인간의 협동은 의도적이고 계획된 것이다. 심지어 인간은 협동을 지속시키기 위해 정부와 법적 구조를 고안하기까지 했다. 그 결과 대부분의 인간은 복잡하고 협동적인 사회에서 살고 있으며, 통합된 집단의 효과는 개인의 역량을 훨씬 능가한다. 당연히 개인들 간에 경쟁과 다툼도 있으며, 가끔 경쟁 사회 간의 치열한 전쟁도 있다. 그럼에도 불구하고 우리의 사회적, 협동적 노력이 인간 문명의 본질적인 부분이라는 사실은 변하지 않는다. 이것이 우리가 자연을 극복하고 기아, 홍수를 이겨내는 방법이다. 이것이 우리가 지식과 교육을 발전시키는 방법이며, 각 세대가 이전 세대의 얻은 교훈을 공식적인 학교 교육으로 발전시키는 방법이다. 우리는 성공적으로 생존해왔고, 시간의 상당한 부분을 예술, 문학, 스포츠, 오락 등의 즐거움을 추구하는 데 소비한다. 어떤 다른 동물도 그러한 사치스러움이나 능력을 갖지 못한다.

- **가르침:** 다른 동물은 모방을 통해 배우는데, 모방은 가르치는 자가 아닌 배우는 자 측에서의 기술을 필요로 할 뿐이다. 인간만이 가르치는 방법을 고민한다. 즉 배우는 사람이 쉽게 학습하기 위해서는 주제가 어떻게 제시되고, 단순화되며, 기본 개념들은 어떻게 분류되어야 하는지를 연구해왔다. 학교에서든지, 교사를 둘러싼 집단이든지 도제 교육이든지, 인간만이 정규 교육을 받는다.

- **인공물:** 많은 동물들이 도구를 쓰지만, 제한된 방법으로만 사용한다. 동물의 도구 사용은 복잡하거나 다양한 구성 요소가 있는 것이 아니라 단순한 도구에 제한되어 있는 듯이 보인다. 동물들은 사람이 하듯이, 도구 제작에 도움을 주는 도구를 만들지는 못한다. 인간의 복잡한 도구에는 전문 기술과 재료가 필요하다. 또한, 인간만이 인지적 인공물을 가지고 있다.

인간 지능의 기원

한 중요한 책에서 심리학자 머빈 도널드는, 인간 지능은 일련의 진화적 단계들을 거쳐 그것의 힘이 외적, 인공적 표상에 크게 의존하는 현재의 형태로 진화했다고 주장한다. 도널드는 인간은 실제로 유인원보다 세 단계 위에 있다고 주장한다. 특히, 그는 유인원은 주로 일화적 기억구조를 지녔다고 주장한다. 따라서 복잡한 사건을 경험할 수는 있지만, 그런 사건에서 비약적인 추상화를 이끌어낼 수는 없다.

도널드가 보기엔 인간 지능은 아주 순차적인 방식으로 진화했다. 보통 진화는 기존의 구조가 조금씩, 느리게 변화하며 이루어진다는 것을 주목하라. 각 세대의 동물은 이전 세대에 비해 아주 작은 변화만을 보여줄 뿐이다. 결과적으로, 큰 변화가 일어나기 위해서는 만 년, 십만 년, 또는 심지어 수백만 년 이 걸린다. 진화론적 관점에서 천 년은 단지 일순간일 뿐이며, 거의 눈에 띄지 않는다. 그러나 각각의 변화는 살아남을 수 있어야 한다. 즉, 만일 당신이 유인원과 같은 어떤 조상으로부터 오늘에 이르기까지의 진화 사슬을 추측해보고 싶다면 변화들 간의 거대한 진화 순서를 보여야 한다. 또 각각의 변화는 선조로부터 이어받은 것으로 기능적이어야 하고, 종들 간의 경쟁에서 살아남을 수 있어야 한다.

공학에서는 이것을 고치고, 저것을 덧붙이는 식으로 낡은 것을 수선하여 새 장치가 만들어졌을 때, 그것을 '때우기'라고 부르는데, 그것은 구조화되지 않은 부분들의 우연한 집합임에도 불구하고 기능은 만족스러운 것을 말한다. 훌륭한 과학자와 기술자는 '때우기'를 믿지 않는다. 그들은 새로운 기계를 만들 필요가 있을 때, 처음부터 다시 시작한다. 이것은 오래 걸리기는 하지만, 그 결과로 잘 구성되고, 이해하기 쉽고, 수리하기 쉬운 장치를 만들 수 있다. 진화는 과학적 방법으로 진행되지 않았다. 진화는 '때우기'로 이루어졌다.

앞에서 언급했듯이, 인간은 유인원에서 진화하지 않았다. 즉, 인간과 유인원은 약 600~800만 년 전에 공통 조상을 가졌는데, 둘 다 그때 이후로 상당히 진화했다. 그러므로 진화적 순서를 추측해볼 때, 우리는 우리가 어디에서 갈라졌는지는 알지만, 첫 시작점이 어디인지, 현재로 오는 과정에 어떤 단계가 있었는지를 알지 못한다. 여전히, 우리는 유인원과 침팬지가 출발점에서 우리보다 더 유사하였으며, 그래서 그들의 능력을 관찰함으로써 우리의 공통 조상에 관한 증거를 얻을 수 있다고 가정한다. 이것이 도널드가 생각한 경로이다. 그는 인간 인지의 발달에서 진화의 네 단계를 가정한다.

1. 일화적 기억: 어쩌면 이것은 유인원과 인간의 공통 조상의 인지적 수준일 것이다. 이 단계의 인지에서, 동물은 세상의 사건에 대한 정신적 표상을 형성하는 능력이 제한되어 있다. 특히, 그들은 특정한 일화와 세상의 상태를 기억하는 능력이 제한되어 있어서, '일화적 기억의 단계'라고 이름이 붙여졌다. 나는 이것을 '경험적 단계'라 부를 것이다.

2. 모방: 우리는 일화적 단계에 있는 동물을 직접 관찰할 수 있는데, 이제는 인간 진화에 대한 가설적 단계로 옮겨가 보자. 즉, 몸짓 표현—모방의 단계가 그것이다. 여기에서 내적 표상을 형성하는 능력은 욕망과 욕구를 포함하게 되는데, 이러한 욕망을 뛰어넘기 위해 몸을 움직여 표현하는 것이다. 처음으로 의도와 심적 상태에 관한 세련된 의사소통이 가능하게 된다.

3. 신화: 몸짓 표현은 언어로 나아가는 첫 단계다. 인간의 인지적 진화에서 두 번째 단계는 여전히 가설적이지만 언어 발달의 단계인데, 여기에서 몸짓은 언어를 발생시켰다. 이제, 처음으로 동물들은 풍부한 개념과 생각을 서로 전달할 수 있게 되었고, 이는 집단적 계획과 활동에 큰 역할을 했다. 언어 및 증가된 표상 능력으로 인생의 사건들에 대한 설명을 제공하는 신화, 이야기가 읊어지게 되었다.

4. 외적 표상: 마지막 단계는 현대 인간의 단계이다. 오늘날 동작으로 표현하고, 언어를 쓰고, 사유하는 능력은 기록하는 힘과 외적 표상 및 도구를 통해서 확장되었다. 달리 말해서, 오늘날의 세계에서, 우리는 진화를 우리 손으로 떠맡게 되었다. 내가 '인지적 인공물'이라 부른 외부적 도구를 이용함으로써 우리의 능력은 생물학적 유산만으로 가능한 한도 너머로 확장될 수 있다. 인간 진화의 미래는 이제 기술을 통해서 열릴 것이다.

표상은 이러한 분석에 중요한 역할을 한다. 그런데 마지막 단계의 '외적 표상'을 제외하면, 나머지는 표상과 모두 관련 없지 않냐고 의아해할 수 있다. 아니다. 당연히 지능형 두뇌의 핵심 요소는 동물이 지닌 내적 표상이며, 그러한 표상들에 작용하는 처리 과정의 본질이다. 동물의 내적 표상에 대해 어떤 조작을 할 수 있을까? 동물은 이러한 표상을 얼마나 잘 알고 있을까? 자각과 의식의 발달은 인간 지능의 진화에서 결정적인 단계다.

사회적 상호작용은 혼자 행동할 때보다 더 많은 것이 필요하다. 한 고립된 동물은 단지 세상의 현재 상태가 어떠한지, 과거의 경험들에 기초해서 미래를 예견할 수 있으면 된다. 그러나 무리지어 사는 동물들은 서로에 동기화되어야 하고 협동을 배워야만 한다. 비비원숭이처럼 고도로 사회화된 동물은 매일 상당한 시간을 사회적 역할을 수행하는 데 보낸다. 효과적인 상호작용을 위해서 각 동물은 다른 동물이 알고 있는 것과 계획하는 것을 배워야 한다. 이러한 능력은 모든 동물 가운데 인간이 가장 고도로 발달하였으며, 다음으로 유인원, 고래(돌고래를 포함해서)등이 발달하였다.

단순한 동기화와 협동에 반드시 많은 지력이 필요한 것은 아니다. 개미는 정말로 놀랍도록 다양한 작업에서 협동하지만, 이러한 협동은 함께 일하고자 하는 의식적 욕구의 결과가 아니라, 선천적인 신경 체계 회로의 역할이다. 개미는 단순히 그들이 지각하는 상황에 반응한다. 즉, 외관적 협동은 실제로 개개의 반응성을 통해 형성된 자동적 패턴의 결과일 뿐이다. 비슷한 방식으로, V형으로 날아가는 새들이나 역시 같은 방식으로 헤엄치는 물고기 떼가 만드는 질서 잡힌 패턴도, 그 밖의 것들도, 전체 패턴에 대한 지식이나 V형이나 떼를 이루려는 의식적인 시도로부터 생기는 것이 아니라 상황에 대한 아주 단순한 개별적 반응들로부터 나오는 것이다. 만일 각 동물이 다른 동물의 조금 뒤에서, 바깥쪽을 유지하도록 난다면, V형에 대해서 새들이 아무것도 모름에도 불구하고, 자동적으로 V형 패턴이 나타난다. 이런 단순한 행동은이 반드시 V형을 보장하는 것은 아니라고 지적할지 모르지만, 어쨌든 새들도 언제나 V형을 이루어 날지는 않는다. 이것은 미리 설정된 간단한 행동이 어떻게 정교한 행동으로 이어질 수 있는지를 확실히 보여준다. 이러한 내재된 협동적 패턴에 따른 문제는 그 패턴들이 고정되어 있고, 변하지 않는다는 것이다. 협동이 필요하지 않은 상황에서조차 그 패턴은 바뀌지 않는다. 진화적인 생물학적 협동(미리 설정된 것)을 의도적, 인지적 협동과 구별해주는 것은 바로 이러한 융통성의 부족이다.

진정한 협동은 어떤 종류의 공유된 지식과 협동하려는 의식적 욕구를 필요로 한다. 가르침을 생각해보자. 어떤 부모는 아이가 그 행동을 볼 수 있는 곳에서 일을 함으로써 아이를 가르칠 수 있는데, 아이가 흉내 낼 수 있는 능력이 충분하다면 단지 반복함으로써 간단히 배울 것이다. 이러한 종류의 가르침은 부모가 아이의 정신 상태에 관여할 필요가 없다. 하지만, 아이가 잘못 흉내 냈을 때를 가정해보라. 부모가 아이의 행동을 지도할 수 있겠는가? 부모가 연속된 복잡한 행동을 더 단순한 단계들로 쪼개어 그 구성 요소별로 따로따로 훈련시킨 다음, 각 구성 요소들을 함께 묶도록 감독할 수 있겠는가? 이런 일이 가능하려면 아이의 정신 상태에 대한 이해가 있어야 한다. 즉, 아이에게 적절한 지식이 부족하다는 것과 부모의 행동이 아이에게 바로 그 지식을 줄 수 있다는 것을 알아야만 한다. 사람들은 이것을 할 수 있지만, 다른 동물들은 할 수 없다(글쎄, 영장류 동물학자는 어쩌면 침팬지는 할 수 있다고 말할지도 모른다).

도널드는 진정한 의사소통은 다른 사람의 지식을 표현할 수 있는 이런 능력을 요구한다고 주장한다. 침팬지가 흉내를 낼 수 있을지라도, 그들은 다음 단계인 모방은 할 수 없다. 모방은 다른 이에게 정보를 전달하려는 의도가 있다는 점에서 흉내와 다르다. 흉내는 단순히 다른 이의 행동을 되풀이하는 것이다. 모방은 의사소통이라는 의도적 행동이다.

평소에 아내와 내가 조깅할 시간이 되었을 때, 나는 때때로 몸짓으로 내 뜻을 전한다. 내가 집 안에 있고, 아내는 밖에 있다고 생각해보라. 나는 창문으로 가서, 내 아내의 주의를 끌기 위해 유리창을 노크하고, 그 다음 내 시계를 가리키고, 몇 초 동안 제자리에서 뛴다. 내 아내에게, 노크는 여기 좀 봐달라는 것과 시계를 가리키는 것은 시간과 관련됨을 뜻한다. 이것을 달리기 시늉과 결합하면, 메시지는 분명해진다. "조깅하러 갈 시간이오."

모방을 하는 것은 굳이 복잡한 언어를 쓰지 않고도 다른 이에게 생각을 전달할 수 있게 해준다. 이것이 도널드가 영장류 지능 이상의 다음 단계로 모방의 단계를 설정한 이유다. 그것은 일단 언어만큼 진보된 단계는 아니지만, 가장 진보된 동물이 할 수 있는 것보다 더 진보한 단계이다.

모방은 강력한 의사소통 도구다. 그러나 그것은 언어와 비교할 때 의미 전달이 한정적이다. 몸짓으로 표현하는 것은 그것이 전달할 수 있는 생각들의 폭이 제한되어 있다. 특히 미래의 가설적, 상상적 상태를 표현하는 것은 어렵거나 불가능하다. 사실, 현대의 모방은 이러한 한계를 초월한다. 그러나 이것은 이미 우리가 언어를 바탕으로 교육을 받았고, 그 안에 확립된 관습이 있기 때문이다.

언어는 생각을 표현하는 강력한 도구다. "하늘이 파랗다."와 같은 문장은 단도직입적이며 이해하기 쉽고, 하늘을 먼저 가리키고 다음에 파란색 대상을 가리키는 모방과 별반 다르지 않아 보인다. 그러나 언어는 현재의 상태에 대한 단순한 진술을 뛰어넘게 해 준다. 우리는 "나는 어제처럼 오늘 날씨가 덥지 않았으면 좋겠어."라고 말할 수 있으며, 이 말로써 아직 일어나지 않은 오늘의 날씨와 기억 속의 어제의 상태를 비교하고, 우리의 희망과 욕구까지 의사소통할 수 있다. 그러한 생각을 언어 없이 표현할 길은 없다. 오직 인간만 가능하며, 다른 동물은 어림도 없다.

복잡한 계획을 세우는 것도 인간의 탁월한 정신적 활동의 결과이다. 계획 세우기는 행동의 몇 가지 선택 경로를 고려하여, 각 대안이 함축하고 있는 바를 재고, 비교하고 그 다음에 선택하는 것이다. 예를 들어 동물들이 공중에 매달린 물체에 닿을 수 있도록 물건을 쌓는 것과 같은 계획을 세울 수 있을지는 몰라도 체스 두기는 불가능하다. 물건 쌓기부터 체스 두기까지의 지적 도전들 중 어느 지점에서 실패하는가는 중요하지 않다.

주목할 것은 그들의 뇌 구조가 그러한 복잡성을 지원해주지 못한다는 점이다.

그러한 계획 세우기는 매일의 행동에서, 추리에서, 무언가를 어떻게 말해야 할지를 고르는 데에서도 쓰인다. 앞서 살펴보았듯이, 속임수에 대한 연구는 여러 동물의 뇌의 능력의 한계를 드러내 준다. 즉, 인간 수준에서 누군가를 속인다는 것도 마찬가지로 계획 세우기와 분석을 필요로 한다. 다행스럽게도, 강력한 지능은 속이기뿐만 아니라 협동하거나 지원하는 행동에도 역시 쓰일 수 있다.

도널드는 행동의 몇 가지 가설적 경로를 고려하고 비교하는 것을 포함하여, 진화의 모방적 단계까지만 발달한 동물에게는 복잡한 계획 세우기와 같은 능력은 가능하지 않다고 주장한다. 내 표현을 빌리자면, 깊은 반성적 사고가 불가능하다는 것이다. 이러한 능력에 대해서 도널드는 또 다른 진화적 단계를 가정한다. 이것이 신화 구전의 단계로 서로 연결되고, 조리 있는 이야기를 하는 단계이다.

진화 과정의 정확한 본질이나 유인원과 인간의 면밀한 비교에 대해서 이런 고찰을 길게 할 필요는 없다. 중요한 점은 비록 일정 부분 한계가 있더라도 인간은 외적 인공물의 도움을 받아 확장시킬 수 있는 풍부한 표상 능력이 있다는 것이다. 인간의 뇌도 무수히 많은 사전 계획을 세울 수 없다는 점에서 역시 한계가 있음을 유념하라. 우리의 작업 기억 용량은 제한되어 있다. 우리 머리로 복잡한 문제를 해결하기란 무척 어렵다. 우리는 시와 음악, 예술과 과학, 수학과 논리학을 발명했다. 이러한 모든 것은 인공적인 장치, 인공물을 통해서 강화될 수 있었다. 인간은 사고를 도울 수 있는 외부 장치를 고안함으로써, 지력의 한계를 극복해 왔다. 우리는 마음의 표상적 힘을 인지적 인공물을 통한 외부적 구조물과 표상들을 통해서 확장할 수 있다. 이 점이 도널드와 내가 현재와 미래의 인간 마음의 진정한 힘은 기술에 있다고 믿는 이유다. 기술을 통해서, 우리는 자신의 인지 능력과 결합된 외적 표상들과 시스템을 발전시키고, 가능성을 훨씬 넘어서는 달성을 이룩할 것이다.

인간의 인지

인간은 탁월한 지각적 존재다. 체험적 방식은 우리들이 좋아하는 작업 방식이다. 패턴을 보고 즉각적으로 이해하라. 이것은 숙련자로 하여금 신속한 이해, 반사적인 반응, 아주 빠른 진단을 하도록 만드는 것이다. 이런 상태를 묘사하기 위해 심리학에서 쓰이는 또 다른 흔한 말은 '주어진 정보를 넘어서기'다. 정보의 단편만 보고도 우리는 즉각적으로 전체를 인식한다.

걸려온 전화의 첫 몇 마디만 듣고도 상대방을 알아챈 적이 몇 번이나 있는가? 우리는 종종 첫 소절만 듣고도 무슨 노래인지, 때때로 가수와 밴드를, 혹은 오케스트라와 지휘자를 알아챈다. 또 우리는 기침 소리나 발걸음으로 가족이나 친구를 알아차릴 수 있다. 이것은 놀라운 재능이지만, 동시에 위험할 수도 있다. 왜냐하면 실제로는 그 단편들에 확실한 보증을 할 수 있을 만큼 충분한 정보가 있는 것은 아니기 때문이다. 보통은 우리가 마주치기 쉬운 사건들이나 사람의 수는 한정되어 있기 때문에 빠른 판단이 가능하다. 더욱이 그 사건들은 골고루 일어나지 않는다. 즉, 어떤 것은 다른 것보다 훨씬 빈번하다. 우리가 아주 빨리 확인할 수 있는 것은 그렇게 빈번한 사건들이다. 빈번하지 않은 사건들에도 같은 방식을 적용하는 것은 쉽지 않다.

빈번하지 않은 사건들에 얽힌 문제는 그것들이 정말로 드문 일이라는 점이다. 그런 사건들이 발생했을 때, 재빨리 가동되는 우리의 인식 장치는 벌써 행동을 개시하여 우리가 이미 알고 있던 것으로, 더 자주 마주쳤던 것으로 분류해버리기 십상이다. 더욱 심각한 문제는, 우리는 보통 처음의 판단이 옳다고 확신하여 좀처럼 그것을 의심하지 않는다는 점이다. 이런 경향은 어떤 유형의 오류를 이끌어낼 뿐만 아니라 오류를 발견하기 어렵게 한다. 나는 이 점을 곧 '터널 시각'의 논의에서 살펴보겠다.

우리의 많은 의사 결정과 문제 해결의 방식은 현재 상황을 이전의 경험과 비교하는 유추에 의해서 이루어진다. 어떤 종류의 이전 경험인가? 그것은 중요한 특징들이 들어맞는 것이거나, 기억이 쉽게 나는 것이다. 그러나 인간의 기억에도 흠이 있다. 쉽게 기억나는 것은 두 가지 특징들, 즉 그것이 최근에 일어났거나, 어떤 독특한 감정적 영향을 지니는 것 중 하나를 가지고 있기 마련이다. 그러므로 우리는 최근의 사건, 횡재한 예들, 큰 재난들을 기억한다. 만사가 정상적으로 흘러가고 주목할 만한 일이 없을 때, 일상의 사건들은 그리 쉽게 기억되지 않는다. 잠시 동안 그것을 고찰해보자. 만일 우리가 기억들에 기초해서 결정을 내리며, 주로 독특하고 최근의 일이 기억난다면, 이것이 의사 결정의 질에 대해서 뜻하는 바는 무엇인가?

이야기의 힘

나는 미국 기업의 고위급 비즈니스 회의에서 종종 일어나는 우스꽝스러운 일들을 기억한다. 중요한 결정을 내리는 방법이라고 들은 것과 실제 사이의 모순을 보면 웃음이 나온다.

우리는 모든 관련 사실에는 충분히 주의를 기울이고, 무관한 일은 무시함으로써 중요한 결정을 논리적으로 내려야만 한다고 듣는다. 미안하지만 바로 그 사실들이 문제다. 만약 그 관련 사실들을 모두 알 수 있다면, 그제서야 우리는 결과에 대해서 논리적으로 생각할 수 있고, 지능적으로 결정할 수 있다.

내 경험으로 보건대, 항상 일이 그렇게 진행되는 것은 아니다. 사실, 중요한 결정은 배경 정보를 고려해서 내려진다. 각 참석자는 수치, 수표, 계산 값, 비용 추정치 같은 것으로 가득한 서류 뭉치를 건네받는다. 보통 의사 결정에 앞서 공식적인 발표가 있는데, 이는 차트, 프레젠테이션, 컴퓨터를 활용하여 칠판 앞에 서 있는 열정적인 젊은 중역들이 주도한다. 스크린은 환상적인 그래픽으로 가득하고, 여러 수치들과 공식적 예측이 가득하다. 당연히 그래야 한다고 교과서에서 언급된 모든 것이 들어가 있다.

나는 꼭 그런 경우에 해당하는 미국 대기업의 중역 회의가 떠올랐다. 참석자들은 무수한 통계치들과 사실들의 홍수를 만났다. 그때 상석에 앉은 참석자들 가운데에 한 사람이 "이봐, 내 딸이 일전에 집에 와 말하길…" 하더니 다른 중역은 "음, 그것도 일리가 있군요. 그런데 언젠가…" 하면서 다른 이야기를 하였다. 몇 가지 이야기들, 그 이야기들에 대한 얼마간의 토의, 그리고 결정. 모든 사실들과 통계치들이 있음에도, 결국 결정은 몇 가지 개인적 이야기를 토대로 내려졌다.

이야기에는 중요하고 어쩔 수 없는 점이 있는데, 이 점은 아주 자세히 고려할 만하다. 이야기를 통해 경험을 요약하고, 사건의 본질과 그 주변 맥락을 포착할 수 있다. 이야기는 중요한 인지적 사건이다. 왜냐하면 이야기는 정보, 지식, 맥락, 감정 등이 하나로 잘 구성된 꾸러미이기 때문이다.

문맥은 큰 차이를 만든다. 마치 사람들은 사건에 대해서 상상의 시나리오를 만들고, 거기에 얼마나 잘 맞는지에 따라 그럴 듯한 행동, 설명, 혹은 반응을 결정하는 듯이 보인다. "사람은 이야기하기를 좋아한다."라고 로

저 생크는 말한다. 그는 기억이 일상의 환경에 어떤 영향을 미치는지를 이해하려고 애쓴 인지 과학자이다. 우리가 말하는 이야기란 남에게 설명할 뿐만 아니라, 우리 자신에게도 설명하는 것이다.

인간 사고를 연구하는 과학자들은 논리를 좋아하는 경향이 있다. 실제로 논리적 사고를 뒷받침해주는 수학은 부분적으로는 명료하고, 올바른 사고를 위한 처방이라고 인정받고 있다. 적어도 산업화된 사회에서는 인간은 당연히 논리적으로 생각해야 한다는 확고한 신념이 있다.

우리는 왜냐고 물을지도 모른다. 논리는 약 2천 년 전에 고안된 인공물이다. 만일 논리가 인간 사고의 자연스런 속성이라면, 그것을 이해하고 쓰는 것이 그렇게 어렵지 않았을 것이다. 하지만 논리는 자연스런 사고가 아닌 수학의 한 분야이다. 그것은 개념과 사건 사이의 인과적 관계를 이해하기 위한 특정한 틀을 제시하였다. 논리는 세계에 확실성을 가정한다. 즉, 이 사건은 참이거나, 거짓이며, 이 개념은 저 개념의 한 부분이거나 아니다. 이 생각은 저것을 함축하거나, 함축하지 않는다. 논리는 강력한 추리도구가 된다. 명백한 가정에서 출발해서, 일련의 분명하고 정확한 규칙들을 덧붙이면 결론이 도출된다. '그리고', '만약', '그러나', '아마' 같은 것은 등장하지 않는다.

어디까지나 세계는 명백하고 정확한 논리와 같고, 잡다함이나 비결정성이 없다면 말이다! 하지만 그렇지 않다. 게다가 논리는 추상적이다. 논리적 분석은 그 상황에서 중요하다고 생각되는 측면만을 조심스럽게 표현한다. 결정은 여기에 기초한다. 이야기는 의심스럽다. 왜냐하면, 이야기는 단지 한 사례만을 나타내며, 게다가 이야기의 목적과 가장 관련성이 없는 세부 내용이라 할지라도 이야기를 압도할 수 있기 때문이다.

문제는 무관한 것에서 유관한 것을 추상하려는 시도 과정에서 논리가 극단적으로 과잉 단순화된다는 점이다. 논리적 분석은 측정될 수 있는 정보에 적용될 뿐이지만, 측정될 수 있다고 모두 중요한 것은 아니다. 크기와 무게, 비용과 시간을 측정할 수는 있으나, 가치와 미, 즐거움과 고통, 도덕적 선과 악은 측정할 수는 없다. 이것들은 모두 주관적 개념이며, 모두가 도덕적 가치, 미, 즐거움이 중요하다고 동의할지라도 그 내용들을 잘못 왜곡하지 않으면서 논리적인 언어로 옮길 수 있는 방법은 없다.

이야기는 형식적 결정 방법이 놓치는 요소들을 정확하게 잡아내는 교묘한 능력을 가지고 있다. 논리는 일반화하고, 의사 결정을 특정한 맥락으로부터 떼어내려고 하며, 주관적 감정을 제거하려고 한다. 이와 정 반대로 이야기는 맥락과 감정을 포착한다. 논리는 일반화하며, 이야기는 특수화한다. 논리는 상황에서 벗어난 전체적인 판단을 하게 하는 반면, 이야기는 개인적 관점을 갖게 하며 그 사람이 내려진 결정으로부터 받을 특수한 영향을 이해하도록 해준다.

이야기는 논리보다 나을 게 없으며, 논리는 이야기보다 나을 게 없다.

두 가지는 별개이며, 다른 기준을 강조한다. 나는 의사 결정을 할 때 이 두 가지를 모두 사용하는 것이 아주 적절하다고 생각한다. 사실 나는 보통 우연적이지만 종종 벌어지는 그 전개 순서를 좋아한다. 자료와 논리적 분석이 먼저이고, 그 다음에 이야기가 나온다. 그렇다. 의사 결정에서 개인적 감정적 측면이 최후의 판정을 하게 두라.

오류

오래된 속담으로 "실수를 범하는 것이 인간이다."라는 말이 있는데, 그 말은 확실히 옳다. 우리는 여러 가지 이유로 많은 상황에서 오류를 범한다. 그 이유는 꽤 알려지기 시작하고 있지만, 가장 분명한 사실은 많은 인간의 오류는 인간이 부과한 것이라는 점이다.

오류에는 두 가지 주요한 종류가 있다. 즉, 실수와 착오가 있다. 실수는 의도한 것이 아닐 때 일어나는데, 예컨대 누군가 커피 잔에 소금을 쏟거나, 컵에 새로 부은 커피를 쓰레기통에 비우고, 커피 찌꺼기를 마실 때 일어난다. 착오는 의도된 행동이 잘못되었을 때 일어난다. 착오는 실수보다 훨씬 더 심각한 결과를 낳는다.

사람이 오류를 저지른다는 것은 인생의 진실이다. 또 다른 사실은 어떤 상황은 마치 오류를 저지르도록 디자인된 듯이 보인다는 점인데, 특히 그 디자인이 인간의 능력을 고려하지 못했을 때 그렇다. 상황들이 일부러 인간의 능력과 잘못 짝지어지도록 디자인된 듯이 보인다. 여기 그런 사례들 중 몇 가지가 있다.

- 인간 기억은 사건의 세부 사항이 아닌, 의미와 요지를 기억하도록 잘 조정되어 있다.

- 인간은 본질적으로 한 번에 하나의 과제에만 집중할 수 있다. 또 그마저도 오랫동안 집중하기도 힘들다. 기본적으로 우리는 환경의 변화에 민감하기 때문에 우리는 끊임없이 유지되는 것이 아닌, 변화하는 사건에 더 주의를 기울인다. 이것은 기억에 대해서도 마찬가지다. 우리는 규칙적이고, 되풀이되는 사건보다는 새롭고, 예상치 못한 사건을 더 잘 기억하는 경향이 있다.

- 인간은 과거에 비슷해 보이는 일들과 짝짓기하는 패턴 인식의 동물이다.

터널 시각

어느 날 아침 10시에 나는 급성 천식이 반복적으로 발작해서 처방을 받기 위해 의사를 찾았다. 의사는 보통 이런 경우 표준적인 코르티손 치료

법을 처방하는데, 처음에는 많은 양을 복용하지만 곧 양을 줄여 일주일간 복용하는 것이다. (많은 양을 복용하면 즉각적으로 정상 상태로 돌아오며 그 다음의 복용을 줄이면 가능한 한 빨리 약을 떼어놓게 된다.) 더불어 항생제도 받았다. 왜냐하면 천식이 아마도 가슴이나 코의 감염 때문에 발생한 것 같다고 진단했기 때문이다. 과거 내가 비염을 앓은 적이 있는 데다 감염의 증후가 있었다.

이런 일이 있기 2주일 전에도 같은 일이 발생하였다. 그때도 나는 아침에 주치의를 방문했고, 의사는 나에게 같은 처방을 했다. 하지만 치료는 도움이 되지 않았다. 방문한 그 다음 날 새벽 3시에, 나는 고열을 동반한 심한 오한과 구역질로 응급실로 달려갔다. 고통 속에 여러 가지 검사로 몇 시간을 보낸 뒤에 해방되었다. 나는 다음 날 더 좋아졌다.

이 두 번의 사건으로, 나와 의사는 첫 번째 사건이 무엇 때문에 발병됐든지 간에 치료에 실패했다고 생각하였다. 그래서 이전의 항생제 처방이 되풀이되었고, 나는 주치의와 헤어져 약을 샀고, 첫 번째 투약 분을 먹었다. 약은 효과가 있었다. 나는 일하러 갔고, 정오에 과 교수회의를 진행할 수 있었다. 그러나 오후 2시쯤 체온이 오르기 시작했다. 오후 4시에 나는 다시 주치의에게 갔고, 그는 곧장 나를 입원시키고 정맥 주사를 놓고 여러 가지 혈액 검사를 하였다. 나는 급히 올라가는 열과 심한 오한으로 고통스러웠다. 열은 계속 올랐고, 한밤중엔 열을 억지로 낮추기 위해서 나는 냉장 담요 위에 누워야만 했다. 약을 많이 먹은 것은 말할 것도 없다.

이상한 일은 일련의 정교한 진단에도 불구하고, 감염 증상은 발견되지 않았다는 것이다. 나는 감염된 침을 조금도 뱉어 내지 않았다(가까스로 무언가를 뱉어낼 수 있었다). 그리고 내 백혈구 수는 아주 조금 증가하였는데, 비정상이라고 간주할 만큼 많은 수는 아니었다. 엑스레이를 포함해 나에게서 뽑아낸 다양한 표본들 중 어떤 것도 문제에 대한 명쾌한 징후를 찾아내지 못하였다.

나는 수요일에 입원하여 금요일 아침에 충분히 회복되어서 집에 돌아갈 수 있었는데, 또 다른 항생제를 처방받았다. 무슨 진단이 나왔는가? '알 수 없다'였다. 글쎄, 그럼에도 불구하고, 전문의는 여전히 폐렴으로 여겼는데, 폐에서 증상이 나타나지 않은 것은 단지 반응이 지연된 것이라 했다. 공식적인 진단은 '급성 박테리아성이거나 바이러스성 호흡 질환'이었다. 쉽게 말하면 이것은 '폐와 관련된 이런 혹은 저런 것'이라는 뜻이다.

금요일 오후, 병원에서 풀려난 몇 시간 뒤, 나는 기분이 더 좋아졌다. 나는 병원에 입원한 뒤로 집에 가지 못해서, 목욕탕의 선반은 약들로 어질러져 있었는데 거기에는 제자리로 치워두지 못한 이전 알약 병들과 더불어 내가 그 날 받았던 새 약들이 모두 있었다. 나는 물건들을 정돈하려고 하면서, 새로 처방된 약을 먹었다. 그러던 중, 어처구니없게 무심결에 엉뚱한 항생제를 먹고 말았다. 이번에 처방받은 'E-마이신 33'이 아니라, 예전에 처방받았던 '박트림 DS'였다. 나는 잠을 청했고, 다시 새벽 3시에 극도의 고열과 그 밖의 증상으로 응급실로 다시 소환되었다.

이때를 계기로, 내가 약을 잘못 먹은 것이 문제의 발단임을 깨달았다. 응급실로 떠나기 바로 전에, 나는 이야기를 짜맞추려고 노력하였다. 엉뚱한 항생제가 중요한 실마리였다. 이전에 두 번 모두 나는 같은 항생제를 먹었다. 이제 모든 증거들이 들어맞았다. 나는 집에 있는 '의사용 처방 참고서(PDR)'에서 내가 먹은 약에 대해서 찾아보았다. 그렇지! 내 증상은 그 약의 부작용으로 알려진 것과 일치했다. 나는 설파계열의 약(sulfa-based drug)에는 알레르기가 있었다. 예전에 병원에 갈 때마다 나는 다른 항생제를 받았고, 그래서 증상이 사라졌다. 그러나 다시 증상이 매우 심각해져서, 나는 응급실로 다시 들어가야만 했다. 하지만 이번에 나는 입회한 담당 의사에게 내 증상에 대한 이유를 설명할 수 있었다(그리고 정말 놀랍게도 그를 확신시켰다).

이런 문제를 진단하는 데 왜 그렇게 긴 시간이 걸렸던가? 어떻게 그렇게 많은 사람들이 혼란스러울 수 있었는가? 왜 스스로 그 원인을 정확히 파악하지 못했을까?

오진을 바로 잡는 데 실패하는 현상은 심리학에 잘 알려져 있다. 나는 그것에 대해서 연구하고 논문까지 썼다. 그러나 내 스스로 그것을 그렇게 극적으로 경험한 것은 이번이 처음이었다. 나는 한때 그 현상에 '인지적 이력'이라는 다소 이상한 이름을 붙였다. 이것은 '이력'이라 불리는 자기학의 현상에서 따온 것인데, 이력은 어떤 물질이 어떤 방향으로 자력을 가지면, 반대 방향의 자력을 갖도록 바꾸기가 어렵다는 속성을 가리킨다.

자기화 이전의 물질을 어떤 쪽으로든 자기력을 갖도록 할 수 있었던 단순 자기장도 한번 특정 방향으로 자력을 가진 물질에는 이제 더 이상 효력을 미치지 못한다. 한번 자기적 상태가 정해지면, 그것은 안정성을 가지고 더 이상의 변화에는 저항한다. 이 현상은 자기-기록 산업에서 아주 유용히 쓰인다. 자기 기록은 안정적이고, 쉽게 바뀌지 않을 것이므로 여러 산업에서 널리 활용되었다. 초기 세대의 컴퓨터는 이 현상을 컴퓨터 기억 장치에 이용했다. 조그마한 자기 코어(자심)는 한 방향으로 '1'의 값을, 다른 방향으로는 '0'의 값을 나타내도록 자기화되었다. 이력 성질은 작은 자기장에 의해서 끊임없이 방해를 받을 때조차 메모리를 안정적으로 유지하게 해준다. 이력의 자기적 속성은 인간의 오류에서 관찰된 현상과 아주 비슷하게 보인다.

이런 현상을 심리학 연구자들이 학회에서 부르는 다른 명칭들이 있다. 기능적 고착, 인지적 편협, 터널 시각(인간이 집중한 상태에서는 한 가지에만 주의를 기울이고 몰두하느라 주변의 다른 정보나 단서를 무시하는 것—옮긴이)이 그것이다. 이름이 무엇이든지 간에, 이들 모두는 같은 현상을 지칭한다. 사람들은 능동적인 가설에 초점을 맞추려는 경향이 있으며, 한번 초점이 맞춰지면 모순된 증거가 앞에 있을 때조차 잘 바꾸려고 하지 않는다.

원자력, 항공, 철도, 해상운송 같은 산업재해에서 계기를 잘못 읽거나, 틀린 스위치를 건드리는 것과 같은, 단순한 인간의 오류는 심각한 문제가 아니다. 진짜 범인은 오진이다. 왜일까? 잘못된 스위치나 계기판 판독은 단순한 오류로, 보통 그 결과는 큰 영향을 미치지 않으며 또 금방 찾아낼 수 있다. 즉, 잘못된 행동이 일어나더라도 거의 누구든지 그 사실을 파악할 수 있다. 그러나 오진은 전혀 다르다. 진단이란 사건에 대한 해석과 설명이다. 전문가는 보통 자신들이 틀렸을 때조차 지적인 진단을 한다. 진단은 사실을 설명하고 그럴 듯한 것으로 판단된다. 그러므로 오진은 거의 언제나 경험되고 있는 것을 지능적으로 설명한 것이다. 오진은 사실을 설명하기 때문에 그래서 새로운 정보가 들어오면 초기 진단에 의해 주어진 그림 속에 들어맞는 것으로 해석된다. 모순된 정보라도 설명되어버리는 것이다. 더 많은 사람이 관여하면 할수록, 그릇된 후유증은 더 오랫동안 남게 될 것이다. 각자는 처음 가설을 유지할 수 있는 새로운 방법을 교묘하게 생각해낸다.

이런 일들 가운데 계획된 것은 전혀 없다. 사실 전반적으로 봐서 이런 방식은 아주 생산적인 처리 방법이다. 이미 지적했듯이, 인간 지능의 강점 가운데 하나는, 모든 증거가 나타나지 않아도 뭔가를 신속하게 진단하고, 그 다음에 재빨리 무관한 정보에서 관련 정보를 추려낸다는 것이다. 인간을 기계보다, 전문가가 초심자보다 더 월등하다고 만드는 것이 바로 이 능력이다. 문제는 이런 놀라운 속성이 틀린 해석으로 길을 잘못 들게 되면, 방향을 다시 잡기가 아주 어렵다는 점이다.

항공과 관련된 또 다른 이야기를 해보겠다. 이 이야기는 스스로 나사 항공 안전보고 시스템에 보고서를 제출한 한 화물 수송기 조종사가 들려준

이야기이다. 조종사는 상당히 경험이 많았다. 사고는 그의 단독 비행 중 착륙하는 과정에서 발생했다. 원래 이륙과 착륙은 조종사에게 가장 작업 부담이 큰 작업인데, 특히 조종석에 그 일을 분담할 만한 사람이 아무도 없을 때 더욱 그렇다. 할 일도 많고, 설정해야 할 수 많은 전파 장치와 비행 보조 장치들이 있으며, 창밖으로 보이는 시각 정보는 우리가 생각하는 만큼 선명하지 않다. 따라서 이 순간은 비행에서 가장 위험스러운 단계이다. 일반적으로 공항에는 조종사가 활주로를 식별할 수 있도록 도와주는 몇 가지 다른 보조물들이 있다. 모든 활주로는 나침반 방위에 따라 숫자로 표시되어 있다. 사고가 발생한 35번 활주로는 나침반 방위가 350도로 거의 정북 방향이었다. 그리고 이 활주로는 반대 방향에서 볼 때는 17번으로 불리며 나침반 방위가 170도로 거의 정남 방향이다. 또한 각 활주로 측면은 특수 조명으로 표시되었는데, 그것은 유도등(VASI)이라는 시각 접근 경사 지침계이다. 두 개의 불빛 막대가 약 50야드 간격으로 활주로의 측면을 따라 배치되어 있어서 조종사가 활주로를 확인하고, 정확히 활주 경사와 방향을 잡을 수 있도록 유도한다. 다음은 그 보고서의 인용문 일부이다.

… 나는 공항을 발견했고, 35번 활주로로 가는 시각 접근로는 비어 있었다. … 나는 35번 활주로에 정렬하는 것이 무척 어려웠는데, 왜냐하면 불빛이 약하게 보였기 때문이었다. 그러나 나는 이전에 이 활주로로 세 번 착륙한 경험이 있어서, 제대로 들어섰다고 확신했다. 거의 닿을 때쯤, 나는 거기에 가장자리 조명도, 유도등도 없었으며, 중앙선 불빛이 녹색임을

눈치 챘다. 이중 어느 것도 정확한 것이 없었음에도 불구하고 나는 내가 활주로로 들어섰다고 믿었다. 나는 번개로 모서리 조명이나 유도등이 꺼졌으리라고 그럴 듯하게 합리화했다. 마침 관제탑 채널에서 공항 기술 지원팀 이야기가 흘러 나오길래 내 추측이 정확한 것 같았다. 방위계를 확인해보자는 생각은 결코 떠오르지 않았다. 앞바퀴를 내리고, 노란 색 중앙선을 봤음에도 불구하고 나는 35번 활주로에 있다는 믿음을 버리지 못했다.

당신이 "설마, 정말이겠어."라고 내뱉을지 모르겠지만, 이런 행동은 빈번히 발생한다. 쓰리마일 섬 원자력 사고의 경우에도, 오진이 발견되기까지는 몇 시간이 걸렸는데, 그것은 작업 교대조가 바뀌어 새로운 작업 팀이 도착한 다음이었다.

이러한 종류의 터널 시각이 내게 일어났다. 모든 사람이 감염의 원인을 찾는 데 초점을 맞추었기 때문에, 감염이 아닐 가능성은 결코 누구에게도, 세 번째 사건이 일어나기 전까지는 나에게도 떠오르지 않았다. 나는 내가 설파계열 약에 알레르기가 있는 줄 몰랐다. 평생 동안 의사가 물을 때마다. "아니오, 알레르기는 없습니다."라고 대답해왔기 때문에 감염되었다는 것이 논리적인 것처럼 보였다. 나는 코의 질병인 부비강 감염의 내력이 있었고, 내 천식은 무엇인가에 의해서 발병되었음에 틀림없었다. 나는 첫 진찰 때, 노란 콧물이 나온다고 말했다. 두 번째 진찰 때, 노란 침이 나왔고, 그 날 아침에 나는 검진 의사에게 침을 보여주기까지 하였다. 이런 모든 것이 감염되었음을 시사하였다. 내가 병원에 있었을 때, 모두가 분석용

샘플을 요구했다. 그러나 그때에는 더 이상 아무것도 뱉어낼 수 없었다.

모두들 나에게 일어난 일에 대해서 새로운 설명을 찾았다. 세 명의 다른 의사가 방문하여, 차트를 꼼꼼히 들여다봤다. 부정적인(즉, 원인을 못 찾는) 검사 결과는 보기 드문 일은 아니다. 더 심각한 것은, 어떤 검사도 실제로 그렇게 결정적이지 않다는 점이다. 의사들은 모든 종류의 수치를 해석해 가지고 돌아왔다. "…음." 아침 근무시간에 홀로 나를 살펴보던 전문의는 "당신의 백혈구 수는 조금씩 증가하고 있습니다. 보통 이 정도의 수치는 별 의미가 없긴 하지만, 오늘은 이것이 하나의 징후입니다. 그리고…." 이렇게 말하곤, 계속해서 "나는 여전히 당신이 일종의 폐렴에 걸렸다고 생각합니다. 폐렴의 모든 증상들은 바로 나타나지는 않습니다. 아마도 내일이면 증상이 나타날 것이라고 장담합니다." 라고 말했다.

내 오진의 이야기에 대한 결론은 인간의 의사 결정이 갖는 위험성을 잘 보여준다. 반복된 응급실 치료 사건 몇 주 뒤, 나는 일반 검진과 내 상태에 대한 검토를 위해 의사를 찾았다. 진찰 중에 그가 말하기를 "아시다시피, 당신이 우리에게 그 설파계열 약에 대한 반응을 말해준 것은 잘한 일입니다. 얼마 전 당신과 똑같은 증상의 환자가 있어서 이렇게 말했죠. "여보게, 약의 부작용을 자세히 보게." 바로 그것이었습니다. 약조차 같았습니다. 보시다시피, 당신의 경험이 다른 사람을 도왔습니다."라고 말했다.

이런 함정을 피할 수 있는 한 가지 길은 외부인을 초청하여 일을 다시 조사하고, 심사숙고해서 모든 가정과 결정을 따져 묻게 하는 것이다. 부분적으로, 이것은 비행기에 문제가 있을 때, 민간 항공기에서 승무원 중의 한 사람에게 부여된 임무다. 하지만 이 임무는 두 가지 이유로 수행하기가 어렵다. 첫 번째 이유는 다른 사람이 그랬던 것처럼, 새로운 사람도 터널 시각 함정에 빠지기 쉽다는 것이다. 두 번째로, 세심한 주의와 기술이 발휘되지 않는 한, 모든 진술이나 행동을 따져 묻는 사람은 잔소리꾼으로 여겨지기 쉽다는 점이다. 그것은 친절하고 협동적인 상호작용에 잘 어울리는 태도는 아니다. 이런 경우엔 지능적인 기계가 유리할 수 있다. 즉, 그것은 행동을 문제 삼을 수 있고, 위협적이지 않은 방식의 조언을 할 수도 있다. 질문이 비우호적이고, 무심한 것처럼 보일지라도 그건 괜찮다. 왜냐하면, 그것은 기계의 방식이기 때문이다. 승무원은 기계를 주제넘은 골칫거리로 여기기 쉬우나, 종종 그것은 쓸모 있는 것으로 드러날지도 모른다.

우리가 필요한 것은 과거의 통계자료와 사건에 대한 풍부하고, 상호작용적 데이터베이스를 유지할 수 있는 기계로 결정을 내려야 할 때 자동적으로 이용할 수 있는 것이다. 이것은 우리에게 여러 선택 가능성들을 상기시켜줄 것이며, 또한 다른 해석이 들어맞을지도 모를 가능성을 감안할 수 있게 할 것이다. 우리는 예외적인 환경에 대해서 경계하기를 원할 뿐이지, 모든 상황을 어떤 드물거나 이색적인 경우로 진단하기를 원하지 않는다.

왜 우리는 오류를 범하는가? 부분적으로, 우리의 기술을 통해서 우리에게 부과된 기계중심의 과제가 우리의 근본적인 능력과 상충된 방식으로 행동하기를 강요하기 때문이다. 100% 실수하는 방법이 있다. 바뀌지 않는 환경에서 상세한 것을 기억해야 하고 오랫동안 신경을 집중해야 하는 작업을 설계하라. 특히 그 환경이 그 것이 그 것 같은 조작 장치가 일렬로 줄 지어 있는 것이라면, 그것들을 읽고, 조작하는 데에서 오류가 일어나리라는 것을 장담할 수 있다.

만일 그 과제가 이치에 닿지 않으면, 오류가 일어날 것이다. 인간은 사리를 맞추는 데 능숙하지만, 무의미한 것을 다루는 데에는 그렇지 않다. 우리는 상호작용하는 일에 대한 정신적 설명인 정신모형을 고안하는 데 필요한 정보를 주지 않는다면, 우리는 부적절한 모형을 아주 잘 만들어낼지 모른다. 게다가 우리가 계속 정보를 얻고, 초점을 맞추고 설명을 보충하는 우리의 경향이 실제 상황에 계속 일치하도록 유지하려면 피드백은 필수적이다. 고도로 정확한 반복이란 우리의 강점이 아니다. 상상적이며, 통찰 있는 해석이 강점인 것이다.

사람은 오류를 범하며, 특히 우리와 어울리지 않는 일을 해야 할 때 그렇다. 기술을 디자인하는 비결은 오류를 최소화하고, 오류의 피해를 최소로 하고, 일단 오류가 발생하면 그것을 발견할 가능성을 극대화하는 상황을 제공하는 것이다. 이것이 인간중심적인 길이다.

제6장
분산 인지

현대의 여객용 비행기 조종석에는 두세 명의 사람이 앉는다. 앞좌석 좌측에는 기장이 앉아 모든 것을 통제하고, 부기장이 우측에 자리 잡고 있다. 옛날에는 기장의 뒤편에 조종실 측면의 제어판을 관장하고 있는 제3의 부기장이나 항공 기관사가 탑승했다. 앞쪽의 기장과 부기장은 교대로 비행기를 조종하는 경우가 많으므로 '운행 조종사', 혹은 '비운행 조종사'라 부르기도 한다.

두 조종사는 좌우 대칭의 커다란 계기판 앞에 앉아 있으며, 흡사 자동차의 핸들과 같은 핸들로 비행기를 조종한다. 두 핸들은 상호 연결되어 있어 조종사 중의 한 명이 이를 상하 좌우로 조종하면 다른 조종사의 핸들도 이에 따라 움직인다. 두 조종사 사이의 공간에는 엔진, 라디오 그리고 보조 날개를 조종하는 패널이 하나 있다.

그림 6-1

보잉 747-400 기의 조종실. 이 조종실에는 넓은 유리창이 있다. 옛날에 있던 비행기 기계장치의 대부분이 컴퓨터 화면으로 대체되었다. 기장은 좌측에, 부기장은 우측에 착석한다. 두 의자 바로 앞에 있는 조정간은 두 사람이 함께 움직일 수 있도록 연결되어 있다. 기장과 부기장이 사용하는 계기와 장치들은 거의 똑같다. 중앙에 있는 장치들은 두 조종사가 함께 사용하는 것이다.

비행기의 조종실이든 산업 시설물이든, 통제실은 대개 거대한 계기판으로 가득 메워져 있다. 일반적으로 발전소에는 거대한 전기 스위치와 더불어 현재 발전소의 상태를 표시하는 거대한 미터기가 즐비하다. 계기판의 수는 일반적으로 수천 개(일전에 방문한 원자력 발전소에는 무려 4천 개에 달하는 계기판과 스위치가 있었다)에 달하기도 하므로 통제실은 흡사 작은 집 같다. 발전소의 유형과 그 곳에서 일어나는 활동에 따라 계기판을 관리하는 사람의 수가 달라진다. 일반적으로 제조 공장은 대규모의 통제실에 커다란 계기판을 갖추고 있다. 대형 선박, 화학 공장, 제조 공장, 그리고 파리의 지하철 노선 통제실의 계기판도 마찬가지로 그 규모가 상당히 크다.

현대 과학자들이 이러한 통제실을 볼 때 첫 느낌은 전근대적이며 구시대적이라는 것이다. 나 또한 예외가 아니어서 처음으로 원자력 발전소의 통제실을 방문할 당시에는 "왜 이렇게 커야만 하는가?"라는 의문에 사로잡혔다. 물론 과거 기술이 발달하기 이전에는 선박의 방향이나 비행기를 조종하기 위해서 커다란 핸들이 필요했을지도 모른다. 전류를 통제하기 위해서는 커다란 전기 스위치가 필요했을 것이다. 통제실에 있는 담당자들의 눈에 잘 띄게 하기 위해 커다란 미터기와 계기판이 필수였던 시기가 있었다. 그러나 오늘날에는 이러한 것들이 반드시 필요한 것은 아니다. 게다가 요즘 대부분의 설비는 원격 조종이 가능하다. 더 이상 물리적으로 선박의 키를 직접 돌리거나 비행기의 날개를 조종할 필요가 없어졌다. 조종사가 비행기의 착륙장치를 작동하기 위해 조작하는 손잡이는 물리적으로 착륙 기어를 움직이는 것이 아니다. 손잡이는 단지 실제 움직임을 조절하는 전기 혹은 유압 모터에 신호를 보내는 역할을 할 뿐이다.

오늘날의 발달된 기술로 원자력 발전소의 통제실을 가득 메우고 있는 계기판 혹은 거대한 선박이나 비행기의 계기판을 소형 컴퓨터의 화면상에 표현하는 것은 충분히 가능하다. 다채로운 컴퓨터 화면상에 계기판을 나타내고 이를 간단하게 키보드, 소형 스위치 패널 혹은 터치 스크린을 이용해서 조작할 수 있을 것이다. 이것은 기술적으로 가능할 뿐만 아니라 실제로 이를 이용한 사례도 있다. 앞서 언급한 대부분의 산업 연구소에서는 이러한 유형의 계기판과 통제 시스템을 개발하였으며, 심지어 시뮬레이션 게임을 통해서 실제의 통제 시스템을 정교하게 재현한 것을 찾아볼 수 있다.

신기술은 과거의 기계기술 시대에 요구되었던 거대 규모의 통제 시스템의 필요성을 제거한 듯한 인상을 준다. 디자이너들 또한 이러한 기술의 흐름에 둔감하지 않다. 실제로 에어버스사의 신형 비행기에는 핸들이 없다. 대신 두 조종사는 컴퓨터 게임에서 사용하는 것과 같은 조이스틱을 사용한다. 기장은 비행기의 좌측에 위치한 조이스틱을 왼손으로 조종한다. 이 조이스틱은 상호 연결되어 하나가 움직이면 다른 것도 따라 움직이는 기존 비행기의 핸들과는 달리 서로 독립적으로 존재한다. 이러한 경우 기장과 부기장은 동시에 조이스틱을 사용해서 비행기를 조종할 수 있게 되고 비행기의 컴퓨터 장치가 어느 조종사의 통제를 따를지를 결정하게 된다.

이러한 아이디어를 좀 더 확장시켜서 미국 '항공우주국(NASA)'의 캘리포니아 주재 에임스 연구소에서는 모의 조종실 내의 조종석에 타자기 자판만을 두었다. 통제 패널의 크기를 작게 하면 조종사가 움직일 수 있는 공간도 넓힐 수 있다. 그러면 유리창까지도 크게 만들 수 있어 조종사들의 시야가 넓어지게 된다.

그러나 실질적으로 구시대적인 대규모 통제실과 거대한 계기판은 그 나름대로 여러 가지 이점이 있다. 임무가 분산되어 있을 경우 이러한 이점은 더욱 빛을 발한다. 비록 대부분의 공장과 비행기는 평상시에는 단 한 사람에 의해 통제가 가능하지만, 문제가 발생할 경우에는 더 많은 사람들이 업무를 분담할수록 더욱 효과적인 의사 결정이 가능하다.

공유된 과제를 수행함에 있어서 가장 중요한 것은 모든 관련되는 사람들이 전체적인 상황을 완벽하게 파악하고 있어야 한다는 사실이다. 이를 소위 '상황 자각'이라고 한다. 비행기 조종사나 통제실의 모든 담당자들은 모두 상황의 전모를 정확하게 파악하고 있어야 한다. 이를 위해서는 거대한 규모의 계기판이 훨씬 더 유용하다.

기장이 조종실에서 부기장 쪽에 있는 착륙 손잡이를 내리는 경우 이는 부기장이 확실하게 인지할 수 있는 행동이다. 부기장은 이에 대해 특별히 주의를 기울이지 않아도 이와 같은 상황을 알 수 있다. 기장의 동작은 착륙장치를 작동시킬 뿐만 아니라 두 조종사 간의 자연스러운 의사소통 채널의 역할을 한다. 실제로 이와 같은 동작은 기장 스스로에게도 자신이 실제로 그러한 행위를 하였음을 확인시켜주는 역할을 한다. 왜냐하면 일련의 스위치를 여러 개 올리고 내리는 경우에는 기장 자신도 착륙장치의 스위치를 내렸는지를 기억하지 못하는 수가 있기 때문이다. 상체를 깊숙이 숙여서 커다란 손잡이를 내리는 동작에 있어서도 마찬가지이다. 조종사 한 명이 핸들을 조작하게 되면 다른 조종사도 알게 된다. 굳이 대화를 하지 않아도 서로가 자동적이고 자연스럽게 알게 된다.

그러나 전자 계기판을 사용한 에어버스사의 비행기 조종실의 두 개의 조이스틱을 한 번 살펴보자. 항공술 연구자들은 이러한 조이스틱의 예기치 못한 파생 효과에 대해 우려를 표명하고 있다. 이는 바로 두 조종사 간의 자연스러운 의사소통 채널이 단절되었다는 것이다. 다른 조종사가 실제로 비행기를 조종하고 있는가의 여부는 직접적인 대화를 통하지 않고서는 알 수 있는 길이 없어진 것이다. 결과적으로 두 조종사 모두 상대방이 비행기를 조종하고 있으리라고 생각하고 조종을 방치해두는 사례가 종종 발생하였다. 반대로 두 조종사가 동시에 비행기를 조종하는 경우가 발생하기도 했다. 두 경우 모두 최적의 상태는 아니다. 과거의 기계식 핸들을 사용하던 시기에도 동일한 문제가 간혹 발생하기는 하였으나 핸들의 움직임이라는 시각적인 단서가 존재하였기 때문에 문제가 발생하더라도 쉽게 알아챌 수 있었다. 더욱이 거대한 핸들의 경우에 있어서는 다른 조종사가 이를 조종하고 있는가의 여부를 쉽게 간파할 수 있는 반면 측면에 위치한 소형 조이스틱의 경우에는 이것이 그다지 쉽지 않다.

팀 구성원들 간의 의사소통과 공조 체계는 미묘하게 이루어진다. 커다란 기계식 계기판으로 이루어진 통제실에서는 사람들이 자신의 과제를 수행하기 위해서 많이 움직여야만 한다. 결과적으로, 보이지 않는 와중에, 우연히, 그리고 사람들이 자각하지도 못하는 사이에 많은 의사소통이 일어났다. 이렇게 은연중에 일어나는 의사소통이 없어지기 전까지 이것이 전체적인 시스템의 원활한 운영이 얼마나 중요한 역할을 해왔는가를 아무도 깨닫지 못하였다.

에드윈 허친스 박사는 미 해군 선박의 항해 절차에 대한 연구에서 이와 유사한 상황을 관찰하였다. 항해 팀의 구성원들은 무선 헤드셋을 통하여 의사소통함으로써 모든 사람들이 이러한 의사소통 내용을 들을 수 있게 하였다. 예를 들어, 선박의 후방에서 방위를 살피는 선원은 오른쪽 방위를 살피는 선원의 말을 들을 수 있었다. 선장과 항해사는 이 모든 것을 들을 수 있었다. 그러자 주기적인 오류가 발생하였다. 방위를 관찰하는 선원들에게 부적합한 지점을 찾으라는 명령이 내려지거나, 방위가 잘못 보고되거나 기록되는 경우가 있었다. 설비가 고장 난 경우에는 자석 나침반으로 얻은 자료를 수동으로 고쳐야 했으며, 고장의 초기 상태에서처럼 시간 압박과 스트레스가 있는 상황에서는 더 많은 오류가 일어났다.

이와 같이 사람들 간의 무선 헤드셋을 통한 수많은 메시지들과 오류의 빈번한 발생에 대한 인지과학자의 해결책은 일반적으로 상황을 단순화시키는 것이다. 이를 위해 무선 헤드셋의 연결 범위를 관련없는 대화 내용은 들을 필요가 없게끔 팀의 각 구성원에 한정시킬 수도 있다. 이와 같이 잦은 오류 발생률에 대해서는 확실히 조치가 취해져야 한다. 즉, 오류는 바람직하지 않다. 그러나 실제로 이 방식은 틀렸다.

허친스는 공유된 의사소통 채널, 특히 오류의 공유야말로 과제가 효율적으로 확실하게 처리되는 데 절대적으로 중요하다는 것을 입증하였다. 항해 팀은 선박의 운행을 위해서 항상 있어야 하는 요소이지만, 팀을 구성하는 개별 선원들은 수시로 교체된다. 특정 시기의 항해 팀은 신참에서 전문가에 이르기까지 다양한 경험과 숙련도를 가진 선원들로 이루어져 있다. 공유된 의사소통은 모든 이들이 평소에도 전체 상황을 제대로 파악할 수 있도록 해준다. 오류와 이에 대한 수정 활동들을 모두 알 수 있게 함으로써 팀의 모든 구성원들은 과제의 흐름을 방해하지 않으면서도 자연스럽게 훈련을 받는 효과를 얻게 된다. 실제로 두 부류의 사람들이 동시에 훈련을 받고 있다. 오류를 범한 사람이 훈련을 받게 된다는 것은 자명한 사실이지만 오류를 범하지 않은 다른 선원들도 동시에 훈련을 받고 있다는 것은 표면적으로는 잘 드러나지 않는다. 경험이 부족한 선원들은 이와 같은 오류가 왜 발생하는지, 어떻게 수정해 나가는지를 참관함으로써 배우게 되며, 보다 경험이 많은 선원들은 이와 같은 상황에서 훈련의 방법과 오류의 효과적인 수정 및 피드백 활동들을 익히고 있는 것이다. 세월이 지남에 따라 선원들이 계속해서 바뀌면서 각자의 역할이 변화하거나 일부 선원들이 교체될 때, 공유된 의사소통 채널과 이에 수반되는 공유된 학습 과정은 모든 사람들이 동일한 수준의 지식을 공유할 수 있도록 해준다.

대규모 통제실에서 원활한 의사소통이 가능하게 하고 오류를 발견할 수 있도록 하고, 이를 수정하는 과정에서 사회적 의사소통과 교육적 효과가 증진되었다는 사실에서 몇 가지 배울 점이 있다. 이중 가장 중요한 것이 공유된 과제와 의사소통의 속성에 관한 것이다. 이는 매우 미묘한 활동들이어서 실제로 어떠한 과정을 거쳐서 이루어지는지, 그리고 어떤 요소들이 공유된 과제의 수행에서 구성원 간의 효과적인 상호작용을 가능케 하며, 반대로 어떤 요소들이 이를 비효율적이며 비능률적이 되게 하는가에 대해서는 아직까지 알려진 바가 거의 없다.

대부분의 경우 효과적으로 공유된 행위의 핵심적인 속성들은 종래의 작업 방식에서 '우연히' 파생된 것처럼 보인다. '우연히'라는 용어를 강조하는 이유는 비록 협동 과제의 환경을 설계할 당시에 이를 의식적으로 염두에 두지 않았음에도 불구하고 그 절차 자체가 정말 우연히 발생한 것은 아니라고 생각되기 때문이다. 다시 말해서, 수년간의 경험을 통해 이러한 과제를 수행하는 과정은 처음의 형태에서 현재의 모습으로 자연스러운 진화 과정을 거쳤다는 것이다. 시간이 지남에 따라 일련의 작은 변화들이 발생하며 이는 각각의 절차를 조금씩 조금씩 변화시켰을 것이다. 일을 보다 능률적으로 수행하는 데 성공적이었던 변화는 수용하고, 역효과를 초래했던 변화는 버려졌을 것이다. 아무도 이 과정을 책임지고 있지 않고 인식하고 있지 않더라도 이는 자연스러운 진화과정이며 대단히 효율적인 결과를 이끌어낸다.

오랜 세월 동안 지켜져 온 관행이 아무리 비효율적인 인상을 주더라도 단번에 바꾸는 것은 위험한 발상이다. 물론 신기술은 구시대적인 방법보다 훨씬 효과적인 방법을 제공해줄 수 있다. 과거의 통제실은 분명히 시대에 뒤떨어진 기술을 사용하고 있다. 사람들이 점차 좋아하게 되는 속성들까지도 과학기술의 우연적인 부산물이며 과제 수행에 장애가 될 수도 있다. 신기술의 도입으로 우리의 인생은 보다 생산적이고 쾌적해질 수 있다. 그러나 문제는 어느 부분이 과제의 사회적이고 분산된 본질에 가까운지, 어느 부분이 관련이 없거나 해를 끼치는지가 명확하지 않다는 점이다. 이러한 점을 우리가 명확히 이해할 수 있을 때까지 각별히 주의하여야 한다.

자연스럽고, 매끄러우며, 효율적인 상호작용은 모든 작업 상황이 바라는 현상일 것이다. 그러나 문제는 자연스러운 상호작용은 무의식 중에 일어나기 때문에 이를 제거하기 전에는 그 필요성을 인식할 방법이 없다는 데 있다. 의사소통이 중요하다는 것은 누구나 알고 있다. 조종사들은 항공교통 관제사들끼리의 교신을 들으면서 다른 비행기들의 노선에 대해서도 알 수 있다. 이와 같은 교신을 컴퓨터 간의 메시지 교환으로 대체하면 메시지는 더 정확히 전달되겠지만, 전체적인 상황에 대한 자각이라는 중요한 측면은 무시된다. 이와 마찬가지로 부서 간의 메시지를 전달하는 사람을 로봇으로 대체할 경우 부서 간의 의사소통의 중요한 경로 하나를 파괴시키게 된다. 또한 자동화된 공장 혹은 전자문서 처리는 기업 내의 생산적인 비공식 의사 결정 경로의 생성을 방해할 수도 있다.

작업 활동의 인적 측면은 대부분의 조직으로 하여금 시스템의 지속적인 고장과 오류를 수습하여 원활하게 운영될 수 있도록 해준다. 불행히도 이와 같은 불가피한 고장과 오류는 문서화되어 있지 않고 사전에 알 수도 없다. 그 결과 사람들 간의 비공식 의사소통 채널의 중요성은 알려져 있지 않고 평가절하될 뿐만 아니라 비효율적이며 업무를 방해하는 활동으로 무시당하기도 한다.

결국 신기술도 이와 같은 자연스러운 진화의 과정을 거치게 될 것이다. 문제는 단지 변화가 기술적으로 가능하기 때문에 성급하게 변화를 단행한다면 많은 어려움에 봉착하게 될 것이라는 점이다. 이러한 어려움이 비행기나 대규모 산업 공장에서 발생한다면 비극적인 결말을 초래할 수도 있다.

현실 세계와 분리된 지능

인지과학은 지금까지 세계와 분리된 순수 지능, 또는 육체와 분리된 지능에 대해서 주로 연구해온 경향이 있다. 지금은 이러한 접근법에 대해 의문을 제기하고, 순수 지능에 대한 비평을 해야 할 시기라고 본다. 인간은 물리적인 세상 속에서 움직인다. 우리는 일반적으로 물질적인 세상을 이용하여 새로운 정보를 창출하거나 과거의 정보를 상기시키고, 우리 자신의 지식과 추론 시스템을 확장시킨다. 사람은 일종의 분산 지능체로서, 대부분의 지적 활동은 실제 세상의 물체 및 제약 조건과의 상호작용 결과로 발생하며, 아울러 타인과의 상호작용 과정을 통해서 여러 가지 행동을 하게 된다.

인공지능 분야의 연구자들이나 실험 심리학자 또는 언어학자들은 인간의 사고와 이해는 일말의 망설임이나 실수, 또는 의심 없이 발생하는 것이라고 가정해왔다. 과학자들은 작업을 단순화하기 위해서 이러한 가설을 설정했다. "결국, 우리가 연구하고 있는 현상은 너무 복잡하기 때문에, 초기에 다른 복잡한 요인들을 배제하고 단순하게 만드는 것이 필수적이며, 먼저 이런 단순한 상황을 이해한 후에야 비로소 더 현실적이고 복잡한 상황으로 옮겨갈 수 있다."라고 과학자들은 주장한다. 이런 관점이 갖는 문제는 소위 단순화가 작업을 더 복잡하게 만들 수 있다는 점이다.

실제 세상으로부터 분리된 지성만으로 어떠한 행동을 하려면 막대한 양의 지식과 신중한 계획 및 의사 결정, 그리고 효율적인 기억 저장 및 인출 기능이 필요하다. 지능이 실제 세상과 밀접하게 연관되어 있을 경우에는, 의사 결정하거나 행동할 때 자신이 스스로 기억하거나 처리하여야 할 것 중에서 상당 부분을 외부 세계에 떠맡길 수 있다. 다시 말해서 물리적 환경은 분산 지능으로써의 역할을 담당하며, 인간의 기억과 판단의 부담을 덜어준다. 한 가지 예를 들어보자. 언어학자들은 언어 사이에 존재하는 많은 모호한 표현에 대해서 끊임없이 고민해왔다. 이 모호성을 이해하고, 시도하기 위한 시스템을 개발하는데, 엄청나게 많은 과학적 연구가 진행되어 왔다. 그러나 이러한 모호성은 항상 하나의 분리된 문장을 분석할 때 발생한다. 사람들 간의 상호작용이 이루어지고 있는 실제 상황에서는, 하나의 문장은 보통 오직 단 하나의 의미만을 갖는다. 심지어 의사소통이 모호할 경우에, 비록 말하는 사람과 듣는 사람이 서로 다른 의미로 해석하였다고 할지라도, 보통 사람들은 이것이 전혀 모호하다고 생각하지 않는다. 중요한 것은 애매모호한 점이 있다는 것을 지각하지 못한다는 점이다. 이러한 상황은 언어의 전달성 또는 사회성으로부터 파생된 것으로, 언어를 독립적이고 실제의 사회적 환경으로부터 격리된 '단순화된' 문장으로 연구할 경우에는 이러한 특성이 완전히 제외될 수밖에 없다.

세상에서 정보는 자료의 저장소로 생각되는데 이것은 많은 장점이 있다. 세상은 단지 거기에 존재함으로써 우리에게 사물을 쉽게 기억할 수 있도록 한다. 우리가 어떤 특정 정보를 필요로 할 때는, 단순히 주변을 둘러보기만 하면 바로 거기에 필요한 정보가 있는 경우가 많다. 예를 들어, 내 차를 수리해야 할 경우 수리할 부분의 정확한 모양을 기억할 필요가 없다. 왜냐하면 내가 그 일을 할 때가 되면 그 부품을 눈앞에 두고 있기 때문이다. 이것은 초기 데이터 수집의 부담을 줄이고, 필수적으로 학습 및 기억해야 할 내용들을 감소시키며, 복잡한 지수화와 검색 체계를 만들 노력을 절감시킨다. 게다가, 이러한 방식으로 획득한 정보가 필요한 시기에 가장 적절하게 사용될 것이라는 것을 보장한다.

물론, 미리 계획하는 것은 중요하다. 그러나 의사 결정을 반드시 행동을 해야 하는 시점까지 미룸으로써 사고 과정을 훨씬 단순화 시킬 수 있다. 대부분 미리 생각했던 많은 대안들이 실제로 행동을 할 시점에는 무의미해진 적이 있을 것이다. 그리고 나서 실제 세상의 물리적인 구조들은 우리로 하여금 적절한 선택을 할 수 있도록 유도할 수 있다.

추론과 계획은 신중한 사고와 내적인 정보를 요구하며, 모든 일을 이렇게 접근하면 여러 가지 근본적인 문제점에 봉착하게 된다.

- **완전성의 결핍:** 대부분의 현실 과제에서, 관련된 모든 것을 알기란 불가능하다.
- **정확도의 결핍:** 우리가 관련된 모든 변수에 대해서 정확하고 정밀한 정보를 가질 수 있는 방법이 없다.
- **모든 변화를 따라갈 수 없는 능력:** 어떤 시기의 사실이, 다른 시기에도 사실일 것이라는 보장은 없다. 세상은 동적이기 때문에 비록 어떤 특정 시점에 유용한 정확하고 완전한 정보를 알고 있다고 할지라도, 실제 행동을 해야 하는 시점에서는 무용지물이 될 수도 있다.
- **과중한 기억 부담:** 복잡한 상황에 대한 모든 정보를 다 알기 위해서는 많은 양의 정보가 필요하다. 모든 것을 다 학습하는 것이 가능하다고 할지라도, 필요한 시기에 필요한 정보에 접근하는 것은 매우 어렵다.
- **과중한 판단 부담:** 우리가 비록 모든 적절한 변수에 대해 정확하게 알고 있다 할지라도, 그들 모두를 적절하게 고려한다는 것은 매우 힘든 과제이다.

이러한 특징들의 부정적인 면은 실제 세상에 기반을 둔 의사 결정이나 행동이 신속하게 이루어져야 하기 때문에, 지나친 단순화와 불완전한 분석의 원인이 될 수 있다는 점이다. 우리 모두는 서둘러서 취한 행동이 종종 잘못된 행동이라는 것을 알고 있다. 시간의 압박에 쫓기는 경우에, 여러 가지 대안들을 심사숙고해보고 모든 예상되는 결과를 반영해 볼 기회는 지극히 제한적이다. 분명히 미리 계획하는 것은 필요하나, 융통성 없이 그 계획을 따라가는 것만이 능사는 아니다. 우리는 예상치 못한 사건들에 유연하게 대응하며, 실제 세상의 변화에 따라서 활동을 적절하게 변화시켜야 한다.

현실 세계에서 불가능한 것은 불가능하다

세상에는 중요한 속성이 있다. 현실 세상에서 불가능한 행동을 수행하는 것은 불가능하다는 점이다. 이는 진부하고, 뻔한 소리이다. 그러나 이 사실은 인지적 인공물로 구성된 인공적 세상에서는 깊은 의미를 갖는다. 또한, 세상을 모방하는 컴퓨터 프로그램을 작성하는 사람에게는 결코 하찮은 일이 아니다. 그들은 세상을 베낀 프로그램을 짤 때 현실 세계에서 불가능한 일은 모사된 인공적 세계에서도 불가능하도록 하기 위해 온갖 노력을 한다.

나는 실제와 거의 구별이 되지 않을 정도로 아주 정교하게 제작된 비행기 조작 시뮬레이션을 본 적이 있다. 이 정교한 시뮬레이션은 실제 조종실을 본따 만든 것으로 마치 진짜 비행기처럼 진동하고 소리가 나며, 대부분의 신체 감각도 느낄 수 있도록 만들고자 모든 방향으로 2미터 가량 움직일 수도 있다. 그리고 창문 밖으로 적절한 풍경을 볼 수도 있었다. 맞다. 정말 비행기 같았다. 그러나 나는 한 번 이 727기 시뮬레이션 장치를 타고서 샌프란시스코의 거리를 비행했고, 트랜스아메리카 빌딩 주위를 날았다. 물론, 비행기는 빠르게 움직였다. 아뿔싸! 그 큰 건물에 정면으로 충돌했다. 그러나 나는 아무런 진동도 느끼지 못한 채 빌딩을 관통하였다. 또 한 번은 비행기가 초음속에 가까운 속도로 곤두박질쳤다. 엄청난 광경이나 소리 또는 움직임을 기대했던 우리들은 다소 현기증만을 느꼈을 뿐이다. 시뮬레이션 장치에는 건물, 벽, 땅은 단지 계수적이고 그래픽적으로 추상화된 표현이기 때문에, 우리는 지하 1미터에서도 아무런 어려움이 없이 비행할 수 있었다.

이번에는 주인공 이름을 '하지메'로 만들고 마법의 성을 여기저기 돌아다니는 탐험 게임을 개발하는 컴퓨터 게임 프로그래머를 상상해보자. 주인공을 조정하는 프로그램이나 마법사의 성을 모방하는 프로그램을 짜는 것은 별로 어렵지 않다. 보물이 숨겨진 방을 표현하기를 원한다면 단지 벽, 가구, 열쇠, 창틀, 비밀 문의 위치를 그리면 된다. 그러나 이런 시뮬레이션이 실제로 작동하게 만드는 작업은 매우 복잡하다. 예를 들어, 주인공이 방에 있는 물체를 관통해서 걸어다니지 않도록 하는 것이 특히 힘들다. 또한 만약 주인공이 어떤 물체를 집은 후에 내려놓을 때 혹은 물체가 떨어지거나 미끄러지고 기울어질 때, 프로그래머는 구조물이 있는지 없는지를 확인해야 한다. 또한 주인공의 모든 동작은 주인공을 지탱하는 바닥이 있는지를 세심하게 확인해야 한다. 주인공은 항상 적절한 지지대가 있어야만 위나 아래로 움직일 수 있다(그러나 주인공은 계단, 램프, 가구 등을 만났을 때 위나 아래로 움직여야 한다). 주인공과 마법의 성을 프로그램하는 작업은 초보자들도 할 수 있지만, 그 둘 간의 상호작용을 프로그램하는 작업은 심지어 전문가에게도 힘들 만큼 매우 복잡하고 어려운 작업이다. 즉, 프로그램이 실제로 얼마나 빨리 실행될 수 있느냐 하는 것은 필수적인 제약 조건과 상호작용을 얼마나 잘 고려하여 프로그램을 만드냐에 따라서 결정된다.

여기서 중요한 것은 현실의 자연법칙은 단지 가능한 것만 발생하도록 한다는 것이다. 실제 세상에서는 벽을 관통해서 걷지는 못하므로 시뮬레이션된 세계에서 벽을 관통해 걸을지 안 걸을지를 계산할 필요가 없다. 그러나 컴퓨터도 인공적 상황으로부터 초래되는 부분에 많은 계산을 수행해야 한다.

사람들은 꿈속에서 일상생활의 제약에서 벗어난다. 실제 세상에서 불가능한 일을 꿈속에서는 쉽게 할 수 있다. 즉, 꿈속에서의 자유를 통해 환상이 이루어진다. 꿈속에서만 할 수 있는 불가능한 행동은 사람들이 환상을 만족시키기 위한 하나의 방편일지도 모른다. 반면 꿈속에서는 사람 마음의 프로그램 능력이 약화되었기 때문일지도 모른다.

만약에 우리가 꿈에서 겪는 기가 막히게 아름다운 환상이 단지 우리 마음이 정확하게 시뮬레이션을 하지 못해서 초래되는 부산물이라고 생각해보자. 결국, 꿈이란 모방된 환경 속에서 인간 행동을 시뮬레이션한 것이다. 시뮬레이션 프로그램은 인간의 마음—감각기관이 억제되고 자유의지의 근육 시스템이 작동하지 않는 육체에서 분리된 마음—속에서 실행된다. 이러한 시뮬레이션이 적절하게 수행되기 위해서 갖추어야 할 것을 생각해보자. 인간과 물체를 만들어야 하고, 행동이 결정되어야 한다. 결론적으로 물체와 인간 그리고 환경 사이의 상호작용이 시뮬레이션 되어야 한다는 것은 두 물체가 다른 하나를 관통하여 지나가지 않는다는 것과, 적절하게 중력의 힘이 작용한다는 것과, 불가능한 행동이 발생하지 않는다는 것을 보장하기 위해서 계속적으로 확인하는 것을 의미한다. 이것들은 복잡한 프로그래밍 작업이 될 것이고, 계산을 하기 위해 인간의 두뇌는 많은 부담을 받게 될 것이다.

계산을 단순화시키는 것이 얼마나 쉬운가. 어떤 물체가 다른 것을 관통해서 지나가고, 부적절한 방향으로 중력이 작용한다고 생각하자. 인간은 현실 세계의 많은 제약 조건들로부터 스스로를 자유롭게 함으로써 많은 이득을 볼 수 있다. 노력은 줄어들고, 그 결과는 훨씬 더 파격적일 것이다. 이제 인간의 해석 시스템은 그들 자신을 모방하는 작업을 진행할 수 있다. 그것은 창조적 정신을 조장하며, 불가능하고 놀라운 것들을 생각해볼 수 있게 하고, 즐겁고 유쾌하게 꿈을 경험할 수 있도록 한다. 이러한 부수적인 효과는 모두 시뮬레이션의 계산적 부하를 단순화하여 얻어진 결과이다.

정확성이 항상 중요하지 않은 이유

읽기와 쓰기가 널리 보급되기 전인 구전 시대에는 흔히 마을과 마을 사이를 오가면서 동화를 들려주고, 한 장소에서 다른 장소로 소식을 전하는 만담가들이 있었다. 여기서 중요한 것은 스타일과 내용이다. 이런 만담가들은 청중을 매혹시키기 위해 몇 시간 동안이나 계속 이야기를 할 만큼 놀라운 기억력을 가지고 있는 것으로 유명했다. 그들은 그 긴 이야기들을 모두 기억하고 있다고 한다. 그리고 현대의 학자들이 문자 이전의 문화가 아직도 남아 있는 곳에서 몇 명 남아 있는 만담가들을 연구했는데, 그들은 하나같이 자신의 기억력이 얼마나 정확한지를 자랑스럽게 이야기했다고 한다.

그러나 구술된 이야기를 테이프로 기록하고 비교해본 결과, 동일한 이야기가 무척이나 다르게 표현되는 것을 발견하였다. 그렇다면 그들이 그토록 자랑하던 정확도는 어디에 있는가? 심지어 한 만담가가 이야기하는 것은 다른 사람보다 두 배나 길었다. 그러나 두 이야기를 모두 들은 마을 사람에게는 아마 어느 한쪽이 다른 한쪽보다 낫다는 것을 제외하고는 그 두 이야기가 동일하다고 느꼈을 것이다.

청자와 화자 모두에게 단어 하나하나의 정확성은 필요하지 않다. 하물며 구전 문화에서는 단어 하나하나가 잘 이해되지도 않는다. 우리가 그런 것에 대해서 신경을 쓰기 시작한 것은 쓰기와 녹음기가 출현하면서부터

이다. 문자 그대로 조심스럽게 어떤 사람이 말한 단어를 쓰고, 그것을 비교하는 사람은 학자들뿐이다. 일반적으로 우리가 생활하는 동안에는 이러한 것에 신경조차 쓰지 않는다.

만담가는 이야기를 암기하지 않는다. 적어도 우리가 오늘날 암기라고 부르는 문자 그대로의 학습은 아니다. 근본적으로 이야기의 기본적인 흐름을 익히고, 시를 읊는 것처럼 이야기를 전개시키며 쉽게 배울 수 있었다. 왜냐하면 시는 표현 방식에 제약들이 있기 때문이다. 더불어 이 흐름 사이사이에 넣을 말들과 생명력을 불어넣는 방법을 배웠다. 이야기의 줄거리를 따르고, 잘 알려진 법칙을 적용하고, 시의 리듬과 운율을 맞추어야 한다. 이를 기준으로 만담가는 청중의 성격에 따라 새롭게 구성할 수도 있다. 그러나 이것은 어디까지나 같은 이야기이다. 청중들은 일주일 전이나 일 년 전에 들었던 두 시간짜리 이야기와 지금 들은 한 시간짜리 이야기가 똑같은 이야기라고 느낄 것이다. 사실 사회적으로 서로 상호작용하는 사람들은 항상 해석, 의미, 동기에 집중한다. 우리는 이야기와 맥락이 필요하다. 세부 사항이 얼마나 다른지 신경을 쓰는 사람이 어디 있는가? 단어의 정확성에 신경을 쓰는 사람이 누가 있는가? 그것은 일상적인 삶에서는 중요하지 않다.

인간의 기억은 삶에서 중요한 것—흥미 있는 것, 의미 있는 경험—을 중심으로 조작되어 있다. 문자 그대로의 정확도는 전혀 중요하지 않으며 그것을 달성하는 것도 어렵다. 그러나 오늘날과 같은 과학기술 세상에서는 이러한 정확성을 종종 요구한다. 변호사는 모든 단계를 보고, 기계는 모든 이상 변동에 민감하게 반응한다. 즉 우리는 우리가 지금까지 익숙해져왔던 방법과 전혀 다른 방법으로 기억력을 사용하도록 강요당하고 있다. 그래서 우리는 인공물의 도움을 받아야만 한다.

우리가 기억력의 약점을 보완하기 위해서 인공물을 사용하지만 그 부작용도 만만치 않다. 예를 들어, 원하지 않는 방향으로 움직여야 하고, 지나치게 정확하고 많은 양의 정보 때문에 꼼짝 못하게 될 수도 잇다. "기술이 우리를 돕기 위해서 무엇을 할 수 있을까?"라는 질문은 거의 항상 잘못된 질문이다. 물론 우리는 모든 문제에 대해서 과학적이고 기술적인 해답을 고안해낼 수 있다. 아마도 우리를 위해서 모든 것을 기억할 수 있는 작고 강력한 컴퓨터를 발명해낼 수 있을 것이다. 언제든지 사용하기에 적절한 작은 컴퓨터 말이다. 만약 컴퓨터가 아니더라도, 손목에 착용할 수 있을 정도로 작은 음성 기록기를 만들 수도 있을 것이다.

그러나 점점 이런 식으로 생각하기 시작하면, 계속적으로 기술에 의존하는 영원한 사슬에 얽매일 수도 있다. 그리고 그 다음 단계로 끊임없이 늘어나는 세부 정보를 다루기 위한 방법에 초점을 맞추게 될 것이다. 우리는 이 모든 정보를 다 처리할 수 없기 때문에, 우리를 지원할 수 있는 추가적인 기술을 고안해야 할 것이다. 이러한 현상은 문제 자체가 잘못되었기 때문에 전체 해답이 잘못되었다고 볼 수 있다. 정확한 접근법은 그러한 쓸데없는 자질구레한 것을 기억하지 않아도 되도록 세상을 구조화하는 것이다. 그렇게 되면 굳이 기술적인 지원을 받을 필요도 없고, 해답 자체도 필요 없어진다.

이것이 이 단원의 교훈이다. 오늘날은 앞에서 이야기했던 커다란 통제실을 불필요하다. 그러나 이를 변화시킬 때는 비공식적인 의사소통 기능에 주의하여야 한다. 작업자 사이에서 직접적인 대화 없이도 부드럽게 작업이 진행되도록 하는 비공식적인 의사소통의 경로가 뜻하지 않게 파괴될 수 있기 때문이다.

비행기와 전함 등에서 사용하고 있는 통신의 공유는 굳이 필요 없는 사람들에게까지 모든 메시지를 노출시키기 때문에 불필요한 것처럼 보인다. 그러나 메시지는 다른 사람의 활동에 대한 정보, 업무의 부드러운 동기화에 필수적인 정보, 지식수준에 상관없이 전체 선원들을 위한 효과적인 교육 및 훈련 장치로서의 역할을 수행하도록 지원하는 등 다양한 정보를 제공한다. 사람들은 풍부하고, 다양한 환경에서 효과적으로 일을 할 수 있다. 그러나 실제 세계로부터 분리된 지능은 풍부한 정보의 원천인 현실세계를 상실하고 말았다.

결국, 과학기술은 어떤 면에서 우리로 하여금 일상적인 삶에는 중요하지도 않은 정확성과 정밀도를 필요로 하게 한다. 그럼에도 불구하고, 우리는 정확성이 중요하지 않는 곳에서조차도 고도의 정확성을 가진 기계에 맞춰 우리의 삶을 변화시킨다. 그러나 우리의 목표는 인간에게 적절한 업무와 환경을 만들어주기 위한 인간 중심의 활동을 개발하는 것이다.

제7장

모든 것에는 적절한 자리가 있고, 모든 것을 제자리에 놓아야 한다

언제부터 사람들이 정보 과잉에 대해 불평을 하기 시작했는지는 모르겠지만, 1800년대 말에 그것은 심각한 문제였다. 전 세계에 걸친 무역이 있었다. 서신은 우편이나 급사를 통해 전달되었으나 목적지에 도착하려면 몇 주 혹은 몇 달이 걸렸다. 새로 도입된 전보는 거의 순식간에 메시지를 먼 곳으로 보낼 수 있었지만, 모스 부호로 한 글자씩 보내는 것이 느리기 때문에 많은 양을 전보로 보낼 수는 없었다. 단어 하나를 보내는 데 약 1초가 걸려 이 책의 한 페이지 정도의 분량을 보내는 데도 약 5분 정도 걸렸을 것이다.

그 후에는 자동차, 전화, 비행기 등이 운송과 통신의 속도를 높여주었다. 얼마 후에 라디오가 등장하였다. 빠르고 효율적인 운송과 통신 덕분에 세계적인 비즈니스와 무역이 가능해졌다. 이러한 이유로 많은 기업들이 급격한 변화를 겪게 되었다. 회사들은 먼 거리에서 일할 수 있는 방법

그림 7-1

우튼 특허 책상. "이 책상을 사용하면 사람들은 이제 수많은 종이를 버리는 부주의한 습관에 대해 변명을 하지 못하게 되었다. 그리고 '모든 것에는 적절한 자리가 있고, 모든 것을 제자리에 놓아야 한다'는 격언을 확인함으로써 얻을 수 있는 즐거움과 편안함을 깨닫게 될 것이다."

을 찾아내야 했다. 왜냐하면, 영업 사원들은 고객의 요구를 공장에 알리고, 고객이 원하는 시간과 가격에 제품을 전달할 수 있는지를 판단하여야 했기 때문이다.

그 중에서도 전화는 업무 수행 방식에 현저한 변화를 초래하였다. 전화가 도입되기 전에는 어떤 업무와 관련된 모든 부서들이 한 자리에 모여 있어야 했다. 임원진, 제조, 영업, 유통 부서가 모두 같은 건물에서 일했다. 어떤 부서가 다른 부서와 논의할 일이 있으면, 단지 걸어가서 이야기를 나누면 되었다. 이렇게 하면 효율적인 운영이 가능했지만, 규모는 작을 수밖에 없었다. 유통 부서는 불가피하게 멀리 떨어져 있어야 했는데, 우편은 느리고 전보는 용량이 부족하기 때문에 많은 어려움이 있었다. 이 부분을 전화가 해결해 준 것이다. 영업 부서와 유통 부서는 필요한 때에 즉시 접촉할 수 있었고 비즈니스의 규모가 커졌다. 전화의 도입으로 인하여 업무가 근본적으로 변화된 것이다.

서로 연락을 하는 데 전화는 좋은 수단이었으나, 기록할 수 없다는 것이 문제였다. 그러나 우편 제도도 특히 철도의 확장에 힘입어, 속도와 안정성 모두 향상되어 문서를 먼 곳으로 보낼 수 있게 되었다. 회사들이 더 넓은 지역에서 영업을 하게 되면서, 더 나은 기록 보관 방법이 필요하게 되었다. 복사기, 타자기, 팩스 등은 발명되기 전이었다. 모든 서신을 손으로 써야 했고, 원본을 다시 베껴 써야 복사본을 만들 수 있었다.

복사본을 어떻게 만들 것인가에 대해 여러 종류이 해결책이 제안되었는데, 에를 들어 원래의 쓰는 동작을 다른 종이에 그대로 옮기는 사도기—토마스 에디슨이 제안한 여러 겹의 종이에 자국을 남기는 진동 펜 등이다. 가장 성공적인 발명은 '압착 장부'로 얇은 백지를 여러 장 묶은 장부였다. 서류 원본 위에 얇은 백지를 적셔서 올려놓고, 이들을 나사-바퀴 기구로

세게 압착하는 것이었다. 젖은 종이가 원본의 잉크를 일부 흡수하고 그 결과로 생긴, 원본이 거울에 비친 모양의, 글을 종이의 뒷면을 보고 읽을 수 있었다.

압착 장부는 발송할 편지들의 복사본을 만드는 데 자주 쓰이는 수단이 되었다. 이것은 다시, 배송 우편을 날짜와 시간에 의하여 기록하는—즉, 복사본이 만들어진 시간에 의해서 정리되는—방법을 발전시켰다. 발송 우편물의 복사본은 압착되었던 순서대로 압착 장부에 보관되었다. 수신 우편은 보통은 상자 같은 다른 곳에 보관하였다. 송장, 주문서, 내부 메모는 만들지 않거나, 또 다른 상자에 보관하였다.

결과적으로 서류들이 급격하게 증가되어 사무실을 덮칠 지경이 되었다. 어디에 그 모든 서신과 통계 자료들을 둘 것이며, 또 중요 정보를 필요한 때에 어떻게 찾을 것인가? 온갖 종류의 정리 방법이 시도되었다. 한 가지 문제는 기록이 원부와 압착 장부에 묶여 있다는 것이었다. 이런 장부들은 시간 순으로 정리되어 있고 새로운 정보는 다음의 빈 자리에 추가되므로 원하는 것을 찾기가 매우 힘들었다. 고객의 주문서를 확인하려 한다면? 주문을 받은 때가 언제인가? 도착한 날짜대로 정리되어 어느 상자엔가 보관되어 있을텐데, 수고스럽겠지만 그 상자를 찾아서 잘 뒤져 봐야겠네. 그럼 그 주문이 처리된 것은 언제지? 처리된 서류는 다른 상자나 원부에 보관되어 있겠지. 상자를 찾아 보게. 언제 확인 서신을 보냈냐고? 복사본이 그 날짜에 맞는 압착 장부에 들어 있겠지. 모든 정보를 한곳으로 모으는 업무는 감당할 수 없게 되었다.

보관과 되찾기의 딜레마에 대처하기 위한 필사적인 시도로 사무원들은 서류를 상자에 보관하기 시작했고, 책상에 수많은 작은 칸막이나 작은 서랍들을 마련하기 시작했다. 책상 주인은 서로 관련된 자료를 그 안에 정리 보관하는 시도를 해볼 수 있었다. 칸막이 구멍으로 이루어진 책상은 점점 복잡해져서 그림 7-1에 나와 있는 '우톤 특허 책상'에서 그 절정을 이루었다. "모든 것을 한곳에, 그리고 모든 것을 적재적소에"가 그 광고 카피였다. 이 책상은 단순명료한 기술이지만, 정리라는 과제에는 흡족하지 못한 것이었다. 책상 주인이 서류를 어디에 두었는지조차 기억할 수 있을까라는 의문이 들 정도이다. 오늘날 박물관의 전시물이 되었고 고품 수집가들이 찾는 물건이 되었지만, 정보 폭발에 대한 답은 되지 못하였다.

이 책상의 여러 칸막이와 서랍들은 분명히 정리의 기능을 가지고 있다. 육십에서 백 개의 보관용 서랍이 있으므로 보관할 것을 육십에서 백 개의 범주로, 즉, 한곳에 한 범주씩, 나누어둘 수 있다. 이론적으로는 이렇게 하면 범주별로 관련 문건들을 한군데에 보관할 수 있다.

문제는 우리가 그렇게 많은 범주를 쉽게 기억할 수 없다는 것이다. 세 개의 칸막이라면 아무 문제가 없다. 다섯 개의 칸막이라도 별 문제가 없을 것이다. 그러나 열 개쯤 되면 쉽지 않을 것이다. 사용자는 아마도 양쪽 끝에 무엇이 있는지는 기억할 수 있겠지만, 중간에 있는 것들에 대해서는 헛갈리게 될 것이 틀림없다. 육십 개의 칸막이, 말할 것도 없다. 이 책상은 조직적인 구조, 고차원 범주, 검색 등의 측면에는 거의 도움을 주지 못한다. 한 칸막이에 '납부해야 할 고지서들'을 넣고 다른 데에는 '은행 기록'을 넣을 수는 있다. 그러나 이들과 관련 범주들을 '금융 거래'라고 고차원 구조로 연결해주는 것이 없다. 관련된 문건들을 서로 가깝게 두려고 시도해볼 수는 있을지 모르겠다. 그러나 어떻게 해야 하는가? '납부해야 할 고지서들'은 작은 봉투에 들어 있고 수가 많은 반면, '은행 기록'은 몇몇 개의 큰 수표책으로 되어 있다고 치자. 책상의 물리적인 형태에 따라 두어야 하는 곳이 달라질 것이다.

마지막으로, 이 책상은 사용자가 이들 범주를 기억할 수 있도록 돕는 보조물이 없다. 물론, 이런 책상의 대부분은 이름표를 가지고 있지만, 내가 살펴본 모든 칸막이 책상들은(어떤 것은 박물관에 있고, 어떤 것은 자랑스러운 주인들이 아직도 사용하고 있지만) 이름표들이 거의 없었다. 이름표를 붙이는 것은 골치 아픈 일인데, 이 책상은 이 필수 불가결한 일에 도움을 거의 주지 못한다. 설사 붙일 수 있더라도, 육십 개에서 백 개의 이름표들을 훑어보는 것은 어려운 일이다. 게다가 정확한 칸막이 서랍을 찾더라도 문제가 해결되지는 않는다. 칸막이의 내용물을 꺼내거나 서랍을 열었을 때, 찾고자 하는 것이 그 안에 있는지를 알아내는 것조차 어려울 것이다. 때문에 사람들은 온갖 종류의 꾀를 내었다. 그 중에는 작은 색인—메모—을 만들어 봉투의 앞면에 붙여서 봉투를 열지 않고도 안에 무엇이 있는지를 알 수 있게 하는 방법도 있었다. 그러나 색인을 쓰고 유지하는 일조차 오히려 할 일만 더 늘릴 뿐이었다.

칸막이 서랍 책상은 놀랄 정도로 도움이 되지 못하였다. 그 이유는 자료를 정리하고 조직화하는 부담을 사용자에게 넘기기 때문이다. 사용자는 머릿속에 너무 많은 지식을 넣어두어야 한다. 그 결과는 실수와 혼돈이다. 따라서 이런 책상은 다른 사람과 공유하기가 어렵다. 만일 당신이 어떤 것을 과거에 어떻게 정리했는지 잊어버린다면, 이를 잃어버린 것과 다름없게 된다. 나는 현대의 칸막이 서랍 책상을 가진 사람들에게 이 책상을 어떻게 사용하는지 물어보았다. 이들은 이 책상을 좋아하지만, 대충 위치만을 기억할 수 있다고 하였다. 그리고 가끔씩 원하는 것을 찾을 때까지 모든 서랍과 칸막이를 뒤져야 할 때도 있다고 하였다. 이들 책상은 소유하기에는 매력적일지 몰라도 의도했던 목적에는 효과적이지 못하다.

> 모든 것에는 적절한 자리가 있고, 모든 것을 제자리에 놓아야 한다.
> —만일 당신이 그 모든 장소들을 기억할 수만 있다면.

수직 파일 캐비닛: 기술의 획기적 진보

오늘날 일반적인 사무실에서 흔히 보는 파일 캐비닛이 20세기 초 처음 등장하였을 때, 정보 관리의 혁명 수준이었다는 것을 지금의 당신은 믿을 수 있는가? 캐비닛은 많은 양의 정보를 효율적이고 잘 구조화된 방식으로 정리할 수 있게 해주었다. 서신을 주제나 인명에 따라 구조화할 수 있었다. 파일을 수직으로 배열한 덕분에 파일을 빠르게 훑어보는 것이 가능하게 되었다. 다양한 정리 방안들이 소개되었는데, 가장 간단하고 효율적인 것은 이름표 탭으로, 파일들을 기능, 날짜, 알파벳순으로 구분하게 해 준 것이다. 캐비닛 덕분에 각각의 서류들을 폴더에 집어넣고 주제별로 이름표를 붙일 수 있었다. 파일 캐비닛 하나가 업무의 한 측면을 나타내고, 다른 캐비닛은 다른 부문을 나타낼 수 있었다. 그리고는 각 캐비닛 안의 각 서랍들에 이름표를 붙이고, 각 서랍 안에 있는 영역을 이름표를 붙여 절로 나누고, 각 절에는 일련의 이름표가 붙은 폴더들을 둘 수 있었다. 어떤 합의된 절차에 따라 체계적으로 정리하는 것이 마침내 가능해진 것이다.

복사의 문제가 해결되기 전에는 수직 파일 캐비닛은 그리 실용적이지 못했다. 오늘날 우리에게는 모든 서류의 복사물을 만드는 압도적인 능력을 지닌 레이저 복사기가 있다. 복사의 문제에 대해 개선이 이루어졌어도(초기에는 먹지의 개발로, 결국에는 복사기로), 서류 정리가 쉽게 이루어지기 위해서는 종이 크기의 표준화 같은 다른 개발이 필요했다(우톤 특허 책상이 여러 가지 크기의 서랍과 칸막이를 가지고 있음을 기억하라). 그리고 종이 크기가 표준화된 후에도 사람들은 서류 정리하는 방법을 배워야 했다. 20세기 초에는 이 방법을 가르치는 과목이 있었던 데다, 심지어 인기를 누렸다. 효과적인 서류 정리 방법을 알지 못하면, 원하는 기록을 찾는 것이 여전히 불가능하였다.

오늘날 존재하는 여러 가지 정리 보조 도구, 특히 컴퓨터 데이터베이스

그림 7-2
훌륭하게 정리된 파일 캐비닛. 캐비닛 안에 있는 것들을 체계화하고 분류하는 데 사용할 수 있는 다양한 방법들을 보여준다. 우편함처럼 칸막이 구멍으로 이루어진 책상으로는 불가능한 방법이다.

와 검색 시스템들 속에서 파일 캐비닛의 진가를 깨닫기는 어렵다. 그러나 파일 캐비닛은 강력한 인지적 인공물이다. 눈부신 것은 아니지만, 업무 수행의 관행에 혁명을 일으킨 안정적이고 견고한 기술이다.

칸막이 서랍 책상이 정리 도구로서 실패한 이유를 파악하기 쉬운 것처럼, 수직 파일 캐비닛이 성공한 이유를 파악하는 것도 쉽다. 이 책상은 정리 보조 도구 없는 고정된 수의 장소만을 제공한 반면, 파일 캐비닛은 크기에 거의 제한이 없는 무수한 위치를 제공한다. 제한이 있다면 그것은 모든 문건들이 표준화된 폴더에 들어가야 한다는 것뿐이다. 칸막이 서랍 책상은 상위 수준의 정리 보조 도구를 제공하지 않았으나 파일 캐비닛은 여러 수준의 정리 구조를 제공한다. 파일 캐비닛 서랍을 보여주는 그림 7-2를 보라. 색깔이 다른 이름표가 서랍을 몇몇 개의 큰 범주로 나누고, 각 범주 안에는 다른 이름표들이 하위 범주들을 구성한다. 그리고는 각 하위 범주 안에는 여러 개의 파일 폴더가 있고, 각 폴더에는 이름표가 붙어 있으며 그 이름에 맞는 자료들을 담고 있다. 이보다 많은 단계들을 가진 구조도 가능하다. 각 서랍이 한 범주가 될 수 있으며, 2~5개의 서랍을 가진 캐비닛이 한 범주가 될 수도 있다.

물론 파일 캐비닛이 완벽한 해결책은 아니다. 특히, 저장할 정보의 양이 수십, 수백 심지어는 수천 개의 캐비닛을 채울 수 있는 상황에서는 더욱 그렇다. 그러나 개인이나 사무실 하나가 모아놓은 많지 않은 양의 정보를 위해서는 칸막이 서랍 책상의 궁색한 설비에 비하면, 파일 캐비닛은 극적으로 개선되었다고 할 수 있다. 이렇게 중요한 인지 인공물이 없었다면 현대의 업무는 불가능했을 것이다.

오늘날 사무실 근로자들은 수많은 정리 방법들을 사용할 수 있다. 각 개인은 기록을 정리하고 활동을 확인하는 수많은 방법 중에서 원하는 방법을 선택할 수가 있다. 매사추세츠 주의 캠브리지를 여행하는 동안 동료 교수를 만났는데, 그녀는 내가 자료를 정리하는 방법에 관심이 있다는 것을 알고 나자 자신이 사무실을 정리하는 방법을 설명해주었다. 나는 자료를 정리하는 데 이용되는 보조 도구의 풍부함과 효율성에 너무도 감명을 받았고 그 사무실의 사진을 찍을 수 있었다. 사진을 보라. 현대적 시설을 잘 갖춘 사무실로 강력한 컴퓨터 워크스테이션에서 바닥의 더미까지, 큰 달력과 포스트잇을 사용한 노트 보드와 기타 최신 발명품들, 심지어 각 범주에 하나의 더미씩, 현재 진행 중인 일을 위한 전용 캐비닛—'더미 캐비닛'이 있다.

나는 그 동료 교수('크리스'라는 가명으로 부르겠다)에게 부탁하여 정리 방안을 서면으로 얻었다. 아래는 크리스가 내게 이메일로 보낸 답장인데, 그녀의 허락 하에 명확하게 하기 위해 일부 편집했고, 개인과 관련된 정보는 싣지 않았다.

송신: chris@xxxx.edu

수신: dnorman@ucsd.edu

주제: 나의 사무실

내가 어떻게 사무실을 정리하는지 알려 달라고 했지요. 다음과 같습니다.

나는 사무실 환경이 가능한 한 최대로 내 업무에 도움이 되게 하고자 많

그림 7-3

더미 캐비닛. 더미가 너무 많지 않다면 빠르고 쉬운 접근이 가능하다. 위의 사진은 크리스의 사무실에 있는 캐비닛이고, 아래는 내 집에 있는 사무실이다. 두 사무실에는, 더미 캐비닛보다는 덜 체계화되었지만 몇몇 사물에 대해 빠른 접근성을 제공하는 게시판과 같은 다른 정리 도구가 있다.

은 노력을 했습니다. 사무실은 내가 물건을 찾고 할 일을 기억하는 것을 돕도록 설계되어 있습니다. 또한, 논문을 쓰는 것 같은 '중요한' 일들을 생각나게 하도록 했습니다. 이런 일들은 덜 중요하지만 시간상 더 급한 일들 때문에 뒷전으로 밀려나기가 십상이지요. 내 책상은 L자 모양으로 배치되어 있고, 한 쪽 벽에는 큰 달력이 걸려 있고, 다른 쪽 벽에는 '해야 할 일들' 목록이 있습니다(주요 프로젝트에 관해 해야 할 가장 중요한 일들이 생각나도록 특별한 달력을 문에 걸어 놓아서, 내 책상에서 읽을 수 있고 사무실에 들어올 때마다 보이게 하였습니다).

달력은 이번 달을 보여주고, '제3장을 제출' 또는 '이사회에 이메일 보내기' 같이 내가 해야 할 일들이 나열되어 있습니다. 여기에는 회의, 마감일, 알림 등도 포함됩니다. 나는 포스트-잇을 사용하므로, 변경 사항이 생겨도 잘 대처할 수 있습니다. 달력은 시간 순서대로 배열되어 있고, 중요한 일, 중요하지 않은 일 모두가 여기에 기록되어 있습니다.

필요에 따라 서너 달마다 '해야 할 일들' 목록을 갱신합니다. 이 목록은 다음 석 달 동안 마무리하고 싶은 주요 업무들을 보여줍니다. 나는 이 목록을 분기마다 쓰는 보고서를 위한 계획이라고 생각하고 있습니다—이 목록에 있는 모든 것을 완수하고 있다고 말할 수 있으면 좋겠는데 보통 85% 정도만 완수하고 나머지는 다음 분기로 넘깁니다. 목록에서 가장 중요한 것은 세미나 발표와 논문이지만, 논문 심사, 출장, 보고서, 집안일(예를 들면 소득세 내기), 내가 지금 회장직을 맡고 있는 학회 활동 등도 들어 있습니다.

보통 이런 일들에는 최소 3~4시간이 필요합니다. 나는 포스트-잇으로 일을 끝내면 체크 표시를 크게 해둡니다. 나는 일부러 이들을 붙여두는데, 정말로 무엇인가를 완수하고 있음을 눈으로 확인하고 싶어서입니다. 다음 분기를 위해 갱신을 할 때, 체크 표시된 것들을 떼어서 '할 일들' 목록 옆에 있는 무작위 모음에 두는데 내가 실제로 완수한 것들을 상기하기 위한 것입니다. 알고 보니 이것은 내게 심리적으로 매우 중요한 것이었습니다(자기-정신분석을 한 번 해도 좋다면). 완수된 일의 목록을 항상 볼 수 있기 때문에 내가 더 많이 성취하는 데 도움이 되고, 체크 표시를 하나 더 얻기 위해 다른 작은 일들과의 업무 절충에 도움이 됩니다.

나는 서류 정리를 위한 3단계 서류 정리 시스템도 가지고 있습니다. 작업 공간인 내 책상이, 프로젝트를 진행하는 동안에는 어지럽혀져도 나는 신경을 쓰지 않지만 정기적으로 3~4일에(논문을 쓰는 동안에는 더 가끔) 한 번 정도 깨끗하게 치웁니다. 책상 옆쪽(달력이 걸린)에는 내가 항상 쓰는 물건들 즉 전화, 자동 응답기, 테이프, 스테이플러, 우표, 롤로덱스, 여러 색의 포스트-잇, 필기구, 사전, 액체 수정액, 동의어 사전, 그리고 인테리어로 매우 예쁜 만화경을 둡니다. 나는 또 내가 만든 두 개의 봉투를 파일 캐비닛의 옆면에다 붙여두고 있는데, 하나에는 주소 라벨을 넣어두고, 다른 봉투에는 영수증들을 넣어둡니다. 나는 여러 물건들(예를 들어, 논문, 써야 할 편지, 심사 논문, 차량용 라디오 도난 신고서)을 검색하기 위해 여러 색깔의 서류철을 사용하고, '사용중'인 것들은 책상 위에 둡니다. 이들 뒤에는 비어 있는 서류철을 둡니다.

내 책상은 서랍이 여섯 개 있습니다. 하나에는 봉투와 백지가 들어 있는데, 백지는 아이디어를 적어두고자 할 때 씁니다. 다른 서랍에는 음식(차, 수프, 숟가락 등)과 약들을 넣어둡니다. 다른 서랍에는 재정과 관련된 서류들(수표책, 저당 문서 봉투, 계산기, 과거의 달력과 사용된 수표), 비상용 축하 카드(!), 오래된 편지, 작은 노트 패드가 들어 있습니다. 다른 서랍에는 덜 자주 쓰는 물건들(명함, 파일 폴더용 라벨, 파일 캐비닛 열쇠, 형광펜 등)을 둡니다. 마지막 여섯 번째 서랍은 파일용 서랍인데 잡다한 자주 쓰는 파일들(비용 기록, 이력서, 청구서 및 급여 명세서, 서류 양식, 내가 일하는 곳의 행정 정보)을 보관합니다. 약 일 년에 한 번씩, 보통 주요 프로젝트를 끝내고 머리를 별로 쓰지 않는 일을 하고 싶을 때, 여기서 필요 없는 파일들을 치워버립니다.

책상의 다른 옆쪽, 즉 '해야 할 일들' 목록이 있는 쪽에는 세미나 발표를 위한 35mm 슬라이드로 가득한 노트, 쓰지 않은 OHP 필름, 전화번호부, 소프트웨어 매뉴얼, 그리고 특별한 이유는 없지만 비디오디스크(책꽂이에 들어가기에는 너무 크기 때문이라고 추측됨)가 있습니다. 나는 여러 층으로 쌓여 있는 '받은 상자들'에 전화번호 목록, 복사물, 팩스 정보, '정치적 서류'를 넣어두고, '보낼 편지함'에는 부칠 우편물을 넣어둡니다. 그러니까 내게는 '받은 편지함' 자체는 없는 셈입니다.

나는 파일 캐비닛이 많습니다. 내 책상 왼쪽에는 서랍 두 개가 달린 파일 캐비닛이 하나 있는데, 여기에 들어 있는 파일들을 사용하는 경우는 거의 없습니다(거기에는 집필중인 프로젝트를 넣어두었는데, 지금은 이런 것들을 더미 캐비닛으로 옮겼습니다. 지금, 이 파일 캐비닛에는 시작한 후 끝내지 못한 프로젝트들을 보관합니다). 내 책상 오른쪽으로 서랍이 네 개 있는 파일 캐비닛이 두 개 있습니다. 그 서랍 중 세 개를 항상 사용하고 있습니다. 두 개는 나의 논문들을 출판된 순서대로 보관하고 있는데, 그중에는 방문객에게 줄 여분의 복사물도 있습니다. 서랍 하나에는 전문가 모임학회를 위한 파일들이 들어 있습니다. 다른 서랍은 과거에 참석했던 학회에 관한 파일을 위한 것이고,

다른 몇몇 서랍은 오래된 파일들로 가득 차 있습니다. 이 서랍들을 서너 달에 한 번씩 들여다봅니다.

더미 캐비닛은 현재 진행 중인 프로젝트를 관리하는 데 매우 효율적입니다. 이것을 사용한 것은 3년 전부터입니다. 파일 서랍에 물건들을 넣어두면 곧 잊게 된다는 사실을 깨달았습니다. 그렇지만 내 책상은 크지 않아서 일하고 있는 모든 것들을 둘 수가 없습니다. 소책자를 전시하기 위한 캐비닛을 개조해서 거기에 포스트-잇으로 이름표를 붙였습니다(보통, '해야 할 일들' 목록을 갱신할 때면 범주들에 대해 다시 생각해봅니다). 진행 중인 프로젝트들에는 현재 학회 일들을 모은 더미들이 포함되는데, 예를 들어, 서명할 것, 재정 관련 서류, 지역 모임 등입니다. 두 개의 소프트웨어 프로젝트에서 나온 문서, 명세서, 회의 노트 등이 있고, 현재 진행 중인 프로젝트의 여러 가지 일거리(위원회 노트, 동료가 준 짧은 논평, 제안서 원본, 여러 서류들) 전용으로 사용하는 더미가 몇 개 있습니다. 현재 일하고 있는 여러 데이터, 관련 논문을 위한 더미(이것이 적당한 크기를 넘지 않도록 하는 것이 어렵습니다) 등도 보관하고 있습니다.

나는 다섯 개의 책꽂이가 있는데, 여기에 책, 앞으로 읽을(!) 논문들, 학회지들을 꽂아둡니다. 책꽂이 네 개에 가득 찬 논문 등은 사무실 밖의 책장으로 옮겼습니다.

생각나는 것과 목록을 적어둘 화이트보드가 있습니다. 여기에 몇몇의 그림들은 항상 지우지 않고 놔두는데, 이들에 대해 이야기할 때 다시 그리지 않기 위해서입니다. 문 뒤에 플립 차트패드를 두고, 잊고 싶지 않은 아이디어들을 다시 살펴보는 데 정기적으로 사용합니다. 적어둘 기회가 생길 때까지 이런 아이디어에 대해 생각하고 있기 위해, 이들을 벽에 테이프로 붙여둡니다.

크리스의 사무실은 현대 전문가의 삶을 지배하는 정리 문제를 도와줄 수 있는 인지적 인공물의 다양한 예시를 보여준다. 그녀는 여러 개의 노트보드와 칠판, 그리고 다수의 서로 완연히 다른 달력들을 사용하고 있다. 컴퓨터 워크스테이션은 얼마간의 도움을 제공하지만, 정보 과잉의 또 다른 근원이기도 하다. 80년대의 가장 중요한 인지적 인공물인 포스트-잇을 조직화, 계획 세우기, 기억 상기시키기 등에 활용하고, 임무를 마친 포스트-잇은 '완결' 영역에다 둠으로써, 꾸준한 활동에 보상을 주기 위한 동기부여 도구의 역할을 한다.

파일 보관 캐비닛을 의도적으로 두 가지 형태로 사용하고 있음에 주의해 보라. 하나는 효율적인 정리, 다른 하는 효율적인 자료 검색이다. 캐비닛 하나는 전통적 '파일 캐비닛'으로, 비교적 가끔 사용되는 자료를 위한 것이다. 파일 캐비닛은 강력한 자료 정리 도구로 이용될 수(그림 7-2가 보여주는 크리스의 파일 서랍의 안에서 볼 수 있듯이) 있다. 다른 캐비닛, 즉 '더미 캐비닛'은 폴더와 논문의 더미들을 두는 수평 선반들로 만들어져 있다. 더미 캐비닛은 효율적인 정리 도구는 아니다. 조직 구조 측면에서 보면, 파일 캐비닛은 깊고 위계적인 표상 구조를 제공하지만, 더미 캐비닛은 단지 한 수준의 조각(각 더미에 대한 이름)만을 가진 얕고 평평한 구조를 제공한다. 이런 면에서 생각하면, 더미 캐비닛은 우톤 특허 책상의 구조와 비슷하다.

이것은 디자인에서 불가피하고 흔히 일어나는 절충이라 할 수 있다. 즉, 어떤 특성에 대한 최적화는 다른 특성에 대한 비효율이라는 대가를 치러야 한다. 더미 캐비닛은 즉각적인 접근을 하게 해주지만, 그 조직 구조는 형편없다. 다시 말해, 더미는 자주 사용하는 자료에는 좋다. 파일 캐비닛은 효율적인 조직 구조를 제공하지만, 어떤 서류(자주 사용되는 것이라도)를 찾으려면 여러 단계의 조직 구조를 거쳐야 한다.

정돈과 구조에 대한 크리스의 노력에 불구하고, 위반 사항을 여럿 찾을 수 있다. 어떤 것들은 실용적인 조직화를 위해서가 아니라 역사적 이유 때문에 놓아둔 것 같다. 비디오디스크들이 왜 구석진 장소에 놓여 있는가? "책꽂이에 들어가기에는 너무 크기 때문이라고 추측됨." 어떤 구조는 효율만을 위해서가 아니라 동기 부여라는 이유 때문에 사용된다. 이들 중 내가 가장 좋아하는 것은, 할 일들을 달력에 붙여 놓은 포스트-잇인데, 일이 끝나면, 이들을 버리지 않고(나라면 버렸을 테지만) 체크 표시를 한 뒤에 달력의 '완료' 영역(상존하는 동기 부여물이면서 일들을 정말 완료되었음을 회상시켜준다)으로 옮긴다는 점이 무척 매력적이다.

크리스는 자료 정리의 효율에서 한쪽 극단을 나타내는데, 아마도 대부분의 사람들이 감당할 수 있는 수준 이상일 것이다. 그러나 그녀의 방법은 인지적 도구의 효과적 사용만으로도 개인이 얼마나 많은 것을 할 수 있는지를 보여준다.

지식을 체계화하기

왜 사전과 백과사전이 알파벳 순서로 배열되어 있는지 궁금하게 여겨본 적이 있는가? 알파벳은 좀 기이한 순서를 만들어낸다. 가까이 있는 단어들은 서로 관계가 없는 경향이 있다. 백화점이나 하드웨어 상점 같이 기능적인 순서가 더 좋지 않을까? 혹은 도서관 같이 만들면 어떨까? 그러면 가까이 있는 항목들은 서로 관련이 있을 것이다. 이렇게 하는 것이 더 합리적이지 않을까?

모든 물건이 알파벳 순서로 배열된 하드웨어 상점을 상상해본 적이 있는가? 점원에게 콘센트가 어디에 있는지를 물어보고, C칸으로 가보라고 안내 받았다. 그러나 원하는 콘센트가 거기에 없었다고 치자. 다시 점원에게 물어보면 점원은 "아, 3핀 콘센트를 말씀하시는군요. 그것은 T칸에 있습니다."라고 대답할 것이다. 이런 방식으로는 일이 되지 않는다.

기능적으로 조직화된 것이 얼마나 잘 통하는지에 대한 훌륭한 예를 콜

로라도 주 볼더 시에 있는 맥거킨 하드웨어 상점에서 찾을 수 있다. 이 상점은 30만 개 이상의 물건, 즉 웬만한 사전에 실린 단어 수보다도 많은 물건을 파는 곳이다. 사전을 보면 알파벳 순서가 필요한 것 같지만, 맥거킨은 그렇게 생각하지 않는다. 직원들은 어떻게 물건들을 관리할까? 고객들은 원하는 물건을 어떻게 찾을까?

콜로라도 대학교 컴퓨터 과학과의 브렌트 리브스와 게르하르트 피셔도 이것이 궁금해서 학교 근처에 위치한 맥거킨 하드웨어 상점을 연구하였다.

맥거킨은 기능에 따라 위계적으로 조직되어 있다. 찾고자 하는 물건의 종류에 따라서 상점의 섹션이 정해지고, 그 섹션 안에서는 기능에 따라 하위 섹션이 결정된다. 가장 재미있는 경우는 고객 자신이 무엇을 살지 명확하게 정하지 않고 상점에 방문할 때이다. 고객은 점원을 찾아서 문제가 무엇인지를 설명한다. 해당 섹션의 점원은 자신의 영역에 대해서 상세하게 알고 있지만, 상점의 다른 섹션에 대해서는 불완전하거나 모호한 지식을 가지고 있다. 그렇더라도 고객이 해답을 얻을 수 있도록 옳은 방향으로 보낼 수 있을 정도면 충분하다. 고객이 발을 돌려서 잠시 후 다른 점원을 찾고, 이 점원은 다시 어디로 가면 되는지를 알려준다. 보통, 한두 번만 점원의 안내를 받으면 고객은 적절한 섹션에 갈 수 있고, 여기서부터는 섹션 전문가와 상담할 수 있다. 이 전문가는 자신의 영역에 대해서 매우 잘 알고 있을 뿐만 아니라, 그곳 물건들과 관련된 일에 대해서도 빠삭하다. 내가 이 상점에 들렀을 때, 내가 사는 도시에서는 찾지 못했던 물건(작은 캠핑용 스토브에 사용할 특별한 연료통)이 눈에 띄었다. 이 물건의 생산은 중단 된 지 오래라고 알고 있었다고 그 영역의 전문가에게 말하였는데, 그는 이 연료통에 대해 알고 있었을 뿐만 아니라 왜 구하기 어려운지까지도 설명해주었다. 게다가 그렇게 만든 경쟁사 제품까지도 설명해주고는 현재도 소량 생산되고 있는 곳까지 알려주어서 나는 만족하였다. 더구나, 맥거킨은 이 연료통을 계속해서 팔 것이라고 말하였다. "저도 그 물건을 좋아하거든요."라고 그 점원이 말했다.

전문가들이 이런 정도의 전문 지식을 가지고 있기 때문에 고객과 충분한 상의를 한 후에, 원하는 물건에 대한 초기의 모호하고 부정확한 설명을 듣고도 구체적인 물건을 제안할 수가 있게 된다. 일단 물건을 손에 쥐면 고객과 점원은 실제로 어떻게 사용할지에 대해 상의를 하면서 기술을 명료화하고, 원하는 것을 찾을 때까지 여러 가지 다른 물건들과 비교할 수 있다. 나는 잠금쇠를 찾고자 하는 고객과 점원의 대화를 들었다. 한동안 실제 사용에 관해서 이야기를 한 후에, 점원은 접착제가 더 좋을 것이라는 결론을 내리고는 고객을 접착제 전문가에게 보냈다.

맥거킨 상점은 기능을 기준으로 조직되어 있다. 관련된 물건들은 서로 가까운 곳에 전시된다. 맥거킨 상점을 이용하는 사람들은 상점 전체의 구조에 대해서는 알 필요가 없다. 일단 관심 있는 제품들이 어디에 있는지를 알면, 관련된 제품들이 근처에 있을 것이라고 믿어도 좋다. 고객이 새로운 물건을 찾을 때만 점원의 도움이 필요하다. 점원들은 인지 과학에서 부르는 '지능 에이전트(어떤 과제의 완수를 돕는 지식이 풍부한 전문가)' 역할을 한다. 이들 '에이전트'는 상점의 다른 섹션에 대해서는 불완전하거나 모호한 지식—고객의 요구에 맞는 분야에 전문 지식을 가지고 있을 것 같은 에이전트에게 고객을 보낼 수 있을 정도의 지식—을 가지고 있다.

그렇다면 왜 사전들은 알파벳 순으로 정렬한 걸까? 자, 에이전트들의 도움 없이 맥거킨 상점에서 무엇을 찾으려 한다고 생각해보자. 사전, 동의어 사전, 백과사전의 핵심은, 사용자를 도와줄 지식이 풍부한 전문가가 없을 때의 조직 방법을 파악하는 것이다. 대안은 무엇이겠는가? 사전과 백과사전이 처음 고안되었을 때, 이들은 기능에 따라 조직되어 있었다: 관련된 항목들이 서로 나란히 배치되어 있었다. 문제는 어떤 한 항목이 다른 여러 항목들과 관련되어 있지만 인쇄된 페이지의 크기에 모든 관련 주제들을 넣을 수가 없었다. 여러 항목과 관련되어 있을 때, 어떻게 되었겠는가? 결국에는, 알파벳이 최선의 중립적인 조직화 방안이었다. 당신이 찾고자 하는 항목을 알면, 그리고 그 항목의 철자를 알면, 빠르고 효율적으로 알파벳을 사용할 수 있다. 그러나 우리 모두 경험해보았듯이, 이런 접근 방안에는 결점이 있다.

우리가 단어를 알고 의미를 찾을 때, 알파벳 순 배열은 우리를 잘 도와준다. 그러나 유사한 의미의 다른 단어들을 찾을 때는, 관련된 단어들을 서로의 근처에 두는 구조가 더 좋을 것이다. 가끔씩 우리는 주방 용품이나, 스포츠 용어처럼 어느 공통 분야의 단어들을 찾는데, 이때는 범주화 구조가 유용할 것이다. 백과사전의 경우에도 마찬가지다.

인쇄된 책은 조직 구조라는 면에서 한계가 있다. 그렇기 때문에, 참고 서적은 용어의 알파벳 배열과 타협을 하는 경향이 있다. 관심 있는 항목이 들어 있는 용어를 알 경우에만 이 방법을 적용할 수 있는데, 사용자를 돕기 위해서 다른 길을 제공하는 데 상당한 노력을 들여야 한다. 책의 내용 목록, 장 제목 목록, 때로는 다양한 색인을 통해 요약되어 있다. 본문의 어느 부분이라도 색인과 내용 목차는 여러 다른 곳에서 '지목'될 수가 있다. 그렇다 하더라도, 이는 종종 불만족스럽고, 참고 서적의 사용자는 한 번에 여러 곳을 봐야 하기 때문에 책 사이에 손가락, 종이 조각, 클립 등을 끼워 넣어서 해당 부분을 지정해두어야 한다.

개인적인 기록에서도 유사한 문제가 있다. 개인 노트를 어떻게 조직하여야 할까? 시간 순으로 기록하는 것이 가장 쉽지만 가장 효율적이라는 보장은 없다. 주소록에 대해서는 어떤가? 일반적으로는 알파벳 배열을 사용하지만, 때로는 직업이나 거주지, 혹은 다른 특성들에 따라 분류되기를 원한다.

물론, 알파벳 조직은 알파벳을 사용하는 언어일 경우 쓸모가 있지만, 모든 언어가 알파벳으로 구성되어 있는 것은 아니다. 알파벳 없는 언어(예를 들어, 한자나 일본의 간지)들은 다른 조직화 방법(보통, 알파벳에 해당하는 무엇), 다시 말해 검색을 돕기 위해 순서대로 나열할 수 있도록 모든 사람이 알 수 있는 구조를 찾아야 한다. 이 구조는 단어의 의미와는 아무런 관계가 없어야 하며, 사람이 검색 도구로 사용할 수 있을 정도로만 체계적이면 된다. 이는 보통 글자의 일부에 대한 획의 순서를 사용하거나, 단어를 읽는 소리로 바꾼 뒤에 알파벳의 일종이나 음절 문자표를 사용하여 소리와 음절들을 조직하는 방법을 뜻한다(실제, 후자의 방법은 중국어에서는 쓸 수가 없는데, 중국어는 글자가 의미는 동일하더라도 지방어에 따라 다르게 발음되기 때문이다). 알파벳은 사전의 배열을 단순화하지만 임의적인 것이어서 유사한 철자라는 우연성을 제외하고는 관계가 없는 단어들을 한곳에 두게 된다.

어떻게 사전을 재구성할 수 있을까? 지금까지 많은 방법이 시도되어 왔다. 관련된 용어들을 나열해 놓은 동의어 사전이 한 가지 예다. 어떤 단어를 찾으면 유사하거나 반대되는 뜻의 다른 단어들도 한곳에서 찾을 수 있다. 어떤 사전들은 각운에 따라 조직되어 있어 시인이나 가로세로 낱말 퍼즐을 푸는 사람들에게 도움이 된다. 전자 매체에 새로운 방안 하나가 등장하였다. 정의에서 시작하여 단어를 향해 거꾸로 움직이는 방식이다. 이런 방안들의 차이는 접근을 제공하는 방법상의 차이이다. 우리에게 진정으로 필요한 것은 지능 에이전트다. 맥거킨 하드웨어 상점의 종업원 같은.

사전, 백과사전, 동의어 사전, 맞춤법 교정 프로그램, 언어 번역 프로그램들은 모두 유사한 일을 해주며,어휘들을 접근하는 방식에 있어서만 차이가 있다. 현재는 모두 서로 분리되고 무관한 응용 프로그램들이지만, 이렇게 된 것은 우연에 의한 것이다. 이들을 하나로 결합시킨다면 기능은 대폭 확장될 것이다.

전자 맞춤법 교정 프로그램은 지능 에이전트의 원시적인 형태다. 단어를 입력하면, 프로그램은 이 단어를 찾는다. 만일 이것이 정확한 단어라면, 프로그램은 해당 단어를 보여주는 것으로 끝낸다. 정확한 단어가 아니라면, 에이전트는 일반적인 맞춤법 패턴과 알려진 발음에 기초해서 일련의 대안들을 내놓는다. 좋은 맞춤법 프로그램은 전문가가 교정해주는 것 이상의 효과를 내기도 한다. 즉, 약간의 문법(반복되는 단어를 알려줄 만큼, 그리고 문장의 첫 단어를 대문자로 쓸 만큼), 타이핑 실수('congitive'를 'cognitive'로 바꿀 수 있을 만큼), 발음법('feasant'나 'asma'를 'pheasant'와 'asthma'로 바꿀 수 있을 만큼, 그러나 'kof'를 'cough'로 바꿀 만큼은 아닌)을 알고 있다.

맞춤법 교정 프로그램은 사전이나 동의어 사전을 사용하기에 매우 편리한 방법을 제공한다. 즉, 찾고자 하는 단어를 입력하면 가장 일치하는 항목을 찾는다. 그러나 부족한 점이 있다. 만약에 이 프로그램이 맞춤법을 제안해줄 정도로 지능적이라면 그와 동시에 단어의 정의나 동의어를 제공할 수는 없는가? 그리고 문법은 어떤가? 맞춤법 프로그램이 문법에 대해 더 많이 알면, 더 잘 도와줄 수 있을 것이다. 지금은 이것이 되지 않는다. 서로 다른 컴퓨터 프로그램을 써서 일일이 이런 기능들을 따로 불러서 사용해야 한다. 각 프로그램들이 자신의 기능에만 전문화되어서 다른 프로그램들에 대해 알지 못하거나, 서로 정보 교환도 하지 못한다. 도도한 전문가들이다. 이런 결점은 프로그램을 만든 사람들의 상상력이 부족했기 때문인가, 아니면 전자 매체의 사용을 둘러싼 저작권과 사용료 분배에 얽힌 거미줄 때문인가? 아마도 양쪽 모두일 것이다.

일반적인 참고 저작물은 인쇄된 책이라는 기술의 한계 속에 묶여 있다. 책은 선형적이다. 즉, 페이지들이 정해진 순서로 이어져 있다. 이는 극복할 수 없는 중요한 조직화의 문제를 초래한다. 물론, 출판사와 저자들의 노력이 있기는 하다. 자료를 다루기 쉽고 적은 분량으로 나누는 방법인 장을 고안하였다. 표제는 대충 훑어보는 데 도움이 된다. 내용 목차와 색인도 다른 보조 기구들이다. 각 보조 기구는 나름대로의 조직 문제를 가지고 있다. 내용 목차는 보통 책의 앞에 붙어 있으며, 색인은 책의 끝 부분에 붙어 있고 알파벳 순서로 조직되어 있다. 그러나 이들은 임의적인 고안이고, 조직과 위치도 그렇다.

컴퓨터의 장점 중 하나는 거대한 양의 자료를 비교적 빠른 속도로 검색할 수 있다는 점이다. 검색을 돕기 위해, 컴퓨터는 내부적으로 색인이나 목차를 만들 수도 있지만, 사용자가 이들에 대해 알 필요는 없다. 사용자가 컴퓨터로부터 얻는 이미지는 요구에 따라 조직화된 체계일 뿐이다. 사전에 자료 구조를 고정시킬 필요도 없다. 즉, 내가 어떤 단어의 정의를 알고 싶을 때, 그 단어를 입력하면 즉각 무슨 뜻인지 알 수 있다. 만일 정의를 알고 단어는 모른다면, 정의들을 뒤져보면 되지 않는가? 그 원하는 단어를 찾는 데 정의, 발음, 소리의 일부, 단어가 유래한 언어, 기타 생각나는 어떤 방법이든 찾을 수 있을 것이다. 현대 기술의 힘은 순서에 얽매일 필요가 없다는 것이다. 순서는 독자가 정한다.

알파벳 순서는 사물을 조직하는 너무도 임의적인 방법이어서, 우리가 그렇게 전폭적인 신뢰를 보내고 있다는 사실에 나는 항상 놀라곤 한다. 심지어는 컴퓨터 과학자들까지도 순서라는 덫에 걸려 있는 것 같다. 학생들이 학교에서 공부하는 과제들 중 하나는 항목들을 순서대로 분류하는 여러 가지 방법이다. 버블 정렬, 나무 정렬, 빠른 정렬 등등. 하지만 굳이 왜? 우리에겐 사물을 순서대로 정렬할 필요가 없는 컴퓨터가 있다. 항목을 정렬하려는 노력은 초기에 컴퓨터가 숫자의 정확한 수치를 찍어내는 데 사용되었다는 사실의 잔재이다. 이런 노력은 컴퓨터의 핵심에서 벗어난다. 이제 컴퓨터는 표를 사용할 필요조차 없애준다. 어떤 수치가 필요한가? 그 자리에서 계산하면 된다. 실제로는, 이 해결책은 컴퓨터가 작고 값이 싸져서 누구나 필요할 때 가질 수 있을 때까지는 현실적이지 않았다. 그러나 이미 이것은 실현되었다. 우리가 계산기라고 부르는 소형 컴퓨터는 어디서나 사용가능하다. 이들은 숫자표보다 훨씬 저렴하고 사용하기 편하다.

정보가 어떻게 조직되어 있든, 어떻게 요청되었든, 정보를 빨리 찾는 컴퓨터의 힘은 가장 흔한 인지적 인공물인 참고 서적의 성질을 이미 바꾸어 놓았다. 소형 포켓 전자사전(어떤 것은 여러 언어의 번역 기능이 탑재된 것도 있음), 성경 및 참고 서적들은 모두 전자기기가 인쇄된 책보다 쓰기에 편리하다.

책장들을 이리저리 넘길 필요가 없다. 관심 있는 문항에 대해 알고 있는 것—맞춤법이 틀리더라도—을 입력하면 바로 나타난다. 축구, 미식축구, 야구 같은 종목의 구단과 운동선수에 대한 모든 통계 정보가 종이에 인쇄되었을 때보다 포켓 전자 파일로 되어 있을 때 휴대하고 사용하기에 더 편리하다. 나의 전자 달력과 주소록은, 비록 디자인은 좀 엉성하지만, 과거 사용하던 종이로 된 것보다 작고 우수하다.

전자 매체—특히 참고 서적(표, 통계표, 사전, 백과사전)인 경우—가 인쇄된 것보다 우수할 수 있는 이유는 검색과 조직의 문제를 해결해주기 때문이다. 여전히 책들에 존재하는 알파벳 배열과 광대한 색인은 늘 다루기가 불편하다. 컴퓨터를 이용한 검색은 인쇄된 매체의 한계를 극복할 수 있지만, 이는 개발자가 사용자의 요구와 능력을 고려하여 적절하게 시스템을 만들었을 때에만 가능하다. 지금은 되는 대로 해보자는 식이다. 아직 적절하게 동작하는 기기는 없고, 일부는 부분적으로 성공적이고, 나머지는 실패작이다. 그러나 앞으로 갈 길은 분명하다. 효용, 편의성, 높은 사용성 등을 추구하는 방향으로 나아가야 할 것이다.

맥거킨 하드웨어 상점은 우리가 추구해야 할 것이 무엇인지를 보여준다. 효율적이고 지능적인 에이전트, 그리고 거기에 검색 과정을 즐거움과 예상치 못한 발견을 하도록 해주는 기능의 배열을 더한 것이다. 크리스의 사무실에 관한 이야기는 개인의 자료 정리를 돕기 위해 사용할 수 있는 다양한 기술들을 보여준다. 파일 캐비닛은 위계적 조직을 가능하게 해준다. 그러나 이것조차도 기록의 물리적 구조에 의해 많은 제약을 받는다.

사전, 동의어 사전, 백과사전 등을 분석해보면 새로운 방법이 가능하다는 것을 알 수 있다. 현대의 도구를 사용하면, 특정한 순서가 없는 정보 파일을 유지하는 것이 충분히 가능하다. 다시 말해, 내적으로는 어떤 형태로 정보를 저장하든지 그것을 다양한 방식으로 사용자의 뜻에 따라서 재구성할 수 있다. 만일 사용자가 다른 때에 다른 요구를 한다면, 사용된 기술의 한계를 피해서 디스플레이된 구조(인터페이스 표상)를 사용자의 요구에 맞추면 되지 않겠는가?

사이버 공간을 항해하기

와, 눈에 보이지 않게 모든 것과 서로 연결되어 있는 컴퓨터의 세계. 우리 집의 이층 가족 방에 있는 공용 컴퓨터는 1층에 있는 나의 컴퓨터와 연결되어 있고, 다시 내 컴퓨터는 전화선을 통해 더 많은 컴퓨터와 연결이 가능하다. 대개의 경우 내가 일하는 대학교의 컴퓨터로 연결하는데, 이 컴퓨터는 수백 대의 기계(한 대 한 대가 개인용 컴퓨터보다 훨씬 큰 '메인 프레임')를 연결하는 지역 캠퍼스 네트워크의 일부이다. 대학교는 전 세계의 수천 곳, 아마도 수천 수백만의 컴퓨터와 사람들에게 이르는 네트워크에 연결되어 있을 것이다. 사이버 공간, 상호 연결된 정보 교환의 거대한 네트워크이다.

책, 잡지, 학술지 논문에 대한 인용이 필요하다면 집에서 내가 일하는 대학교의 도서관으로 연결하면 된다. 도서관은 캘리포니아 대학 아홉 군데의 모든 캠퍼스의 데이터베이스가 구축되어 있다. 나는 책을 찾고, 그 책의 도서 번호를 얻고, 그 책이 서가에 꽂혀 있는지를 알 수 있고, 만일 서가에 없으면 언제 반환될지를 알 수 있다. 학술지 논문을 찾아서 학술지의 내용 목차와 논문들의 요약본을 얻을 수도 있다.

나는 오하이오 주립대학교로 연결해서, 사람과 컴퓨터의 상호작용(인간-컴퓨터 상호작용이 이 분야의 이름임)에 관한 학술지, 책, 기술 보고서를 찾을 수 있고, 이 데이터베이스는 이들에 대한 요약본을 완비하고 있다. 내가 미시간 대학교에 연결을 하면, 미국 내 도시들의(내가 듣기로는 우편번호 순으로 정리된) 위도와 경도를 찾을 수 있다. 나는 심지어 캘리포니아 주의 라 졸라 시의 스크립스 해양학 연구소에 연결해서, 우리 고장의 다이버와 서퍼들에게 필수불가결한 수온과 파도상태를 알아낼 수도 있다. 이런 모든 연결이 합법적이다. 모두가 공개적으로 광고되며, 사람들은 이들을 이용할 수 있다. 그 외에도 수백 수천의 서비스가 있으며, 그중 대부분은 내가 알지도 못하는 것들이다.

이 모든 정보가 사용가능하고, 이 모든 지식들이 어디엔가 있는데, 우리가 필요한 것을 도대체 어떻게 찾을 수 있는가? 나는 내 사무실의 사물들을 찾는 데에도 이미 어려움을 충분히 겪고 있다. 크리스가 사무실에서 사물들을 찾아내기 위해 했던 수고를 생각해보라. 공간 정보의 전자적, 불가시적인 집합인 사이버에서 우리가 필요한 것을 찾는 항해를 어떻게 할 수 있을까? 정보의 집합은 어떻게 조직되어 있어야 할까? 알파벳 순서는 분명 아니다. 맥거킨 하드웨어 상점의 점원 역할을 누가 해줄 것인가?

이런 문제점들에 대해 염려하는 사람들을 위해 내가 선호하는 은유는 항해이다. 사람들은 항해하고 길을 찾고 사물을 찾는 데 특별한 공간 능력을 가진 공간적 동물이라고 한다. 분명히, 이 말은 내가 사는 방식과 내가 집에다 물건들을 두는 방식에는 잘 들어맞는 말인 것 같다. 나는 대부분의 물건들이 어디에 있는지 알고 있다. 내 책꽂이의 오른쪽 위에 있는 더미는 내가 읽지 않은 잡지와 학술지들이며, 왼쪽 아래의 큰 더미는 나의 '긴급한' 더미인데 최대한 서둘러서 해야 하지만, 아직 못한 것들이 쌓여 있다. 주방 구석에 있는 더미는 언젠가는 할 계획으로 있는 집안일에 관한 메모들이다.

나의 주방에는 요리 도구, 식사 용품, 접시, 은그릇, 요리책, 전화번호 목록, 조리법, 청소 도구, 여러 식품 저장실에 들어 있는 음식 등을 포함해서, 아마 수천 개의 물건들이 있을 것이다. 나는 내 주방에 이름표를 붙이지 않는다. 단지 각 물건들이 어디에 있는지를 기억할 뿐이다. 각 물건들은 적재적소에 위치하고 있다.

공간적 정보의 중요성은 정보의 과부하 문제에 자연스런 해결책을 주는 듯하다. 각 정보를 다른 위치에 놓아라. 실제 생활에서는 그렇게 하기 어렵다고? 글쎄, 이런 어려움이 사이버 공간(결국은 실제 공간이 아니다)의 거주자들을 말리지는 못했다. 컴퓨터는 소위 '가상 세계'를 만들었다. 상상의 장소를 자세히 그리고 현실 같이 그럴싸하게 보여줄 수 있는 컴퓨터 그래픽의 힘 덕분에, 가상 세계의 모습을 여러분들에게 보여줄 수 있다. 내 주방의 물건들이 제 자리에 놓여 있는 것처럼, 우리는 컴퓨터를 통해 이용할 수 있는 모든 지식을 가상 세계의 특별한 위치에 놓을 수 있다. 가상 창을 내다보라. 가상 방파제와 가상 바닷가가 보이지 않는가? 가상 방파제의 끝으로 가보라. 그러면 온도, 주기, 파도의 높이를 보여주는 기상 계측기가 있을 것이다. 가상 계측기 옆의 가상 알림판에는 일기예보가 떠 있을 것이다.

위도와 경도를 원한다고? 가상 집으로 가서 가상 비행 로봇에 올라타라. 높이 올라가서 전국의 가상 디스플레이를 보고, 그 안에서 주들의 뚜렷한 윤곽과 빨강 색으로 반짝이는 우편번호를 보라. 원하는 주를 찾아서 가상 이미지 내부를 보면 거기에 위도와 경도가 있을 것이다. 얼마나 간단한지 알겠는가? 우톤 특허 책상 같지 않은가?—모든 것을 한곳에, 그리고 모든 것을 적재적소에.

공간적인 위치의 장점은 통할 때는 잘 통한다는 것이다. 그러나 통하지 않을 때는 어떤가? 공간적인 은유에 잘 들어맞지 않는 정보는 어떻게 할 것인가? 이때의 공간적 은유는 사용자에게 좌절을 안겨줄 수 있으며, 심지어는 분노하게 할 수도 있다. 주방에서조차 모든 도구와 용품의 공간적 위치가 항상 잘 통하는 것은 아니다. 내가 사람들을 주방에서 관찰한 바에 의하면, 사람들은 모든 물건들이 어디에 있는지 안다고 주장하지만 정말로 아는 것은 아니다. 다시 말하면, 어떤 것을 찾기 위해 서랍과 캐비닛을 여러 개 열어보는 일이 다반사이다. "치즈 강판이 어디 있는지 알고 있는 거 아니었나요?"라고 물으면 "오, 거기에 있어야 하는데… 누군가가 옮겨 놓은 것이 틀림없어요."라고 대답한다.

주방을 사용하는 사람이 많을수록, 문제도 많아진다. 주방이 클수록 또는 도구가 많고 비상식적인 위치에 있을수록, 더 많은 문제가 생긴다. 더구나, 많은 주방용품들에는 '일반적'인 위치가 없다. 적합한 위치에 있다 하더라도, 그곳에 다른 많은 물건이 들어서면 찾기는 더욱 어려워지고, 그 물건이 설사 뒤지는 곳에 있더라도 그것을 바로 찾지 못할 가능성이 높아진다.

공간적인 조직은 일정 조건이 만족되었을 때에만 제 역할을 한다.

- 항목과 공간적 위치 사이에 자연스럽고 공간적인 일대일 대응이 있어야 한다. 항목은 그 위치에 있어야 할 이유가 있어야 한다.
- 위치에 대한 지식이 충분해서 원하는 항목을 최소한의 시도—이상적으로는 한두 번—로 찾을 수 있어야 한다.
- 한곳에 있는 항목의 수가 충분히 적어서, 쉽게 찾을 수 있어야 한다.

그렇지 않으면, 설사 그것이 바른 위치에 있다 하더라도, 찾으려는 항목을 발견하지 못할 수 있다.

• 어떤 위치를 찾고, 내용물을 훑어보고, 다시 다른 위치를 찾는데 드는 노력의 양이 적어야 한다.

자주 사용되는 비교적 적은 수의 정보에 대해서, 혹은 구조화가 아주 쉽게 되어 있어서 각 항목이 정말로 논리적인 위치를 가지고 있고 설사 많은 항목들이 흩어져 있다 하더라도, 그들의 기능에 대한 기술이 보관 장소를 거의 결정하다시피 할 때라야(맥거킨 하드웨어 상점에서처럼), 대체로 이런 조건들이 잘 충족되는 경향이 있다. 공간적으로 조직된 구조를 검색하는 것은 그 구조를 잘 아는 사람에게만, 때로는 그 구조를 애초에 구성한 사람에게만 도움을 준다. 이런 방안이 정말 세상의 모든 지식에 대해 통할 수 있을까? 어림없는 소리다.

과거에서 지금까지, 사람들은 각 항목을 영원히 결정적으로 제 위치에 놓게 하는 위계적 조작 방안을 마련하기 위해 여러 수단을 강구해왔다. 그러면, 희망에 따라 관심 있는 항목이 제 위치에서 발견될 때까지 각종 조직 구조 안에서 항해하기만 하면 된다. 이런 방안들의 문제점은 많다. 그중 하나는, 어떤 항목에 대해 특유의 위치가 있는 경우는 거의 없다는 것이다. 무엇을 찾으리라고 기대하는 위치는, 우리가 그것을 이용하려는 의도에 따라 다르다. 하나의 사용 의도를 생각해보라, 그러면 그것은 다른 방식이 된다. 다른 사용 의도를 생각해 보라, 그러면 그것은 다른 방식이 된다. 어떤 사물을 어떻게 판단하고 있느냐에 따라 그것을 어떻게 찾을지를 결정한다.

두 번째 문제는 조직이 시간이 흘러도 변치 않고 고정되어 있다는 가정이다. 그러나 어떤 사물에 대해 오늘 생각하는 방식은 나중에 생각하는 방식과는 매우 다를 가능성이 높은데, 그 이유는 우리가 새로운 일들을 배움에 따라 새로운 조직 구조가 생기기 때문이다. 이 점을 한 사회의 조직 구조가 수십 수백 년간 지속되어야 한다는 사실과 결부시켜보라, 그러면 아주 새로운 지식 분류 체계가 생겨서 기존의 분류 체계는 낡은 것이 될 수 있음을 깨달을 것이다. 이런 문제를 인식하고 이런 방안이 빠르게 변화하는 분야에 대해 얼마나 속수무책인가를 알아채기 위해서는, 현대 도서관이 사용하는 분류 방안을 자세히 살펴보기만 하면 된다.

조직 구조의 마지막 문제는 '항해 문제'라 할 수 있다. 수천 또는 수백만의 항목들을 다루는 컴퓨터 데이터베이스를 생각해보자. 어떤 사람이 이 데이터베이스를 검색하면서 한 번은 이 길로 한 번은 저 길로 간다면, 길을 잃고 혼돈에 빠지기 쉽다. 이리하여 항해 문제라는 말이 생겼다. 실제로, 항해 문제라는 이름 자체가 문제의 일부이다. 이 이름은 공간적인 은유를 떠오르게 한다. 큰 데이터베이스를 검색하는 것은 통로와 오솔길의 미로 속을 방황하는 것과 같으므로 표시판과 지도가 필요하다.

어떤 대안이 있는가? 간단하다. 조직이 왜 필요한가? 공간이 왜 필요한

가? 사전은 조직이 필요 없고 단지 요청한 정보만을 내어주면 된다는 내 주장처럼, 세상의 정보에 대해서도 똑같이 하면 되지 않는가? 예를 들어 달라고? 인간의 기억—당신의 기억, 나의 기억.

우리들의 기억은 항해를 통해 작동하지 않는다. 우리는 표시판과 지도에 힘 입어 기억 속의 단순한 길을 따라가는 것이 아니다. 그렇다. 우리는 무엇을 생각하면, 그렇지! 우리는 거기에 가 있다. 그것이 다른 무엇을 상기시키면, 또 우리는 거기에 가 있다. 실제로 가끔은 우리가 원하지 않는 곳에 와 있기도 한다. 그러나 문제될 것은 없다. 우리는 단지 다시 시도를 하면 된다. 이는 너무도 자동적이고 간단하기 때문에, 우리는 종종 일련의 기억 인출이 일어나고 있다는 것도 알지 못한다. 자, 이것이 내가 원하는 인공물의 모델이다. 너무도 자연스러워서 여러 차례 시도하고 있어도 이를 깨닫지 못한다. 혹은 내가 깨닫지 못한다 하더라도, 나는 신경조차 쓰지 않는다.

나는 이 과정을 기술에 의한 항해라고 부른다. 우리가 신경 쓰는 것을 기술하면, 시스템은 그것을 가지고 일을 시작한다. 어떤 기술이라도 좋다. 인간 기억의 일반적 특성은, 우리가 경험했던 어떤 시점으로 직접 쉽게 돌아갈 수 있다는 것이다. 맥거킨 상점에 대한 나의 설명을 기억하는가? 보라! 당신이 맥거킨 상점을 기억하고 있지 않은가? 이 항목과 저 항목을 기억하기 위해 '항해'하지 않아도 되었다. 나는 단지 당신에게 '맥거킨 상점'을 제시하였고 당신은 거기에 가 있었다.

다시 한 번 해보자. 당신의 전화번호를 생각하라. 전화번호가 나타났고, 장담컨대, 검색도 항해도 없었을 것이다. 당신이 원하는 것을 떠올려라, 그러면 나타날 것이다. 그뿐만 아니라, 오류 메시지도 없었다.

오류를 낸다고 해도 별 문제는 되지 않는다. 사실, 당신은 이것을 오류로 생각하지 않아도 된다. 그저 원하던 정보를 얻지 못한 셈이다. 기술이 불완전했거나 부적합했는가? 고쳐서 다시 시도하라. 내가 '고쳐서'라는 단어를 사용하고 '반복해서'라는 단어는 쓰지 않았음을 주의하라. 중요한 차이가 있다. 처음부터 다시 시작할 필요가 없이, 빗나가기 시작한 곳에서 계속하면 된다.

요약하자면, 설명에 의한 인출은 길 찾기에 의한 항해나 날짜나 알파벳 같은 임의적인 순서에 의한 항해에 대한 대안들을 제공한다. 컴퓨터 시대 전에는 그런 개발이 가능하지 않았다. 오늘날은 가능하다. 자료들을 알파벳 순서로 조직할 필요가 없다. 자료들을 어떤 조직 방식에 따라 모아둘 필요가 전혀 없다. 마찬가지로, 한곳에 하나만 위치하도록 정보를 구성할 필요도 없다. 그 대신, 동일한 도착점에 이르는 여러 통로와, 여러 기술, 여러 방법들이 있을 수 있다. 중요한 것은 사용자에게 가장 적절한 것이 무엇이든 간에 그것을 설명할 수 있다는 것이고, 또 시스템은 이를 수용할 수 있다는 점이다.

오늘날에도 여전히 엄격한 조직 구조가 너무 많이 강조되고 있으며, 이 구조는 사용자의 과제를 단순하게 하기 위해서라기보다는 종종 시간, 돈, 장비 등을 절약하기 위해 고안된 것이다. 최첨단 기술을 탑재했다고 홍보하지만, 그런 기술을 부자연스러운 수학적 논리식으로 형식화하는 오늘날의 새로운 전자도서관을 생각해보라. 그렇다. 이것은 기술에 의한 인출이지만, 그런 부자연스러운 방식은 원래의 목적을 부정하는 셈이다. 빈틈없고, 논리적이고, 정확한 기술임에도 불구하고 인간에게 별 도움이 되지 않는 정확한 이유가 바로 이런 성질들 때문이다. 도구는 인간의 능력에 맞추어야 하며, 인간의 능력이란 빈틈없고, 논리적이고, 정확한 것이 아니다.

전자도서관

"나는 심심풀이로 이것저것을 하다가, 어떤 제목에서 암염이라는 말을 보았다."라고 밴더 뫨런스는 회상했다. "호기심에서 이 말이 18세기에 얼마나 자주 나타나는지를 알아보기 위해 검색을 하였다. 자, 보라, 1760년에 쓴 8개의 팜플렛을 찾았고 내가 이름붙인 1760년의 '암염 대논쟁'을 발견하였다." (로스앤젤레스 타임스, 1991년 1월 31일, A3과 A29 쪽에서)

전자도서관은 사용의 편의성—과제를 돕는 기술을 도입하여 너무 어려워서 결코 완수할 수 없었을 과제를 쉽게 하게 만들어 준다—측면에서 오늘날의 물리적인 도서관과는 다르다. 정보 데이터베이스에 새로이 전자적 접근을 하여 얻어지는 행동유도성은 미래 기술을 위한 가장 강력한, 그리고 동시에 가장 위험한 가능성을 제공한다.

인지를 위한 가장 중요한 기술 개발은 아마도 방대한 정보 집적에 전자적으로 접근할 수 있다는 것이다. 대부분의 정보는 새로운 것이 아니고, 대개는 과거에 사용가능하긴 했지만 사용이 번거롭고 다루기 힘든 형태였다. 출생 기록은 전 세계의 도시와 마을의 법원과 사무실에서 증명서에 수기로 기록되었다. 결혼 기록, 사망 기록, 소유물의 매매와 이전도 마찬가지였다. 사람들이 살았고 상업적 거래가 있었던 모든 곳을 방문하여, 셀 수 없이 많은 서류로부터 수집된 정보를 공들여 맞추어야만 사람들의 역사를 추적하는 것이 가능하였다.

역사학자, 경제학자, 정부 관료 모두가 그들의 연구에 적합한 정보를 모으는 데 상당한 시간과 에너지를 들여야 했다. 오늘날에는 이 모든 것이 변하였다. 사무실에서 혹은 집에서 앉아, 정보의 거대한 데이터베이스에 연결할 수 있다. 거의 어떤 질문이든지 해보라, 거기에 혹은 어디엔가 정보가 있어 지금의 근무자에게 제공될 수 있다. 원칙적으로, 정보를 정교하고 효율적으로 사용할 수 있다는 것은 주요한 비즈니스나 정부에서 의사결정을 해야 하는 누구에게나 반가운 혜택이다.

지식에 대한 접근이 이렇게 쉬워졌음에 기뻐해야 할 이유는 많다. 이유는 명확하다. 지식은 곧 힘이기 때문이다. 정보를 손가락 끝에 두고 있음은 전에는 불가능했던 연구, 질문, 새로운 관계 탐색을 가능하게 해준다.

두려워해야 할 이유도 많다. 이 이유 또한 명백하다. 지식이 곧 힘이기 때문이다. 정부 기관과 기업들이 한 나라 국민의 개인 정보를 가지고 있다면, 프라이버시란 것은 없다. 한 개인의 행위 모두가, 옳든 그르든 다수의 타인에 의하여 감시된다. 상점들을 더 효율적으로 만들었던—각 물건의 판매를 기록하고, 물건의 효율적 주문과 전시를 가능하게 하고, 신용카드로 지불하는 것을 가능하게 하였던—바로 그 기술 덕분에 상점은 어떤 고객이 어떤 물건을 구매하였는지를 알 수 있다. 곧, 누군가는 우리가 어떤 신문, 잡지, 책을 읽는지, 우리가 어떤 종류의 비누를 사용하는지, 우리가 아침으로 어떤 시리얼을 먹었는지 알 수 있다. 또한 우리의 구매 기록을 통해 지적 선호, 정당, 진찰받은 항목, 외부 활동을 추론할 수 있다. 전자 사회의 감시를 피할 수 있는 것은 없다.

지식의 거대한 데이터베이스에 쉽게 접근할 수 있음은 기술의 교환 관계의 하나이다. 긍정적인 면은 이 절의 맨 앞 인용이 예시하듯이 얼마 전에는 답할 수 없었던 질문에 이제는 답할 수 있게 되었다는 것이다. 이 인용은 18세기 영국의 시인 알렉산더 포프를 연구한 버지니아 대학교 교수인 데이비드 밴더 뮐런스의 저작에서 따왔다. 밴더 뮐런스는 1400년대 후반의 첫 영어 인쇄물부터 18세기 말까지 출판된 약 50만의 도서명을 나열한 데이터베이스에 접근했다. 전자 데이터베이스의 도움으로, 그는 '1700년의 암염 대논쟁'을 발견하여 연구하였다. 그가 한 검색이 전자 기록 보관 전에는 존재하지 않았던 정보를 갑자기 나타나게 한 것은 아니다. 새로운 전자 데이터베이스는 단지 세계의 도서관에 오래 전부터 존재하던 책들을 나열한 것이다. 차이점은 낡은 기술과 새로운 기술의 도입 여부에 있다. 컴퓨터 시스템이 어렵거나 불가능할지도 모를 과제를 수 분 안에 완수할 수 있는 과제로 바꾸어준다.

전자 데이터베이스의 힘과 위험성은 과거에는 거대한 양의 시간, 에너지, 자원을 들이지 않고는 모을 수 없었던 정보를 집적하게 해준다는 것이다. 컴퓨터를 사용하기 전에는 불가능했던 일이다. 전 세계에 기록들이 흩어져 있었기 때문에 어떤 질문에 답하려면 수년의 시간뿐 아니라 대단한 에너지와 막대한 비용이 들었다. 해답을 찾는 과정 중 새로운 질문이 추가될 때마다, 거기에 답하기 위해 더 많은 시간과 여행이 필요했을 것이다. 그러나 모든 것이 컴퓨터 안에 있을 때는, 한 자리에 앉아서 어떤 질문에 대한 답을 구할 수 있다. 얻은 결과에 대해 새로운 궁금증이 생겼는가? 그러면 답을 얻기 위해 한 번 더 검색을 하면 된다. 모든 정보를 한곳에 모아놓은 것과 정보를 모으기 위해 세계를 여행해야 하는 것의 차이는 그 일을 하느냐 하지 않느냐의 차이를 가져온다.

이 거대한 데이터의 모음을 강력한 컴퓨터와, 휴대용 메모리카드와, 키오스크(무인 종합정보안내시스템)와 결합시켜보라. 그러면 정보의 사용에 극적인 변화가 생긴다. 어떤 도시의 음식점과 영화에 대하여 알고 싶다면 개인용 메모리카드를 신용카드로 작동되는 키오스크에 꽂고, 그날의 정보—리뷰와 여행 안내까지 포함해서—를 메모리카드로 옮긴다. 메모리카드와 키오스크는 정보를 전자적으로 제공하는 새로운 형태의 산업을 만들어냈다. 비행기에서 책을 읽고 싶으면 당신의 메모리카드를 비행기의 책 키오스크에 꽂아라. 음악을 듣고 싶다고? 영화를 보고 싶다고? 제2외국어를 연습하고 싶다고? 모두 가능하다. 그날의 주식시장 숫자와 경제지수를 전송하여, 비행기 안에서 연구하는 것은 어떤가? 완전히 새로운 산업이 생겨난다.

정보에 대한 이런 손쉬운 접근이 교육, 업무, 그리고 각 개인에게 주는 혜택이란 이루 말할 수 없이 크다. 위험성도 마찬가지로 크다. 사례는 얼마든지 들 수 있다. 우선 정보를 조심하라. 그 정보가 어디에서 오는가? 누가 음식점과 영화에 대한 리뷰를 작성하는가? 음식점과 극장의 소유주인가, 혹은 독립적인 비평가인가? 누가 경제 통계를 수집하는가? 통계 발표에 어떤 편파적 입장이 관여될 수가 있는가? 누가 교육 자료를 준비하는가? 비행기 예약용 컴퓨터는 종종 항공사의 소유이다. 물론, 이런 컴퓨터는 모든 항공사의 모든 비행 스케줄을 가지고 있지만, 알고 보면 가장 접근하기 쉬운(가장 먼저 나열되는) 것은 그 예약 시스템을 소유한 항공사의 것이었다(정부가 이런 관행을 금지시켰을 때까지). 정보 출처의 이런 미묘한 편향은 종종 탐지하기 힘들며, 따라서 거부하기도 힘들다. 정보를 소비자에게 쉽게 전달하면서, 가장 사용하기 쉬운 형태로 포장하는 기업은, 비록 그 정보가 모두 기업에서 나온 것이 아닐지라도 가장 많은 이득을 취하게 될 것이다.

다른 위험성도 있다. 행동유도성 개념을 다시 등장시켜보자. 개인 행동의 기록, 예를 들어 사람들이 읽는 것, 구매하는 것, 출입하는 상점과 매장, 거기서 구입하는 것, 거주하고 일하고 여행하는 곳, 그들이 방문하는 사람들에 관한 기록을 보관하는 것이 쉬워진다. 부분적으로, 고객에게 제대로 대금을 청구하려면 시스템이 이런 정보를 알아야 한다. 따라서 판매와 문의에 대한 데이터를 관례적으로 수집하는 과정 중에 개인적 정보들이 자동적으로 집적된다. 이제 '이 시스템'은 당신이 어디에 있고, 당신이 무엇을 하고 있는지, 각 개인에 관해 매우 많은 것을 알게 된다. 그리고 누구와 그 일을 함께 하는지도. 폴 사포는, '프라이버시에 관한 우리들의 불안'이라는 글에서 다음과 같은 지적을 하였다.

일상생활은 신용카드 구매에서 전화 걸기에 이르는 일련의 거래에 불과하다. 각 행동은 우리가 삶을 살아가며 우리 뒤에 남기는, 퍼져가는 전자 물결에 하나를 추가한다. 발견된 데이터의 작은 조각이 우리들에 대해 많은 것을 말해준다. 이는 마케팅 산업의 비공식적 모토에 함축되어 있는 결론이다. "우리는 당신에 대해 당신의 어머니보다도 많이 알고 있다."

사회가 기술이 주는 혜택과 함께 이러한 비용도 떠안을까? 아니면 사회가 이러한 비용에 대해, 정보 접근을 더 어렵게 하고, 보호를 추가함으로써, 비록 정당하고 프라이버시와 무관한 정보까지 접근을 어렵게 하는 위험을 무릅쓰고 프라이버시를 강화하는 반응을 할까? 아니면 사생활 보호와 자유로운 접근 사이에서 합리적인 균형을 찾을 수 있을까?

사포는 되돌리기에는 너무 늦었다고 예언한다.

우리 사회는 전자 시장 없이는 기능할 수 없으므로, 우리는 전자 시장의 성장을 되돌리기는커녕 지연시킬 수도 없을 것이다. 프라이버시 보호 주장자들이 희망할 수 있는 최선은, 특정 종류의 정보라도 정확성과 비밀 보장을 확보하는 것이다.

과연 그럴까? "우리 사회가 전자 시장 없이는 기능할 수 없다."는 것이 사실인가? 우리는 사회를 있는 그대로 받아들인다는 말은 맞는 말이다. 그러나 다른 선택이 있다. 사회를 변화시켜라.

제8장
미래를 예측하기

미래를 예측하는 것은 인기 있는 산업이다. 언제나 예언자들로 공급이 풍부하다. 허버트 사이먼이 언젠가 이렇게 지적했다. "그와는 정반대로, 지금까지 일어났던 거의 모든 것들, 그리고 그에 대립되는 것 모두 예언되어왔던 것들이다. 문제는 언제나 '난처할 만큼 많은 미래의 예상들 중에서 무엇을 선택해야 하는가.'였다. 그리고 이런 측면에서 인간 사회는 별달리 큰 선견지명을 보여주지 못했다."

미래 발전의 가능한 시나리오들을 수없이 많이 창안해내는 것은 쉬운 일이다. 각각의 시나리오들은 일어날 확률이 거의 비슷하다. 어려운 일은 실제로 어떤 것이 일어날지를 아는 것이다. 결과적인 관점에서 보면 일어난 사건은 대개 분명한 것처럼 보인다. 과거를 돌아보면, 각각의 사건은 명확하고 논리적으로 이전의 사건들에 기인한 것처럼 보인다. 그러나 각각의 사건이 일어나기 전에 그 가능성의 수는 거의 무한대에 이를 것이다. 성공적인 예측을 위한 방법이란 없다. 특히 결정 요인들 중 상당수가 알려져 있지 않을 뿐 아니라 또한 단일 집단의 통제하에 있지 않은 복합적인 사회 변화 및 기술 변화와 관련된 분야에서는 더욱 그렇다.

그럼에도 불구하고 미래에 대한 타당한 시나리오를 구상하는 일은 중요하다. 신기술에는 장단점이 있으며, 특히 인간적, 사회적 문제점을 일으킬 것이라는 것을 우리는 알고 있다. 이 문제점을 면밀히 예상할수록 제대로 통제할 수 있다. 신기술의 범위나 전체적인 함의를 어떤 확신을 가지고 충분히 예측할 수는 없다 하더라도, 우리는 미래 기술의 방향에 대한 합리적인 추정을 할 수 있다. 비래에 대한 예측은 무모하지만 필수적이다. 사실, 한 가지가 더 있다. 재미가 있지 않은가.

과거를 검토하라

미래를 예측하는 겸손한 한 방법은 과거를 검토하는 것이다. 즉, 과거의 미래 예측을 되돌아보는 것이다. 성적은 극히 나쁘다. 온갖 종류의 실패가 있었다. 어떤 신기술이 성공할지 예측하는 데 실패했고, 어떤 것이 실패할지 예측하는 것도 빗나갔다. 과도한 비관론과 과도한 낙관론이 거의 반반 정도다. 그러나 가장 흥미로운 실패는 사용성과 관련된 것이다. 기술이 제대로 예측되었더라도 실질적인 영향, 즉 어떻게 사용될 것인지 진정으로 이해한 사람은 거의 드물었다. 사실상, 나는 여기서 '거의'라는 단어를 사용하는 데 주저하지 않는다. 기술의 활용을 정확히 예측한 것을 나는 거의 본 적이 없다.

내 생각에 가장 쉽게 예측할 수 있는 것은 기술 그 자체다. 어려운 부분은 사회적 영향, 즉 사람들의 생활, 생활 패턴, 노동 습관과 사회 및 문화에 미치는 영향이다. 이 모든 이슈를 묶어서 기술의 사회적 영향이라고 묶어서 부르자. 가장 이해할 수 없는 영역이며, 가장 예측이 안 되는 것이 바로 '기술의 사회적 영향'이다. 이것은 조금도 놀라운 일이 아니다. 그 이유는 가장 연구가 안 되는 부분이 기술의 사회적 측면이기 때문이다. 결국, 기술공학자들은 사회과학자나 인문학자도 아닌, 연구원이나 엔지니어이다. 이들이 자신의 작품이 지니는 사회적 측면을 이해하지 못하는 것은 인정할 수 있다. 그러나 자신의 이해 부족을 인정하고 사회 전문가를 팀에 합류시키지 않는 데 대해서는 변명의 여지가 없다.

예측이 실패한 네 가지 사례인 헬리콥터, 원자력, 컴퓨터, 전화를 보자. 예측과 기술의 사회적 측면에 특별히 주목하게 될 것이다. 이후 기술 발달의 시간 틀을 예측하는 데 실패한 세 가지 예인 텔레비전, 항공기, 팩스를 검토할 것이다. 이 각각은 최초로 발명된 후 대중화될 때까지 놀라울 정도로 긴 시간이 경과되었다.

예측의 정확성

개인용 헬리콥터

이 예언은 단순했다: 우리는 모두 개인용 헬리콥터를 소유할 것이다. 이것은 기본적으로 자동차나 개인용 항공기의 성공과 헬리콥터의 전신인 오토자이로의 발전으로부터 도출된 것이다. 헬리콥터의 회전 날개는 상승 및 추진의 역할 모두를 한다. 오토자이로는 이 두 기능이 분리되어 있다. 회전 날개는 기체를 상승시키는 일만 하는데, 동력이 끊어져도 타성으로 움직인다. 기체 전면에 있는 보통의 프로펠러는 추진력을 준다. 오토자이로는 사라졌지만, 1920년대 말과 1930년대 초에는 이것이 미래의 수송 수단이 될 것이라고 예측했다.

헬리콥터는 비싸고, 비효율적이며, 시끄럽고, 멍청한 기계이다. 게다가 이것은 날개가 고정된 항공기와는 달리 근본적으로 불안정하기 때문에 운행하기가 힘들다. 나는 정규 훈련을 전혀 받지 않은 채로 항공기 시뮬레이터에 탑승하여, 결국 추락시키기는 했지만 처음에 747과 F-18을 타고 상당한 거리를 운행하였다. 한 번은 헬리콥터 시뮬레이터에 탑승해보았으나, 약 1분 정도만 견뎌냈다. 동력과 헬리콥터 회전을 증가시키고, 회전 날개가 기우는 방향으로 상승시키며 움직인다. 조종사는 이 모든 상호작용을 함께 계산해야 한다.

자동차를 이용하듯이 누구나 매일 헬리콥터를 이용할 것이라는 예측의 문제점은 설계자의 기술에 초점을 맞추었지, 사회적 파급효과, 안전성 문제, 소음, 혹은 수백만의 헬리콥터가 이리저리 날아다니기 시작할 때의 위험 등을 고려하지 않은 것이다. 만약 자동차 교통이 위험하다고 생각한다면, 3차원적으로 뚜렷하게 표시된 길이 없다는 것이 어떤지 상상해보라. 분주하게 휙휙 거리며 날아다니는 헬리콥터 무리들로부터 초래될 혼란에 비하면 오늘날의 항공운항 통제 시스템의 문제점은 사소하게 보일 것이다.

이 예측은 실패하였다. 다행히도 모든 집과 주차장마다 헬리콥터/오토자이로가 있지 않다.

원자력

원자력으로 얻는 에너지는 값을 매길 필요가 없을 정도로 저렴하다는 예측이 있었다. 핵융합 기술로 인한 초기의 도취감은 비교적 적은 양의 우라늄으로 생성할 수 있는 막대한 양의 전력만을 강조했다. 공학자들은 아인슈타인의 $E=mc^2$ 공식에 열광하였다. 여기서 c는 광속으로, 상당히 큰 숫자이며(c^2는 거대한 숫자임), m은 물질의 질량이며, E는 생성되는 에너지량이다. 아주 적은 질량(1~2 온스 혹은 그램)을 광속의 제곱으로 곱하면 엄청난 양의 에너지를 얻게 된다. 이렇게 적은 연료에서 엄청나게 많은 에너지를 얻을 수 있다면, 에너지를 제공하는 것보다 전기 계량기를 설치하고 청구서를 발송하는 것이 오히려 더 많은 비용이 소요될 것이라고 했다. 그래서 차라리 공짜로 혹은 저렴한 일정 비용으로 제공해야 한다고 하였다.

이 예측은 명백히 실패하였다. 이 주장의 지지자들은 몇 가지 중요한 요소를 간과하였다. 무엇보다도 에너지가 공짜라도, 이 에너지를 대용량 전력선을 통해 가정과 사무실까지 전달하는 데, 수백만 혹은 수십억 달러가 소요된다. 사실 현재 우리가 사용하는 전기세의 상당한 부분은 송신 시스템의 유지비용을 충당하는데 사용된다. 둘째, 이들은 극소량의 융합 가능한 물질을 관리하는 데 필요한 발전소의 복잡성을 무시하였다. 예측의 진정한 결점은 기술의 바로 이런 측면이다. 발전소는 거대하고 복잡하다. 이것들은 사람에 의해 설계되고 건설되고 유지된다. 기술공학자들은 항상 사람은 인간이 아니고, 기계처럼 작동한다고 믿고 있는 것 같다. 그러나 다행히도 사람은 기계가 아니다. 만약 여러분이 다른 사람에게 기계처럼 행동해보라고 부탁하면 그 결과에 실망하게 될 것이다. 실망감은 원자력 발전 산업 전반에 걸쳐 나타날 것이다.

이는 사회적 논쟁거리다. 내 생각에 원전은 너무 복잡하여 가동이 힘들다. 어떤 대규모 빌딩이라도 설비들의 일부는 항상 고장 나 있다는 것을 알 것이다. 이것은 집에서도 마찬가지이다. 여러 번 고치려고 시도했지만 여전히 지붕은 새고, 주방 스토브는 스위치가 망가졌다. 우리 집이라고 특별한 것은 없다. 대부분의 가정에는 비슷하게도 이런 사소한 고장이 나 있다. 어떤 큰 빌딩이라도 전등이 나가면 수일 혹은 수주 동안 교체하지 않고, 파이프는 여전히 새고 있으며, 환풍기, 히터, 및 송풍기는 멈추어 있다. 일상생활의 모든 부분이 그렇다. 원자력발전소는 거대한 빌딩 복합체이며, 장비의 고장은 정상적으로 발생한다. 문제는 발전소의 핵 부분에서 이러한 사소한 장애는 매우 치명적이라는 점이다. 파이프는 고압 증기를 전달하며, 어떤 액체는 방사능을 지니고 있으며, 엄청난 양의 열이 생성되는데, 이는 심각한 에너지 균형의 문제를 초래한다. 열은 신속하게 냉각할 수는 없다. 원전 가동을 중단해야 하는 경우, 재가동하는 경우 모두 안전하게 진행하려면 상당한 시간이 소요될 것이다. 고압, 액체, 고온, 방사능 때문에 원전의 부품들은 수년에 걸쳐 부식된다. 이 부품들은 종종 검사하기도 교체하기도 힘들 것이다.

간단히 말해, 원전은 안전하지 않지만 이것이 원자력이기 때문만은 아니다. 이것이 위험한 이유는 원전이 너무 거대하고 복잡하기 때문이다. 거대한 화학 처리 공장도 마찬가지라고 생각한다(화학공장에서 발생하는 사고 및 사망자 수는 원전보다 더 높으며, 이것은 내 주장의 근거가 된다). 만약 공장들이 규정된 계획대로 정확하게 유지된다면 문제가 적게 일어날 것이지만, 실생활에서 이것은 불가능하다. 어떤 것도 완벽하지 않다. 여기서는 원전에 대해 자세하게 논의하기보다, 예측들이 실패한 것은 전체 그림, 특히 시스템 조작의 인간 및 사회적 측면을 고려하지 못한 것이라는 점을 지적하고자 한다.

컴퓨터

1940년대 후반과 1950년대 초, 컴퓨터는 제한된 용도를 가지고 있는 거대하고 복잡한 장치로 간주되었다. 미국에는 네 대나 다섯 대 정도면 충분할 것이며 영국에는 세 대나 네 대면 될 것으로 생각되었다. 컴퓨터에 대한 예측 실패는 두 가지 측면을 지니고 있다.

첫째, 초기의 거대함을 축소시켜줄 트랜지스터의 발명과 이에 따른 반도체 기술을 예측하지 못하였다. 내가 사용한 최초의 컴퓨터인 유니백 I은 기억 용량이 1천 단어 정도였으며, 너무 크기 때문에 중앙처리장치(CPU) 내부를 사람이 걸어 다닐 수 있었다(정말이다). 여기에는 수천 개의 진공관이 들어 있었으며, 엄청난 열이 발생하고 끊임없이 고장 났다(만약 한 진공관이 수명을 다하는 데 2천 시간이 소요되고 컴퓨터에 수천 개의 진공관이 있다면, 평균적으로 이 기계는 매시간 고장이 난다). 모두가 컴퓨터는 항상 진공관으로 만들어야 한다고 가정하였기 때문에, 유니백보다 훨씬 더 강력한 데스크탑 퍼스널 컴퓨터(PC)를 예상할 수 없었다.

두 번째 실패는 컴퓨터가 하는 일의 오해에서 비롯되었다. 초기의 기술공학자들에게 컴퓨터는 계산을 하는 기계였기 때문에 그래서 이름도 그렇게 지어졌다. 그리고 계산이란 숫자를 의미한다. 오늘날 컴퓨터는 숫자가 아닌 정보를 다룬다. 컴퓨터는 단어, 책, 움직이는 그림과 같은 음악, 미술, 그림 및 소리를 만들어낸다. 한편으로 전 세계를 연결시켜주는 커뮤니케이션 장치이며, 다른 한편으로는 텔레비전 세트이기도 하다. 컴퓨터는 아마도 책을 대체할 것이다. 당시에는 이러한 모든 것이 완전히 간과되었다.

나는 1970년대 초, 몇 명의 선구적인 컴퓨터 과학자들과 나눈 대화가 생각난다. 그때 우리는 누군가 가정에 컴퓨터를 둔다면 왜 그럴까를 생각해 보았다. "사람이 이것으로 무엇을 할까?" "게임?", "요리책?" "소득세?" 우리는 웃으면서 포기하고 말았다. 우리는 컴퓨터가 전화 시스템에 연결되며, 오락도 하고, 방대한 양의 정보, 즉 백과사전이나 다른 참고 자료에 접근할 수 있도록 하는 능력을 예측하지 못하였다. 또 우리는 게임을 너무 과소평가하였다. 또, 우리는 게임을 하기 위해 가정용 텔레비전 세트에 결합하는 전문화된 컴퓨터를 예상하지 못하였는데, 이 컴퓨터는 당시 우리가 연구실에 보유하고 있던 컴퓨터보다 더 나은 계산 능력과 그래픽 능력을 지닌 장난감이다. 우리는 체험적 모드의 위력을 과소평가하였다.

물론 어떤 의미에서 예측이 맞는 것도 있다. 비교적 소수의 가정에서만 컴퓨터가 보급된다는 점은 아직은 맞다. 그 대신 컴퓨터는 다른 모습, 즉 쌍방향 콤팩트디스크, TV 세트 내에 내장된 마이크로프로세서, 주방용 제품, 자동차 등으로 바뀌고 있다. 휴대용 가방이나 셔츠 호주머니에 컴퓨터를 지니고 다니거나, 배달원과 경찰이 일상적으로 사용할 것이라는 생각은 전혀 하지 못했다.

컴퓨터 예측의 실패는 본래의 기능인 계산 장치라는 생각에서 일상생활을 위한 유용한 도구로 바뀌는 사회의 과정을 이해하지 못한 데에서 비롯되었다. 컴퓨터를 정보처리 및 제어기기라는 색다르고 깨어난 생각, 즉 정보가 단어, 소리 및 그림을 포함한다는 생각을 하는 데에는 더 많은 진전이 필요하였다.

전화

이것이 바로 사회를 이해하지 못했을 때의 영향을 가장 잘 파악할 수 있는 부분이다. 전화는 놀라운 발명품임을 거의 바로 인정받았지만, 실제로 어떻게 이용될지는 명확하지 않았다. 초기 이용자들은 종종 무슨 말을 해야 할지를 몰랐다. 가장 열광적인 사람조차도 상상력이 부족했다. 문제는 전화를 어디에 쓸지에 대한 그림을 그리는 것이었다. 초기의 열렬한 예언에 따르면, "전화는 매우 중요하기 때문에 모든 도시에 한 대씩은 있어야 해!"라고 하였다. 이 아이디어는 모든 사람이 전화기 근처에 모여 그날의 뉴스를 들을 수 있다는 것이었다. "전화는 매일 저녁 모여 있는 청중에게 뉴스를 방송할 수 있다." 이 아이디어의 한 형태가 실제로 시도되었다. 헝가리의 한 서비스 기업인 텔레폰 허먼드는 1차 세계대전이 일어나기 전, 수년 동안 6천명 이상의 가입자에게 매일 프로그램을 송신하였다.

전화의 적절한 용도를 찾으려는 노력은 초기에 상당 기간 동안 지속되었다. 한 소방서는 전화로 접수된 화재 신고가 '공식적인' 경로를 거치지 않았다는 이유로 접수를 거절하였다. 소방서 교환원은 경보 발동도 거절하였으며, 결국 공식적인 경로로 신고가 접수될 때까지 사무실에서 10분 동안 조용히 대기했다. 당신도 알다시피 모든 것은 제 자리를 찾는다. 집은 어떻게 되었을까? 다 타버리고 말았다.

처음에 전화는 엘리트들에게만 제한적으로 공급되었다. 1884년 에든버러의 한 전화 회사가 공중 유료 전화기의 도입을 제안하였을 때, 한 사람이 불평하기를, "만약 1페니와 3펜스(당시 전화를 걸기 위한 최소 요금)를 쓸 수 있는 사람이라면 누구라도 그 도시 주요 비즈니스 시설에 연락할 것이다. 그렇게 되면 이런 훼방꾼이나 간섭자들로부터 자신들을 보호하기 위해 전화통신에 대한 관심을 줄일 수밖에 없을 것이다."라고 하였다. 이 문제는 1897년에는 매우 심각해졌고 사람들은 자신의 이름이 전화번호부에 기록되지 않도록 요청하기도 하였다. 1898년에 체서피크 앤 포토맥 전화회사는 워싱턴 시에 있는 한 호텔의 전화를 철거하려고 하였다. 왜냐하면 호텔 측에서 일반 투숙객도 호텔 전화를 쓸 수 있게 하였기 때문이다. 물론, 오늘날 모든 투숙객은 공중전화를 쓸 수 있으며, 더 나은 호텔들은 투숙객을 배려하여 방마다 두세 개는 아니라도 한 개씩의 전화를 설치해주고 있다.

문제는 지금 우리에게 이런 행위들이 이해하기 힘들다는 것이 아니라, 새로운 기술, 특히 정상 사회구조를 변동시키는 기술이 도입되면, 사회가 적응해나가는 데 상당한 시간이 소요된다는 것이다. 여기서 사실 사회가 적응해나간다는 구절은 부정확하다. 기술과 사회 모두가 적응해나간다는 말이 맞다. 기술, 산업, 가정, 및 사회는 점진적으로 적응하며, 각각의 행동과 구조가 상호 협조에 의해 진화해나가는 길고도 느린 상호 적응의 과정을 거친다.

두 번째 생각에서 아마도 이 예측은 적중하였다. 오늘날 평균적인 가구는 잘못된 전화나 장난 전화뿐 아니라, 중개업자, 전화 마케팅업자, 사전 녹음된 메시지 기기로부터 끊임없는 전화 세례를 받고 있다. 잘못된 예측을 했다기보다는, 아마도 그들은 기계에 대한 보편적 접근의 취약점을 현명하고 통찰력 있게 이해하였다는 것을 증명하였다. 그때는 틀렸지만 지금은 맞다.

예측의 시간 프레임

당신이 알고 있는 기술이 성공할 것으로 절대적으로 확신한다고 가정해보자. 이것이 중요한 영향을 미치는 데에는 얼마의 시간이 걸릴까? 경고하겠다. 기술이 수용되는 데에는 놀랄 만큼 오랜 시간이 소요된다.

시간 프레임을 평가하는 데 좋은 방법은 당신이 예측하고자 하는 시간과 동일한 크기만큼 과거로 거슬러 가서 생각해보는 것이다. 지금부터 10년 후의 통신 산업의 상태를 예측하고 싶은가? 그러면 10년 전에 어떠했는지를 기억하라. 놀랍게도 10년 전은 지금과는 크게 다르지 않다. 앞으로 10년 후도 지금과 크게 다르지는 않을 것이다. 50년 후는, 지금 보면 상당한 의미가 있어 보이지만, 당신이 생각하는 것과 항상 같지는 않을 것이다. 오늘날에도 50년 전의 기술에 의존하는 나라들이 있다. 새로운 기술이 범세계적인 영향을 미치는 데에는 놀랄 정도로 긴 시간이 소요된다.

어떤 거대한 변화라도 그것을 지원하는 하부 구조의 심각한 변동을 수

반하게 된다. 이 하부 구조와 기존 기술 및 관습의 관성 때문에 새로운 것의 도입이 지체된다. 이것을 '확립된 기반'이라고 부른다. 신기술이 낡은 것을 대체하려면 사람들을 어떤 식으로든지 낡은 기술을 포기하도록 확신시켜야 한다. 이것은 항상 가능하지는 않다. 변화로 인한 잠재적인 이익이 지금의 고통과 비용만큼의 가치가 없는 것처럼 보이기 때문에, 우리는 많은 구식의 비효율적인 기술과 함께 살고 있다. 더 나은 자판이 있는데도 불구하고 쿼터방식의 타자기 자판을 사용하고 있다. 또 저용량의 저대역 전화선을 사용하고 있다. 변화는 결국 일어나겠지만 상당한 시간이 소요된다. 대체할 어떤 확립된 기반, 전통 혹은 낡은 기술이 없기 때문에 우주 식민지는 가장 최신의 기술적 혁신으로 신속하게 탄생할 수 있을 것이다. 하지만 이미 구축되어 있는 도시나 나라는 기존의 방식을 그렇게 빠르게 바꿀 수 없다. 새로운 아이디어와 신기술이 세상 속에 침투하기 위해서는 긴 시간이 필요하다.

오늘날 가장 중요한 기술제품이라 할 수 있는 텔레비전, 비행기, 및 팩스 기기를 개발하는 데 얼마나 오랜 시간이 소요되었는지를 살펴보자.

텔레비전

이 개념은 1880년대 프랑스와 독일에서 최초로 제안되었다. 브라운관(cathode-ray tube, 지금도 이 이름을 사용한다)을 이용한 기본적인 메커니즘은 정규 라디오 방송이 시작된 바로 이듬해인 1908년에 스코틀랜드의 한 엔지니어가 최초로 서술하였다. 최초의 텔레비전 영상은 1925년 영국에서 전송되었으며, 최초의 프로그램화된 텔레비전 쇼는 1930년에 방송되었다. 1949년까지도 미국에서 사용되는 수상기는 약 백만 대 정도였으나, 이 정도는 상업적인 시장을 위해서는 불충분하였다. 따라서 텔레비전을 개발하는 데는 얼마나 걸렸는가? 시작점과 종점을 어떻게 규정하느냐에 달렸지만, 기본적인 생각에서 평범한 가정에서 사용에 이르기까지는 약 70년 정도가 걸렸다.

비행기

동력 비행이 고안되고 시도된 것은 1800년대 후반이다. 1930년 말 최초로 라이트형제가 동력 비행에 성공하였다. 이후 수년 동안 수많은 제작자들이 있었지만, 비행은 일종의 스포츠로 여겨졌고 본격적인 용도는 고려되지 않았다. 1910년대 말에 와서야 최초의 실용적인 활용이 이뤄졌으며, 정기적으로 운행하는 상업적 여객 비행은 1920년대 중순이 되어서야 유럽에서 시작되었다. 미국에서는 조금 더 늦게 시작되었다.

팩스기

팩스는 사업적 성장이 매우 빠르다는 점에서 흥미로운 사례이다. 다른 기술의 느린 성장에 비하면 팩스는 확실한 예외가 아닌가?

전혀 그렇지 않다. 팩스는 스코틀랜드의 발명가인 알렉산더 베인이 1843년에 특허를 등록하였다. 사진 전송을 위한 상업적 팩스 서비스는 독일에서는 1907년에, 미국에서는 1925년에 시작되었다. 팩스는 1930년대 이후 신문기자와 사진전송 서비스에 의해 폭넓게 사용되고 있었지만 1980년대 중후반 일본인들에 의해 대중화되기 전에는 그렇게 보편화되지는 않았다. 1990년대인 오늘날에도 가정에서는 아직도 일반적이지 않다. 자, 팩스는 시작부터 실용적인 활용에 이르기까지 얼마나 걸렸는가? 60년 이상이 걸렸다. 기업에서의 실용적인 활용은? 140년 이상이 걸렸다. 가정에서의 일반적인 활용은? 아직 아니다.

한 아이디어가 태동하여 실용적인 적용과 수용에 이르기까지는 긴 시간이 필요하다는 것은 기술혁신에 대한 간단한 법칙을 시사한다. 한 기술이 가정이나 기업에서 10년 이내 사용되기 위해서는, 실제 작동하는 모형이 현재 개발실 내에 존재해야 한다. 생각되지 않으면 연구되지 않으며, 작동하지도 않는다. 보편적이고 믿을 만한 기술을 개발하는 데 10년이란 기간은 그렇게 긴 시간이 아니다. 어떤 형태가 사용하는 데 가장 적합한가를 결정해야 하고, 이것을 사용할 용의가 있는 충분한 수의 고객의 관심을 끌어야 하며, 제작자, 판매 매장, 유지 및 보수 시설 등의 필수적인 지원 기반을 구축해야 한다. 어떤 기술도 풍부한 지원 기반으로부터 완전히 독립적으로 존재할 수 없다. 도서출판을 위해서는 저자, 용지 공급, 및 유통 체계, 또한 이것을 읽을 사람이 필요하며, 텔레비전은 시나리오 작가와 배우, 카메라 기사와 감독, 조명 및 음향 기사, 스튜디오와 방송국, 안테나 혹은 케이블 연결, 그리고 마지막으로 시청자가 필요하다. 신기술은 새로운 지원 자원들, 즉 신기술을 배워야 하고, 이것의 능력을 시험하고, 이 노력이 성공할 수 있도록 하는 데 요구되는 대량의 자원들을 만들어내는 사람이 있어야 한다. 인프라가 제대로 구축되는 데는 상당한 시일이 필요하다. 결과적으로 가치 있는 많은 기술들이 실패하기도 하고, 별 가치도 없는 기술들이 많은 성공을 거두기도 한다.

새로운 개발은 최초의 태동으로부터 실용적인 적용에 이르기까지 긴 시간이 흘러야 한다. 엄청난 흥분과 함께 발표되는 많은 시험 개발물들이 상업적인 수용까지 도달하는 경우는 극히 드물다. 따라서 나는 이 문장이 읽히는 어떤 시점에서라도 지금부터 10년간에는 신기술의 시장 도입에서 새로운 기술적 경이는 없을 것이라고 예측한다. 벌어지는 어떤 일도 현재 대학, 정부, 기업 연구소에서 일어나는 것을 검토하면 예측가능하다. 물론, 실험실의 결과물의 대부분은 실용적인 단계까지 결코 도달하지 못할 것이며, 어떤 아이디어가 성공하고 어떤 것은 성공하지 못할지는 미리 예측하는 능력은 매우 제한적일 수밖에 없다. 현재 실험되고 있는 것 중에서 많은 사람이 실용적이며, 중요하다고 믿고 있지만 실제로는 그렇지 않은 것이 주도하는 놀라운 일이 벌어질 수도 있다.

미래를 예측하기

관련된 기술 산업에 종사하는 사람들이 널리 공유하고 있는 몇 가지 예측들은 다음과 같다.

• 디지털 정보, 즉 저장, 전송 및 표시가 용이한 형태로 전자 방식으로 변환된 정보를 얻을 수 있는 기회가 증가한다. 오늘날 디지털 정보를 다루는 다양한 매체가 있지만, 각각은 다른 사람이 사용하는 것과 호환되지 않거나 독립적인 형태이다. 컴퓨터, 텔레비전, 전자메일, 팩스 모두는 한 시스템으로 통합될 것이다. 디지털 정보는 다양한 국제적 데이터베이스나 지역 자료실에 저장될 것이며, 대용량 저장장치의 구매를 통해서나, 전화, 케이블 텔레비전, 혹은 위성연결을 통한 직접 연결에 의해 얻을 수 있을 것이다. 이것들 중 어떤 것은 이전에는 이런 형태로 함께 수집된 적이 없는 그런 종류의 개인 정보가 될 수가 있다. 기업, 정부, 도둑과 매춘부, 친구와 연인, 그리고 따지기 좋아하는 평범한 사람들조차도 우리 중 많은 사람들이 남에게 알리고 싶지 않은 모든 사실들을 알게 될 것이다.

• 모든 가정과 사람까지 연결되는 대용량의 정보통신이 널리 쓰이게 되며, 어느 곳이라도 연결되는 직접위성 전송, 케이블 및 광섬유통신, 그리고 텍스트, 사운드 및 영상을 재생하는 데 요구되는 정보량을 현저하게 감소시켜주는 압축 기술의 발전 등을 포함한 유선, 광케이블, 및 무선 전송 등의 다양한 형태가 이를 가능하게 할 것이다.

• 훨씬 강력하지만 이전보다 더 작고 더 저렴한 컴퓨터 장치. 정보검색기, 즉 책을 대체하면서(궁극적으로는) 똑같은 정도의 편의성을 지니며 또한 더 나은 검색 및 색인 능력을 갖춘 휴대용 장치가 될 것이다.

• 사람의 신체 위치 및 동작과 연계된 3차원적인 시청각 감각을 경험하는 능력. 이것은 회의와 실제 및 가상의 새로운 장소의 탐험에 사용된다. 교육자, 디자이너, 탐험가를 위해서나, 혹은 오락 그 자체를 위해 사용될 수 있다.

실제 문제는 정치, 경제, 및 사회적인 것이지 기술적인 것은 아니다. 언젠가 한 미국 하원의원이 "모든 어린이가 국회도서관의 전체 내용에 완벽하게 접근할 것이다."라고 말하는 것을 들은 적이 있다. 이런 예측은 문제에 대한 매우 순진한 관점을 나타내기 때문에 곤혹스럽다. 물론 원칙적으로는 가능하다. 그러나 실제로는? 도서관에 있는 모든 인쇄 정보를 기계적으로 접근 가능한 형태로 변환하는 것이 가능하고, 모든 가정까지 적절한 네트워크와 통신연결이 존재한다고 가정하더라도, 두 가지 문세가 남는다. (1) 이 광범위한 자료에서 원하는 것을 어떻게 찾을 것인가(7장 참조)? (2) 출판사가 이런 무제한 접근을 왜 내버려 둘 것인가?

두 번째 문제는 어려운 문제인 지적 소유권의 문제이다. 오늘날 대부분의 나라에서 정보의 소유는 특허, 저작권, 디자인등록, 혹은 영업 비밀로까지(이 모든 구분은 전 세계의 법률 시스템에서 사용된다) 철저히 보호되고 있다. 저자, 예술가 및 출판사는 이 재료를 준비하기 위해 상당한 시간, 노력과 비용을 투자한다. 그들은 자신들의 노력에 대한 보상을 받고자 한다.

4장에서 '기술의 행동유도성'이라는 개념을 소개하였다. 이 개념은 기술이 특정한 활동을 가능하게 하거나 쉽게 하는 데 비하여, 어떤 활동은 불가능하거나 어렵게 한다는 생각이다. 실행하기 쉽게 하는 활동은 실제로 행해질 경향이 있는 데 비하여, 어려운 활동은 행해질 경향성이 적다. 7장에서 지적한 것처럼, 이 교훈은 전자도서관에도 명백히 적용된다. 이론적으로는 오늘날 인쇄 도서들로부터 무제한 양의 재료를 복사할 수 있지만, 실제로 이것은 실효성이 없다. 전자도서관은 이것을 변화시킬 것이다. 그러나 도서관에 대한 무제한의 전자적 접근은 출판사의 노력을 보상해줄 가능성을 감소시킬 것이며, 기술적으로 각각의 접근에 대해 요금을 매기고, 가정이나 직장으로의 자료의 도용 및 이동을 막지 않는다면 불가능하다. 왜냐하면, 일단 자료를 이동시키면 탐지되지 않고도 여러 번의 복사본을 만들 수 있기 때문이다. 모든 사람이 이 계획을 환영하지는 않을 것이다.

일단 정보의 소유권과 보상의 논제가 제기되면, 이런 저런 방법의 도덕성에 대한 치열한 논쟁으로 흐려지기 쉽다. 물리적 재료에 대립되는 '지적 재료'를 누가 소유하고 통제할 것인가 하는 문제와 저자, 출판사를 포함한 공급자와 독자, 학생 등의 대중을 포함한 수요자 간의 공평성에 대한 서로 다른 인식 등이 문제가 될 것이다. 양쪽 모두 일리가 있다고 본다. 한편으로 보면, 정보는 누구에게나 자유롭게 사용될 수 있어야 하며, 다른 한편으로는 정보를 창출한 사람이 노력에 대해 보상을 받을 수 있도록 제한되어야 한다. 논쟁의 양 측면을 모두 고려하게 되면 어떤 대안책을 내세워야 할지를 결정하기가 매우 힘들다.

일단 신속한 전자적 접근이 가능하다면 출판사에게 어떤 일이 벌어질 것인가? 인쇄 도서가 사라지면서 전자적 접근이 매우 용이해져, 인쇄판을 구입하려는 사람을 현저히 줄어들게 된다면 어떻게 될 것인가? 전자 도서는 그 자리를 차지할 것인가? 이는 예측하기 어렵다. 이것은 강력한 예측과 의견이 자주 오가는 주제이다. 이 문제는 10장에서 상세히 다룰 것이다. 점차 많은 수의 학술지들이 컴퓨터 네트워크를 통해 정보를 공유하고 있다. 몇몇 학술지는 벌써 전자적으로만 접근 가능하다. 그들은 보상의 문제를 어떻게 해결할 것인가? 그들은 이 문제를 다루지 않고 지나간다.

오늘날의 전자 미디어에 대한 접근은 여러 제한적 방식으로 이루어진다. 신문과 정기간행물의 상업적 데이터베이스는 존재하지만, 사용자가 이들에 접근하기 위해서는 특정 기관에 접근해야 하며, 공급자는 사용자가 연결된 시간과 인출된 정보의 양에 따라 요금을 청구할 수 있다. 어떤 대형 데이터베이스는 자기 테이프, 혹은 점차 콤팩트디스크(CD)나 기타 레이저디스크 기술의 형태로 도서관에 판매된다. 이것들은 상당히 고가이기 때문에, 도서관 사용자에게 무제한의 접근을 가능하게 하고, 도서관에만 판매해도 기업은 이윤을 남길 수 있다. 끝으로, 전자메일을 통해 접근 가능한 전자 학술지는 주로 비영리 학술단체에 의해 제공되고 있다. 학자들은 학술잡지에 그들이 기여한 데 대해 보상받지 못하기 때문에(이는 출판에 대한 학자들의 의무이자 필수적인 부분이다) 문제가 안 된다. 비영리 학술단체가 편집 및 통신-전산 비용을 충당할 수 있을지는 아직 알 수 없다. 성경, 사전 및 다른 참고 서적은 이미 전자적 형태로 얻어 볼 수 있다. 이것은 널리 쓰이지 않는 재료에도 적용될 것인가? 이러한 제한된 경험이 다른 형태의 상업적 출판물에 전이될 것인가? 좋은 질문이다.

몇 가지 예측이 더 필요한가? 다음에 몇 가지를 제시하였다.

- **출판:** 전자 도서, 전자 잡지 및 전자 신문이 등장한다. 벽 한 면을 다 덮은 것에서부터 신체에 작용하는 것까지 모든 종류의 디스플레이 장치가, 인쇄되거나 텍스트, 사운드 및 비디오와 결합되어 통신 미디어를 통해 가정으로 전달된다.

디지털 매체는 디지털 표상을 독자에게 유연하게 제공할 수 있기 때문에 초기 미디어와는 전적으로 다르다. 인쇄매체의 경우, 출판사는 정보를 어떤 모습으로 나타낼지를 결정한다. 일단 정해지고 나면 사용자는 이것을 바꿀 수 없다. 디지털 매체의 경우 각 독자는 서로 다른 양식, 서로 다른 선택과 체제로 재료를 볼 수 있다. 물론 이것이 제대로 이루어지려면 이 재료를 사용하는 사람들을 어느 정도 고려해야만 한다. 아! 여기에 난처한 점이 있다. 미래의 디자이너는 과거의 디자이너보다 더 성공적일 것인지 여부를 예측하고 싶지 않은가?

디지털 출판 기술에 대해 사람들은 흥미를 끄는 것만을 선택하고 나머지는 무시할 것이다. 이것은 좋은 생각인가? 명확하지 않다. 개인에게는 물론 좋다. 사회에는 아마 반대일 것이다. 미국 복합기 제조

회사인 제록스의 수석연구원 존 실리 브라운은 한 문화를 묶어주는 것들 중의 하나가 모든 사람이 똑같은 신문을 읽고, 똑같은 쇼를 보는 것이라고 하였다. 이것은 사람들에게 함께 얘기할 공동 주제, 즉 그들 생활의 공통 구조가 된다. 신기술에는 공통성이라고는 전혀 없을 것이다.

- **교육:** 더 많은 컴퓨터-지원 가정교사들, 학교, 산업체, 그리고 가정에서의 학습을 위한 더 흥미로운 교육용 소프트웨어, 더 강력한 학습지원, 이런 도구들은 오늘날 일상적으로 소비하는 것보다 훨씬 더 많은 비용이 들게 될 것인가? 만약 그렇다면, 이것의 이득이 그 비용을 들인 만큼은 된다고 생각될 것인가?

이것들은 속임수로 끝날 것인가, 아니면 진정으로 교육 방식을 향상시킬 것인가? 내가 걱정하는 바는 이것들이 반성적 사고의 이득을 희생시켜 체험적 매체의 쾌락에 매달릴 것 같다는 것이다. 이 문제는 10장에서 다시 다룰 것이다.

- **엔터테인먼트:** 많은 신기술의 실질적 이득은 체험적 제시 모드의 향상일 것이다. 모든 시대에는 대중을 위한 엔터테인먼트가 있는 것 같다. 이것은 방랑하는 음유시인, 동네의 이야기꾼, 게임이나 형식화된 연극, 혹은 싸구려 책 등에 의해 이루어지기도 한다. 이제 우리는 뉴미디어, 즉 3차원 텔레비전, 오디오 및 모든 종류의 대리 경험을 갖게

될 것이다. 지금만큼 엔터테인먼트가 위력적인 시기는 없었다.

예전에 엔터테인먼트 회사들이 컴퓨터, 통신 및 미디어 기술에 의해 소유되거나 이렇게 밀접한 유대관계를 가진 적은 없었다. 체험적 인지의 매력은 압도적이다. 이것이 우리가 원하는 바인가? 특히 이런 저런 제품을 끊임없이 칭송하는 상업적 메시지와 시청자에 관한 개인 정보를 보유한 데이터베이스가 더 밀접하게 결합된다면? 이렇게 새롭고 매력적인 형태의 오락은 시청자의 마음에 어떤 영향을 미칠 것인가?

• **통신:** 가정에는 화상 전화, 기업에는 화상 회의가 존재한다면 어떤 일이 벌어질 것인가? 가정용 화상 전화는 3차원 입체 영화나 비디오 같은 것이다. 매우 강력하지만, 끊임없이 시도되고, 끊임없이 실패하였다. 통신 업계에 종사하는 많은 동료들은 이것이 상용화될 가능성을 부정하며, 과거에 실험적 시도가 실패한 여러 경우를 지적한다. 하지만 나는 화상 전화와 화상 회의가 일반화될 것이라고 본다. 내 동료들은 공상과학 쇼를 충분히 보지 않은 것이 분명하다. 그들의 공포는 이해되지만, 이 매력적인 기술을 잠재우기에는 불충분하다. 주된 논쟁거리는 또다시 사회적 기술이다. 중요한 사회적 영향을 미치는 기술의 한 예를 소개하겠다. 당신이 화면을 쳐다볼 때 당신과 얘기하는 사람이 당신을 바로 쳐다볼 수 있게 하려면 카메라를 어떤 위치에 놓아야 할 것인가? 프라이버시 문제는? 당신이 목욕탕 욕조 속에 있거

나 침실에 있을 때 화상 전화가 오면 어떻게 응답할 것인가? 외설적인 화상 전화는 어떤가? 언제 허락하고 언제 거부하는 것이 적절한지의 여부를 나타내는 새로운 예절 규칙이 생겨날 것이다. 새로운 행동 패턴이 대두할 것이다. 화상 전화의 행동유도성은 일반 전화와는 다르다. 신문을 읽거나 관련 없는 일을 하면서 장거리 전화 통화를 하는 것은 이제 더 이상 불가능할 것이다—비디오 화면의 양면성이 나타날 것이다. 나는 이 문제들이 모두 해결될 것으로 예측하며, 기술적 문제는 기술자에 의해, 다른 것들은 전화를 걸거나 받는 사람 모두의 합의된 관습에 의해 해결될 것으로 본다.

- **직장:** 신기술은 다양하고 분산화된 직업, 사회 및 교육 집단을 지원할 것이다. 충분한 기술이 제공된다면 동일한 장소에서뿐만 아니라, 새로운 문제점과 한계를 지닌 채 원거리에서도 지적인 과제를 훌륭하게 수행할 수 있다. 직접적인 감독에서 벗어나 가정에서 근무를 한다면, 노동자에 의해 남용될 소지가 있다. 고용주는 노동자를 이용하기는 쉬울 것이지만 건강, 안전, 근로 시간, 및 연령을 통제하기는 매우 힘들 것이다. 많은 직업군에서 고용자는 노동자가 주장하는 모든 시간 동안 근무하였는지 파악하기 불가능하다. 다른 면에서는 모든 순간의 활동이 감시될 수 있다. 중요한 문제는 사회적 상호작용의 결핍이다. 공간적으로 분산된 노동자는 물리적으로 함께 있는 집단의 성원들을 묶어주는 사회적 유대감이 결핍되어 있다. 공통 우편함이나 휴게실도 없다. 농담을 하거나 동료 근로자에게 도움을 청하기도 쉽

지 않다. 이런 문제점들이 극복될 수 있을까?

문제 영역

기술에 관한 이 모든 예측은 장점과 함께 심각한 결점의 가능성도 제기한다. 이 문제점들 중 몇 가지는 이미 논의되었다. 또 다른 문제점에는 프라이버시, 신기술에 대한 접근 가능성의 사회적 불균형(부자와 빈자), 사회병리적 일탈자의 처리, 사회적 상호작용에 미치는 영향 등이다.

프라이버시

가장 확실한 문제는 프라이버시의 상실이다. 이것은 특히 해결하기 힘든 문제다. 프라이버시의 범위가 어디까지인가에 대한 통상적인 개념이 형성되어 있지 않기 때문이다. 프라이버시라는 관습은 수년간에 걸쳐 변화되어 왔으며 오늘날에는 문화 및 국가 간에도 엄청난 차이가 존재한다. 유럽, 아시아, 중동, 중남미, 아프리카와 북미의 여러 지역들 모두는 프라이버시에 대해 각기 다른 관점을 지니고 있다. 이 문제는 지역적으로 해결하기도 매우 어려운데, 국경을 넘어서 정보들이 자유롭게 이동한다면 어떤 일이 벌어질 것인가? 오늘날 몇 개 국가에서는 국민의 개인정보가 국경을 넘어 유통되는 것을 금지하지만 정책에 따라 다르다.

한 사람의 정치성, 인종, 성별 및 종교적 신념 등이 제3의 사람이나 조직에게 유통된다는 것은 매우 나쁘지만, 유통되는 것의 상당수가 잘못된 것이거나, 속이기 위해 사전에 조작하거나 의도적으로 뒤섞여 있는 정보 데이터베이스일 가능성은 없는가? 어떤 것은 정부의 간섭에 의해 나타날 수 있으며, 어떤 것은 개인적 수준에서 생길 수 있다. 존과 헬렌 간의 관계가 깊어지는 것을 막기 위해 존과 수잔 간의 전자 메시지를 조작하여, 존이 우연히 헬렌을 헐뜯고 헬렌이 '우연히' 이것을 보도록 조작한다. 이것은 언뜻 주말 저녁의 통속 드라마처럼 보이지만, 현실로 나타날 수 있을 뿐 아니라 이미 일어나고 있다. 어떤 형태이든지 정부 차원의 합의 및 통제 시스템이 필요할지 모르며, 어쩌면 국제적인 수준까지 필요할지도 모른다.

다른 사람을 도청하는 일은 이미 많은 사례가 있다. 이 상황이 더 악화될 것인가? 우리는 지금도 사람들의 위치와 행위를 모니터할 수 있다. 어떤 기업은 '능동형 배지'로 실험을 하였다. 사진과 ID번호가 있는 ID배지는 이제 전자적으로 모니터링 되며, 관리자는 각 직원이 어디에 있는지, 누가 누구와 얘기를 하고 있는지, 화장실, 휴게실, 사무실에서 얼마나 많은 시간을 보내는지 알 수 있다. 어떤 기업은 이미 시간 당 타이핑하는 타자수를 계산하고 있으며, 어떤 기업은 통화를 엿듣거나 전자메일을 읽기도 한다. 조직에 의한 합법적인 감독과 프라이버시 보호가 시작되는 지점은 어디일까?

기술에 대한 사회적 접근성(부자와 빈자)

두 번째 문제는 경제적인 것이다. 정보에 접근하는 것은 많은 비용이 든다. 고품질 정보에 대한 접근, 즉 고해상도의 영상, 고품질 사운드와 대량의 정보는 대용량의 통신 채널과 고품질 디스플레이 장치를 필요로 한다. 정보의 수집과 정리에는 많은 비용이 소요된다. 이 모든 것에 누가 돈을 낼 것인가? 국가가 보조 장려금을 지원하든 아니면 각 사용자가 사용한 만큼 지불하든, 이러한 발전은 교육을 잘 받은 부유한 계층과 교육 수준이 낮고 빈곤한 계층 간의 격차를 증가시킬 위험성을 여전히 지니고 있다. 잘 교육받고 신기술을 갖출 만한 능력을 지닌 사람은 이것들로부터 이득을 취할 수 있겠지만, 그렇지 않은 사람은 한참 뒤떨어지고 더욱 뒤쳐질 것이다. 이것이 우리가 원하는 바인지는 의문스럽다.

소시오패스

그러면 소시오패스, 즉 공짜 전화통화, 저속한 메시지, 간혹 개인 파일을 침해하는 의도적인 침입을 즐기는 일탈행위자들을 어떻게 처리해야 할 것인가? 이 중 몇 가지는 컴퓨터와 통신 기술로 무장하고 열심히 배운 다음, 비밀 정보에 접근하는 영악함을 과시하고자 하는 젊은이들이 저지른다. 이것은 모든 형태의 행동에서 관찰되는 청년기 실험 과정의 결과이다. 즉, 알코올 및 마약, 부주의한 성행위, 무모한 운전, 그리고 치기어린 범죄 등이 이에 해당한다. 이것은 아마도 가정 및 학교에서의 교육과 끈기 있고 지속적인 상담이라는 정상적인 과정을 통하여 어느 정도 해결될 수 있을 것이다. 그렇지만 이러한 행동을 계속하는 성인들은 어떤가? 이들은 단순히 간혹 장난을 치는 것일 수 있지만, 가끔 의도적으로 피해를 줄 수 있다. 신기술은 이런 사람들의 존재를 변화시키지는 못하지만, 그들의 행위가 미치는 영향을 엄청나게 확대시킬 수 있다.

사회가 더욱더 정보와 통신에 의존하게 되면서, 서비스 및 정보의 정확성의 일시적인 장애조차도 지대한 반향을 일으킬 수 있다. 누군가가 증권시장 자료의 전송을 가로채서 가격을 변경시킨다면 어떻게 될지 상상해보라. 오늘날은 한 개인의 능력으로는 역부족일 것이다. 미래에는 가능할 것이다. 가장 진부한 데이터베이스 침입조차도 시간과 노력 면에서 정보제공자에게 막대한 피해를 초래할 수 있다. 왜냐하면 모든 정보와 서비스를 통합적으로 검토하지 않고는 그 침입이 위험한지의 여부를 판단할 수 없기 때문이다.

개인적 상호작용

신기술은 개인 간의 상호작용에 영향을 미칠 수밖에 없다. 그러나 어떤 방식으로 될지는 모른다. 우리는 덜 사교적이 될 것인가? 기계가 중개하는 안전한 접촉 공간을 선호하며, 아마도 여기서 우리의 본래 모습과는 다른 형태로 다른 사람에게 비춰질 수 있을 것이다(이 문제는 이 장의 후반부에서 논의한다). 집에서 더 많이 일하고 직장에서는 덜 일할 것인가? 만약 그렇다면 그것은 대인관계와 직장 환경에 어떤 영향을 미칠 것인가? 그리고 재산 수준, 교육 수준, 필수 기술의 부족으로, 혹은 취향에 의해 신기술을 사용할 수 없는 사람들은 어떻게 될 것인가? 그들은 권리를 빼앗겨버리게 될 것인가?

공상하는 능력

기초 기술에 대한 예측을 가정한다면, 이것이 만들어내는 실질적인 의미는 무엇인가? 가정이나 해변에서 휴대용 플레이어로 도서들에 대한 전자적 접근을 상상해볼 수 있겠지만, 이것은 현존하는 도서관이나 책으로부터 자연스럽게 전개된 현상으로 보인다. 많은 기본적인 예측들은 이들에 대해 이런 식의 태도, 즉 이미 현존하는 것의 명백한 변형처럼 보인다. 하지만 신기술에 의해 창출되는 전혀 새로운 기회는 어떤가? 상상 속의 몇 가지 예를 살펴보자.

음악을 작곡하고 싶다면? 기술이 하도록 맡겨라. 미술과 회화도 마찬가지이다. 고대 그리스 중국을 방문하고 싶다면? 그 시대와 장소를 3차원 색과 3차원 음향으로 체험해보라. 이런 일련의 예측은 재미를 위해서지만, 여전히 가능한 범위 내에 있다. 아마 실험실에서는 확실히 앞으로 20년 내에 이루어질 것이다. 초감각 현상에 대한 예측이나 뇌파탐지 및 독심술에 대한 예측은 없다. 직접적인 마음과 마음 간의 커뮤니케이션에 대한 것도 없다. 오직 가능한 것만 있다.

이 모든 예측이 항상 바람직한 결과를 초래하는 것은 아니다. 이 책의 초고를 읽은 한 독자가 "기술이 작곡하도록 맡겨라."라는 문장에 이렇게 반응하였다. "인간에 대한 모독이다." 그러나 모독적이든 아니든, 이 예측은 사실이다. 사실상, 바로 이 예측은 조만간 일어날 가능성이 매우 높다.

그럼에도 불구하고 기술이 무엇인가 할 수 있다는 것은 당연히 기술이 그렇게 해야 한다는 것을 의미하지는 않는다. 모든 사람이 흠 없는 작품을 만들어낼 수 있다면 미술과 음악에는 어떤 일이 벌어질 것인가? 누군가가 말하기를, 걱정할 필요가 없으며 우리는 여전히 창조를 할 수 있고, 예술적인 감성을 보유한 고유한 인간 능력을 가지고 있다. 연주는 흠이 없을지 몰라도 인간이 해야 할 핵심적인 부분, 즉 무엇을 하고 어떻게 배열할지를 결정하는 일은 여전히 남을 것이다. 아마도. 나는 그렇게 믿고 싶다. 그러나 세계 도처의 주요 미술관에 전시되기에 충분할 정도로 고품질의 그림을 생성하는 컴퓨터 프로그램이 적어도 이미 하나는 존재한다. 아론이라는 이름을 가진 이 특수한 프로그램의 예술적 능력은 미술가 해럴드 코언이 시스템에 담은 규칙에 근거한 것이다. 코헨은 이 그림들은 컴퓨터에 의한 것이지, 자신의 것은 아니라고 한다. 그는 이 그림들의 작가 서명은 '아론'이 어울린다고 생각했다.

한 사람이 어떤 인공적인 장소에 있는 것을 시각화할 수 있도록 하는 기술로 시작해보자. 3차원 시각을 만들어내기 위해 각각의 눈에 고품질의 이미지를 제시하는 시각 디스플레이를 사용하고, 현장감 있고 3차원적인 음향을 만들어내는 청각 디스플레이를 사용한다. 아마도 신체의 운동과 위치를 모두 감지할 뿐 아니라 완전한 감각 피드백을 제공하는 장갑이나 옷을 착용하기도 한다. 더 새로운 기술적 실험들 중 몇 가지가 작동한다면, 특수한 의복이나 장치를 꼭 착용할 필요는 없을 것이다(물론 당신은 한정된 크기의 공간 내에 있어야 하겠지만). 이것은 전 세계의 연구실에서 탐구되고 있는 기술이다. 이것은 '가상현실' 혹은 '가상현장'으로 불린다(컴퓨터과학자들은 가상이라는 단어를 좋아한다. 그들은 이를 실제 사물의 모양과 행동을 하도록 창조하였지만, 중요한 속성을 모방하는 하나의 표상일 뿐이라는 의미로 사용한다). 컴퓨터가 신축 예정인 건물의 3차원 이미지를 생성하는 것이 이미 가능하며, 건축가와 고객으로 하여금 신축 예정 건물을 안과 밖에서 '돌아다닐' 수 있게 한다. 이 기술은 사람들이 하나의 시설이 건설되기 전에 사용해볼 수 있도록 하였으며, 또한 변경하기도 쉽다. 또 이와 관련된 기술은 화학자가 분자의 영상을 조작하여 화학 반응을 연구할 수 있게 하며, 그것이 얼마나 잘 들어맞는가를 알아보는 것뿐 아니라, 분자를 움직이는 데 사용하는 조작기에 대한 촉각적 피드백을 통하여 힘의 장을 느낄 수 있다. 오늘날에는 초보적 수준에서만 가능하지만, 기술공학자들은 이 분야의 엄청난 진보를 꿈꾸고 있다.

이 시스템들은 작동할 것인가? 이것들은 어떤 용도로 쓰일 것인가? 한 가지 잘 성공한 경우가 항공기 조종 시뮬레이터다. 이 시뮬레이터의 높은 정밀도와 정확도는 보통 사람의 경우에 실제 비행기 조종과 구분할 수 없을 정도이다. 이것은 항공사가 조종사로 하여금 실제 비행기 대신에 시뮬레이터에서 훈련을 받도록 하여 조종 자격 의무를 완수하도록 할 정도로 정확하다(이 시뮬레이터는 더 고가이며, 훈련 중의 실수에 대해 더 엄격하다). 이것의 최상 형태가 가상현실이다. 그러나 시뮬레이터는 저렴하지 않고 수백만 달러가 든다.

시뮬레이션 체험은 인지의 강력한 도구가 될 가능성이 있다. 이것은 체험적 과정과 반성적 과정 모두를 지원한다. 체험적이란 사람이 간단히 가만히 앉아서도 영상, 음향, 및 운동을 경험할 수 있다는 것이며, 반성적이란 시뮬레이터가 실생활에서 시도해보기에는 너무 고가인 활동에 대한 실험 및 연구를 가능하게 하기 때문이다.

실제 환자를 대상으로 할 때처럼 동일한 모습과 소리가 담긴 비디오디스크를 이용한 깜찍한 환자 모형을 가지고, 의사가 새로운 절차를 실험하고 배울 수 있도록 하는 의학 시뮬레이터를 본 적이 있다. 이것은 반성적 도구이며, 그 이유는 사람으로 하여금 시뮬레이션된 경험과 상상의 아이디어를 비교 및 대조하게 해주기 때문이다. 참여자는 비교를 통해 향상되고 더 나은 새로운 아이디어, 새로운 개념을 얻을 수 있다. 또한 상당한 교육적 잠재력도 지니고 있다.

실제든 가상이든 다른 장소들의 체험을 시뮬레이션할 수 있다면, 우리가 사람들을 혹은 적어도 그들의 모습을 시뮬레이션할 수 있다면 어떤 일이 벌어질 것인가? 실제 이미지와 거의 구별할 수 없는, 장소나 움직이는 사물을 컴퓨터로 이미지를 생성하는 것은 이미 가능하다. 그런 정도의 정밀도를 지닌 살아 있는 사물을 시뮬레이션하는 것은 아직 불가능하지만, 그런 날이 도래할 것이다. 그 날이 지금이라면, 게다가 우리가 우리 자신의 모습을 시뮬레이션할 수 있는 장치를 고안해내었다고 상상한다면 어떨까?

자신의 능력을 속이는 것은 도둑과 악당들 사이에서는 역사적으로 오래된 절차이다. 성격을 조금 다르게 보이게 하는 것은 보통 사람들 사이에서도 일반적이다. 등산을 하지 않는 사람이 등산 복장을, 자전거를 타지 않는 사람이 자전거 복장을, 늘 앉아만 있는 사람이 멋진 운동화와 운동복을, 스포츠를 좋아하지 않는 사람이 야구 모자를 좋아한다는 것을 주목하라. 아, 그렇지! 당신은 휴대폰을 살 능력이 없음에도 있는 것처럼 보이기 위해 위장 자동차용 전화 안테나를 구입할 수도 있다.

이러한 경향을 새로운 관점에서 상상해보라. 작가와 배우들은 자신의 작품을 통해 투영하는 등장인물이 자신의 진정한 성격과는 현격하게 차이가 날 수 있다는 것이 오랫동안 알고 있다. 어떤 사람은 이 현상을 그들에게 이익이 되도록 이용한다. 재능 있는 편지 대필자는 상대를 결코 만날 위험이 없는 한, 그들이 원하는 어떤 이미지라도 투영할 수 있다. 전자토론 그룹에서 '추앙받는 어떤 여성'이 실제로는 남성 정신과 의사로 밝혀졌으며, 이 사기가 드러났을 때 그룹의 구성원들 사이에서 상당한 소동이 일어났다. 전자 상호작용에서 얼마나 많은 사람들이 자신의 진정한 정체성을 숨기는가? 1984년, 베르노 빈지는 공상과학소설인 『진정한 이름』을 저술하였다. 이 소설은 사람들이 아바타(인공 등장인물)와, 그 안에서 상호작용할 인공 존재, 그리고 그들의 실제 정체와 본명을 격렬하게 보호하려는 세계에 관한 것이다. 당신은 사이버 공간에 막 접어들었으며, 경로들과 정보를 검색하고, 그 길에서 다른 사람을 만난다. 당신이 본 다른 사람 외에 다른 아바타들도 존재한다. 한 치열하고 잔인한 사디스트는 실생활에서는 힘없고 새침하고 우아한 노파일 수 있다. 또한 이름은 가짜이며, 당신이 만난 사람의 진정한 정체나 본명을 알려고 하는 것은 합당하지 않는 것으로 인식된다. 환상이 실제가 되는 데는 얼마나 많은 시간이 걸릴 것인가?

왜 아바타를 다른 사람에게만 제한하는가? 왜 우리 자신의 즐거움을 위해 그것을 사용하지 않는가? 현대의 거울은 아직도 고대의 반사 기법, 즉 유리의 뒷면에 부착된 금속에 의존한다. 거울은 가치 있는 것이지만 한계가 있다. 우리는 자신을 보기 위해서는 '움직이지 말고' 서 있어야 하며, 거울상은 좌우가 역전되어 보이기 때문에, 우리는 결코 다른 사람이 우리를 보는 것처럼 볼 수 없다. 게다가 거울로는 우리의 옆모습이나 뒷모습 혹은 윗모습을 쉽게 볼 수 없다. 그리고 하나의 거울로 우리 자신을 보기 위해서는 우리의 눈이 거울을 정면으로 보고 있을 수밖에 없다.

그러나 비디오 거울, 즉 비디오카메라로 찍은 실제 비디오 화면인 거울을 생각해보라. 이제 이미지는 어떤 각도, 어떤 크기로도 잡을 수 없다. 거울에 반사된 역전된 이미지일 수도 있고 실제 이미지(오른쪽이 이미지의 신체에서 오른쪽에 있는 경우)일 수도 있다. 실제 거울은 바로 보는 순간에 지금 당신이 보이는 대로 보여준다. 비디오 거울은 다음과 같은 제약이 없다. 스스로 준비를 하고, 이미지가 제대로 보이면 잠깐 멈추거나, 혹은 10초간의 순간을 잡아둔 다음, 여유롭게 거울에 비춰진 그림을 감상한다. 정말로 이것이 진정한 반성적 사고(장난스러움)인데, 비록 그 동기가 세상 지식의 향상보다는 가치가 덜할지라도 그렇다.

두 가지 옷 중에서 선택하기를 원하는가? 비디오 거울을 사용하여 각각 다른 옷을 입고 있는 당신의 모습을 보여주는 두 가지 다른 이미지를 저장해보는 것은 어떨까? 이제 두 그림을 가능하면 좌우에 놓고 비교해보라. 왜 당신이 실제로 옷을 입어보아야 하는가? 비디오 거울 내의 컴퓨터가 당신의 이미지에 옷을 '그려서' 입혀보도록 하라. 비디오 거울은 다른 방식으로는 전혀 불가능한 조작들을 우리가 할 수 있게 해줄 것이다. 이것이 진정한 반성적 비교임을 주목하라. 비디오 거울은 그림들의 비교를 가능하게 해준다. 비디오를 비교하게 해주는 거울의 도움이 없으면, 그 비교는 상상 속이나 다른 사람의 도움으로 이뤄져야 한다.

이제 비슷한 활동이 헤어스타일이나 의복에 적용되는 것을 상상해보라. 새로운 헤어스타일을 원하는가? 그렇다면 당신의 얼굴 이미지와 어울리는지 살펴보라. 옷가게에서는 실제로 옷을 입어보지 않고도 입고 있는 모습을 만들어낼 수 있다. 지능형 비디오 거울을 이용해 몸에 옷을 걸쳐보아라. 옷의 스타일은 마음에 들지만 칼라가 마음에 들지 않는다면? 칼라를 바꾸는 것은 버튼만 한번 누르면 된다. 여기서는 이미지를 향상시킬 수도 있지 않는가? 비디오 거울이 당신을 실제보다 조금 더 날씬하게 만들거나, 보기 싫게 튀어나온 아랫배 살을 제거하거나, 혹은 치아를 고르게 보이게 할 수도 있다. 어떤 방식으로든 이미지를 수정하여 진정한 당신의 자아를 행복하게 할 수 있다.

실제로 이미지는 무엇이든 될 수 있다. 남자가 여인으로, 혹은 아이, 용, 찬란한 불빛으로도 변할 수 있다. 인공적으로 향상된 이미지를 인공적으로 향상된 음성과 결합하고, 그리고 아마도 인공적으로 만들어진 말까지도 결합할 수 있다. 진실은 어디에 있는가?

사람들은 다른 사람이 자신을 보는 것을 항상 원하지는 않기 때문에 화상 전화를 무서워할 것이라고 종종 얘기한다. 결국, 화상 전화가 울릴 때, 당신이 욕조에 있거나, 음… 화장실 변기 위에 앉아 있거나, 사랑을 나누고 있거나, 코를 후비고 있을 수 있다고 상상하라… 나는 이것이 과장되었다고 항상 생각해왔으며, 무엇보다도 카메라에 비춰지지 않을 필요가 있으며, 혹은 이 문제에 있어서는 카메라 앞에 사진을 한 장 붙여두는 것으로 간단히 해결할 수 있다. 하지만 비디오 거울에 대한 순간적인 흥미가 떠오를 때(여기서 내가 '~라면' 이라고 쓰지 않고 '~일 때'라고 쓴 이유를 눈치챘는가? 이러한 발전은 결국은 일어날 것이기 때문이다. 얼마나 빨리 실현될지, 얼마나 비쌀지는 논외로 하고) 이미지는 현실과는 매우 적은 연계만을 가질 필요가 있다. 사실상 실제로는 집 안의 사무실에서 열심히 일하고 있음에도 불구하고, 당신이 욕조에 있는 그림을 비춰줄 수 있을 것이다. 진정한 문제는 다른 사람이 우리를 보는 것처럼 보느냐가 아니라, 다른 사람이 실제의 우리 모습을 결코 발견하지 못할 것이라는 사실이다.

이런 대중 기만의 가능성에 대해 당혹스러운가? 아마 이런 인공 시스템은 실제로는 사람들이 표면적인 특징에 제한되기보다 자신의 진정한 내부 자아를 투사하게 할 것이다. 당신은 자신이 섹시하고 부드러운 목소리를 지닌—그러나 당신의 '진짜' 목소리는 결코 이런 식이 아니지만—유연하고 성공적인 사람으로 생각하는가? 적합한 아바타가 있으면 이것이 가능하다. 따라서 비디오 거울이 사람을 키가 더 크고, 더 날씬하고, 더 근육질이고, 더 튼튼하게 보이고, 또한 십 년은 더 나이 들게 (혹은 더 젊게) 보이게 만든다면 어떻게 될 것인가? 아마도 이런 향상된 이미지는 '진정한' 개인을 투영하고 있는 것이다. 결국, 그 문제는 사람이 자신을 어떻게 생각하는가, 즉 그들이 실제로 어떤 사람이냐의 문제이지, 그들의 듣기 거북하고 높은 음의 더듬거리는 목소리가 전달하는 잘못된 이미지는 아니다. 어느 것이 사실이고, 현실의 결함과 자신의 희망이나 꿈의 완성 중 어느 것이 더 진실한 것인지를 누가 말할 수 있겠는가?

아바타는 광범위한 가능성을 제시한다. 일본인들은 목소리를 향상시키는 완전한 기계 문화를 발명하였다. 그들은 이것을 노래부르는 데 사용하지만, 또한 다양한 종류의 상황에 적용할 수 있을 것이다. 가라오케 시스템에 노래를 부르면 목소리는 풍부해지고, 공백을 채우고, 전문 오케스트라의 반주가 따른다. 오늘날의 시스템은 제한되어 있다. 이것은 사전 녹음된 음악을 사용하며 연주자가 녹음된 내용과 목소리를 맞추어야 한다. 그러나 현대 기술은 인공지능이 작용할 수 있게 할 것이다. 미래의 가라오케 후속품은 가수에 맞게 음악을 생성할 것이다. 연주가 가수를 따르지 가수가 연주를 따라하지는 않을 것이다. 사실상, 이 시스템은 가수의 목소리를 이용하여 인공적으로 생성된 소리가 원곡의 내용, 리듬, 박자에 맞도록 할 것이지만, 가수 목소리의 소리는 가수가 원하는 방향으로 조작될 수 있을 것이다. 항상 음정, 박자에 맞게 노래하는 것은 쉬운 일이다. 그러나 또한 목소리는 섹시하거나 않거나, 약하거나 강하거나, 질문하듯이 하거나 권위적이거나, 주도적이거나 순종적이거나, 가식적이거나 솔직하거나—사람이 투영하고자 원하는 무엇이든지 될 수 있다.

사이버 공간이 『진정한 이름』에서 기술된 것과 같은 시나리오를 만나게 될 날을 기다릴 필요는 없다. 전화로 시작할 수 있다. 자동응답기에서 상대방을 응대하는 음성 메시지로 사람들은 이미 실험을 하고 있다. 어떤 사람에게는 매우 중요하기 때문에 그들의 '응대'에 사용하기 위하여 전문가가 만든 테이프를 구매하기도 한다. 자신이 원하는 형태로 말을 변화시켜주는 음성 변조기를 왜 사용하지 않는가? 아마 오늘은 그 음성이 젊은 여성이 되고, 내일은 나이 든 남성일 수 있다. 비슷한 상황을 화상 전화에 적용해보라. 당신이 보고 듣는 이미지와 음성이 당신이 상대하고 있는 사람의 진짜 이미지와 음성인지를 어떻게 알겠는가?

악기를 연주하고자 하는가? 좋다, 악기만 선택하라. 클라리넷을 불고, 건반을 치고, 기타를 튕기고, 바이올린의 활을 켜라. 어떤 악기를 연주하든, 소리는 컴퓨터로부터 나올 것이며, 그 소리는 당신이 원하는 바로 당신의 소리일 것이다. 당신은 정말로 변칙적인 음을 연주하는가? 빠른 악보, 손가락 혹은 입술 모두를 동원하는 데 어려움이 있는가? 걱정하지 말라. 컴퓨터가 당신이 무엇을 하고 싶은지를 알아차리고 바로 당신이 원하는 대로, 혹은 더 나은 소리를 만들어준다.

합주를 원하는가? 오케스트라나 밴드를 지휘하고 싶은가? 물론 할 수 있다. 인공 음향 생성기는 상상할 수 있는 어떤 악기의 음악도 만들어낼 수 있다. 합주를 자동적으로 할 수 있는 전자악기는 이미 있다. 새로운 악기들은 멜로디 파트, 독주 악기, 합주, 음성을 사람이 원하는 어떤 부분이나 어떤 방식으로든지 연주한다.

글쓰기를 싫어한다면? 좋다, 당신을 위한 것이 있다. 이미 당신은 샘플 편지를 살 수 있다. 연애편지나 위협적인 사업편지를 보내고 싶은가? 당신이 좋아하는 워드프로세서 한 가지만 간단히 선택하면 된다. 미래에는 시스템에 주어진 기본 구절로부터 텍스트를 생성할 수 있을 것이다. 오늘날 이미 이것을 문안 카드에 쓰고 있으며, 미래에는 개인 편지에도 쓸 수 있을 것이다.

원칙적으로 이것은 대필자의 고용과 어떻게 다른가? 문맹인 메시지 전달 희망자는 편지를 작성하기 위해 대필자를 고용하였다. 혹은 분명히 사실에 근거하였겠지만, 다른 사람들이 자기가 면전에 있다고 믿게 하는 등장인물이 나오는 가상의 소설을 보라. 미래에 이것은 기계에 의해 이루어질 것이다.

진짜 가수나 진짜 음악가는 어떻게 될 것인가? 혹은 저자들은? 더욱 나쁜 것은, 당신 편지를 받는 사람이 읽는 것을 싫어하여 기계가 대신 읽도록 한다면 어떻게 될 것인가? 편지를 기계가 쓰고 기계가 읽는다. 인간 중개자는 필요 없다. 아마 이것이 이 모든 혼돈으로부터 벗어나는 길일 것이다. 우리의 기계들이 서로에게 읽고 쓰고, 음악을 연주하고, 다른 사람과 화상 전화를 걸거나 받는 일로 바쁘고, 실제 사람들은 옆에 비켜서서 인생을 즐길 수 있을 것이다. 기계로 하여금 세상의 모든 귀찮은 일을 하게 하라. 그리고 사람은 인간적인 일을 하는 자유의 이점을 즐기도록 하라.

공상과학 소설과 기계와의 상호작용을 위한 기술들

아마 기계에 대해 생각하는 가장 좋은 방법은 상세하고도 종합적인 시나리오를 구성하는 것, 즉 소설을 쓰는 것이다. 소설은 작가로 하여금 결과를 생각하도록 만든다. 완전한 검토와 상세한 분석을 해야 한다. 디자인 세계에 있어 우리 같은 사람들은 이것을 "프로토타이핑"이라고 부르며, 이것은 가능한 모든 세부적인 것들을 함께 묶어 기술이나 사회가 어떻게 움직일지를 실제로 진정으로 이해하려는 것이다. 이런 면에서 SF소설은 가치 있는 연습이다. 과학적이기도 하다.

문제는 현대의 SF소설이다. 특히 사이버펑크라 불리는 장르는 거칠게 변하였다. 급기야 주인공은 컴퓨터를 두뇌에 직접 연결한다. 오! 되돌아가서 기술을 살펴보자. 이런 생각이 어떻게 가능한가? 컴퓨터를 두뇌에 직접 연결할 수 있는 능력을 가정하는 것의 문제는 이것이 모두 마술적으로 행해지며, 이것이 실제로 어떻게 이루어지는지에 대한 구체적인 모습은 전혀 없다는 것이다. 우리는 정말로 뇌세포에 기계를 연결할 수 있을까? 이것이 필요한가?

다른 방식의 힌트가 있다. 가장 독창적인 생각들 중 하나는 어떤 의미에서 가장 단순한 것이다. 베르노 빈지는 『진정한 이름』에서 인터페이스의 반은 상상에 의해 탄생한다고 제안하였다.

그는 자신의 프로세서에 전원을 넣고, 좋아하는 의자에 편하게 앉아 머리에 포탈의 다섯 개의 부착용 전극을 조심스럽게 연결하였다. 몇 분 동안 아무 일도 일어나지 않았다. 일정한 크기의 자기부정—혹은 적어도 자기 최면—이 있어야만 상승이 일어난다. 어떤 전문가는 포탈로부터 읽을 수 있는 약하고도 애매한 신호에 대한 사용자의 민감도를 높이기 위해서 약물이나 감각 고립을 추천하였다.

빈지, 1984, 14쪽

책의 글들이—텍스트와의 매우 낮은 대역의 상호작용에 의한 것임을 강조하고 싶음—당신이 읽고 있는 체험에 대해 풍부하고 강력한 환상을 제공하는 것과 마찬가지로 컴퓨터 인터페이스도 똑같이 낮은 대역으로 풍부하고도 강력한 환상을 제공할 수 있을 것이다.

늪에 대한 전체 감각 이미지를 전달하기 위해서는 굉장히 큰 대역폭이 필요할 것이라고 생각할지 모르겠다. 사실은 그렇지 않다 … 전형적인 포탈 링크는 약 5천 보드(=비트/초) 정도를 전달할 수 있는데, 일반적인 비디오 채널보다도 훨씬 좁다. 슬리퍼리 군은 축축하게 젖어드는 것을 자신의 가죽 부츠를 통해 느낄 수 있으며, 차가운 공기에도 피부에서 땀이 흐르는 것을 느낄 수 있었다. 이것은 포탈의 전극을 통하여 실제로 전달되고 있는 신호들에 대한 슬리퍼리 군의 상상력과 무의식의 반응이다 … 형편없는 작가라도—그가 공감을 하는 작가이고 몰두하는 내용이라면—몇 마디의 설명만으로 완전한 내적 심상을 일으킬 수 있다. 과거와 달리 지금의 감각은 현실 세계의 감각과 상호작용적 의미를 지녔다는 것이다.

빈지, 1984, 16~17쪽

기술과의 상호작용은 항상 저대역이어야 하는가? 그렇지 않다. 다음에 데이비드 진델의 서사시 「네버니스」에 읽기에 대한 기술이 있다.

나는 '읽는다'는 단어를 항상 여러 다른 광범위한 맥락에서 사용하였기 때문에 혼란스러웠다. 한 사람은 움직이는 구름으로부터 기상 패턴을 "읽는다" … 그때 나는 조금 후진된 세계의 시민들이 그러는 것처럼 독서술을 연습하는 전문가들이 생각났다 … 나는 사람은 말로 표현할 수 있을 뿐 아니라 읽을 수도 있을 것이라고 가정하였다. 그러나 이 모두는 얼마나 비효율적인가! 정보를 표의 문자로 부호화하여 대뇌의 여러 감각 및 인지 중추들에 직접 쓰는 방법을 몰랐던 고대인들을 동정한다. … 눈으로 보는 것; 이것은 … 조금 촌스럽다.

진델, 1989, 52~53쪽

기계에서 대뇌로의 접속을 제공한다는 생각에 나는 코웃음을 치곤 하였다. 그러나 생각이 바뀌었다. 결국 이것에는 무엇인가가 있다. 인간 언어의 본질을 생각해보라. 한편으로 보면, 이것은 풍부하고, 복잡하면서도 매우 정교한 데이터 커뮤니케이션 매체이다. 다른 한편으로, 극도로 임의적인 신체 활동에 의해서 가능해진다. 우리는 성대의 안이나 바깥으로 공기를 들이쉬거나 뿜는다. 성대는 적절하게 긴장하거나 이완되어 다양한 비강 및 구강 경로를 열고 닫으며 혀, 입술, 및 턱을 마음대로 움직인다. 말을 하기 위해, 임의적이지만 복잡한 근육 통제를 학습해야 한다. 똑같은 내용이 수화에도 적용된다. 음성언어만큼 효과적이고 풍부하면서, 일련의 근육운동처럼 임의적이다.

인간의 기술을 검토해보면 광범위하고 다양한 임의적이고 복잡한 근육 활동과 감각 사건을 생성하고 부호화하는 것을 배울 수 있다는 사실을 알게 된다. 수년이 걸릴 수도 있지만 놀라운 일들을 배울 수 있다. 또 다른 매우 임의적인 기능인 타자를 살펴보라. 촉감만으로 타자하는 데는 수개월이 걸리며, 분당 100타 수준의 속도에 도달하는 데는 수년이 걸린다. 이 속도는 경탄할 만한 속도이다. 악기 연주를 생각해보라. 쇼팽의 야상곡을 연주하는 피아니스트는 초당 25개의 음을 연주해야 한다. 피아니스트는 20분 내에 약 10,000개의 음을 각각 동기화하여야 하고, 정확히 박자를 맞추고, 88개의 피아노 음계 중의 정확한 올바른 음을 연주해야 한다. 읽기도 마찬가지로 임의적이다. 매 장마다 임의적으로 인쇄된 모양들은 음성언어를 표현한다. 읽기는 숙달하기가 쉽지 않은 기능이다. 수년간의 연습이 필요하다. 그러나 일단 기능을 숙달하고 나면, 1분에 수백 단어를 읽을 수 있으며 사실상 말로 들을 때보다 더 빠르게 읽을 수 있다.

아마 아이디어 커뮤니케이션의 또 다른 임의적인 수단을 배울 수 있을 것이다. 이번에는 컴퓨터나 다른 사람의 대뇌에 직접 연결하여 커뮤니케이션하는 것이다. 신속하고 고대역인 신경 채널의 활동에 침입할 수 있다고 가정하자. 대뇌는 안으로 침투하기에는 매우 단단하며, 두개골로 튼튼하게 방어막이 쳐져 있지만, 청각 신경에 전기 케이블을 연결할 수는 있을 것이다. 혹은 아마도 척수에 침입하거나, 손으로 오고가는 신경을 이용할 수도 있을 것이다. 이 침입을 통하여 신경 흥분을 송신 및 수신하는 고대역 채널을 구축했다고 가정하자. 처음에는 이것이 단순히 특수한 감각이나, 통제 불가능한 움직임을 만들어낼 수도 있다. 아무런 의미가 없고 전후 연결이 되지 않는 기묘한 욱신거림과 발작에 이르게 할 것이다. 하지만 우리가 매일 훈련연습을 한다면—하루에 몇 시간씩, 거의 10년 동안—우리 스스로 커뮤니케이션하는 훈련을 할 수 없다고 얘기할 사람이 있겠는가? 이 일이 지금 우리 자신이 하고 있는 다른 일들을 배워온 것보다 것보다 더 힘들 것일지는 확실하지 않다.

그러나 이 제안에 대하여 몇 가지를 주목해야 한다.

- 이것은 지금 현존하는 감각 체험을 재창출하지는 않는다—완전히 다른 종류의 체험을 제공한다.

- 이것은—수년 혹은 수십 년의—광범위한 훈련을 요구하지만, 의사소통을 할 정도로 외국어를 배우는 데 2년 정도가 소요되고, 10년이면 적당하다. 적어도 이 기간은 넘지 않는다.

- 아동기는 대뇌가 생물학적으로 아직 가소성이 있기 때문에 이때에 시작해야 할 것이다. 일생의 처음 몇 년(혹은 몇 달?) 동안 네트워크에 연결된 아동만이 이런 양식의 커뮤니케이션을 배울 수 있을 것이다. 확실히 대뇌가 고정되는 사춘기 이전에는 해야 할 것이다. 성인은 곤란할 것 같다. 이들의 상호작용은 아마도 수박 겉핥기 수준일 것이다.

다중적 마음

지금까지의 논의의 대부분은 기술과 개인에만 초점을 맞추었지만, 아마도 사회적 협력을 위한 도구를 개발할 때 가장 큰 혜택을 볼 것으로 기대한다. 집단이 함께 모여 일할 때 사람들 간의 상호작용은 기술에 의해 도움받을 뿐 아니라 제약도 받는다. 칠판을 사용하면 한 사람의 일을 모든 사람이 볼 수 있다. 여러 사람이 동시에 한 칠판에서 일할 수 있지만, 만약 그들이 같은 부분에서 작업한다면 손이나 몸이 닿아 서로를 방해하게 된다. 여러 실험으로 개인들의 텔레비전 이미지를 이용하여 동일 표면에서의 공동 작업이 가능해졌다. 칠판이든, 쪽지든, 혹은 컴퓨터 화면이든 각자가 자신만의 작업 공간을 가지고 있다고 가정하자. 각 개인들만이 물리적 접근을 하기 때문에 각자의 작업은 다른 사람의 간섭을 받지 않는다. 그러나 전자적으로 모든 사람들의 노력을 모은다고 가정하면? 이제 모든 다른 사람들의 작업이 우리 자신의 작업과 모아지는 것을 볼 수 있다. 이런 묘기를 이루어내는 방법은 여러 가지가 있다. 개인의 작업을 텔레비전과 컴퓨터 모두에 의해 변환하고, 모든 개인의 이미지를 한 이미지로 전자적으로 모으고 나서, 종합된 이미지를 각 개인의 작업 공간에 투영한다. 한 시범 연구에서, 일본어 서예 강사는 그의 손을 학생의 손 이미지 바로 위에 두고 적절한 운동을 통하여 움직일 수 있었다. 자신의 손 위에 모아진 강사의 손을 본 학생은 일종의 지도를 받는 셈인데 이는 기술이 없이는 불가능한 강습이다.

이것은 인지적 인공물을 위한 신기술의 가능성을 보여준다. 기술의 도입 이전에는 결코 생각하지 못하던 사회적 상호작용을 가능하게 한 새로운 형태의 표현 장치이다. 기술은 사람들이 같은 방에 함께 모여 있거나 수천 마을 떨어져 있더라도 상호작용을 향상시킬 수 있다는 것을 꿈꾸게 한다.

공동 작업을 지원하는 다양한 도구들이 컴퓨터 지원 공동작업(CSCW)이라는 새로운 학문 분야로 연구되고 있다. 공동 저술 및 편집으로부터 공동 문제 해결과 의사 결정에 이르기까지 활용의 가능성은 무한해 보인다. 사이버 공간 상에서 전자 회의가 개최되어, 참가자들은 전화, 비디오, 컴퓨터로 의사소통한다. 어떤 실험은 수천 마을이나 떨어진 공동 작업팀까지도 포함하며, 이들은 사이트 간의 연속적인 비디오 연결에 의해 한 사람이 비디오룸으로 갈 때마다 같은 빌딩에 있는 다른 공동작업자를 상대할 때처럼(지지자들은 더 쉽다고 주장한다) 원격 공동 작업자에게 '인사'를 한다. 어떻게 사람들이 회의실에 걸어 다니며 그들 사무실에 있는 다른 사람들을 보며, 가끔씩 대화를 나누거나 중요한 논제에 대해 토론을 하는지 아는가? 전자적으로 똑같이 사무실을 잠깐 살펴보고, 참가자와 인사를 나누고, 당신 앞에 있는 문제들에 관하여 즉각적인 토론을 왜 못하는가? 프라이버시? 그렇다. 이것도 문젯거리지만, 사무실을 열어둘 것인지 닫을 것인지를 선택할 수 있는 것처럼 이후 비디오에서도 개인이 '문을 닫을 수 있도록' 하는 시범계획이 허용되었다. '열린' 비디오 채널은 방문이 가능하며 프라이버시가 필요한 채널은 '닫혀'진다.

그러나 취약점은 인식해야 한다. 집단의 권력을 일부 손상시키지 않으면서도 작업을 부드럽게 만드는 인지적 지원 장치를 고안하기는 극히 힘들다. 기술은 완고하고 까다로우며 강제적인 경향이 있다. 사회 집단은 다양한 성격, 관심사, 작업 스타일이 서로 상호작용할 수 있도록 융통성, 협동성, 탄력성이 있어야만 한다. 기술이 개인을 지원한다면 개인은 또한 상황을 통제할 수 있으며, 개인과 기술 양자는 기품 있는 상호작용 수단을 발견할 수도 있다. 사람이 함께 모여 일을 하면 사회적 긴장이 쉽게 발생하며, 이것은 관련된 개인들의 호의와 협동적 태도를 통해서만 방지할 수 있다. 그러나 이 조합에 융통성 없는 기술을 첨가하면 곧 어려움이 나타난다.

가끔 실제로는 문제가 존재하지도 않는 경우에도 기술은 문제를 해결하려는 속성을 지니고 있다. 모든 사람이 일정표를 컴퓨터에 입력하여 회의 시간을 쉽게 찾을 수 있다면 좋지 않겠는가? 모든 사람이 공동 원고에 코멘트를 하고 나서 최상의 것을 찾아내거나 아이디어들을 결합한다면 어떨까? 모든 사람이 보유하고 있는 컴퓨터가 회의실에 놓여 있다면 좋지 않겠는가? 그러면 우리가 떠나자마자 보고서는 완성될 것이며, 세부 사항까지 이미 작성되고, 모든 사람이 자료를 공유하거나 계산을 함께 할 수 있을 것이다. 회의를 하기 위해 항상 장거리 여행을 하지 않고, 컴퓨터, 비디오, 음성을 통하여 상호작용할 수 있으면 좋지 않겠는가?

지금까지는 그다지 성공적이진 않다. 전산화된 일정? 우리는 이미 많은 것들을 기억하고 있다. 잠정적인 일련의 약속 시간, 집안일로 일찍 퇴근하고 싶은 마음, 근무시간 중에 가게에 잠깐 들리고 싶은 마음, 비밀스러운 연애 등이 있다. 모든 사람이 컴퓨터로 접근 가능한 형태로 일정표를 최신 상태로 갱신해 놓을 때에만 회의 일정잡기는 작동을 한다. 그러나 보통은 관리자만이 최신의 버전을 가지고 있으며, 이것은 종종 비서가 유지하고 근로자들은 이것을 가지고 있지도 않을 뿐 아니라 보고 싶어하지도 않는다. 여기에 사회적 교환 관계가 존재한다. 기술로부터 가장 큰 이득을 보는 사람과 이것이 작용하도록 일을 해야 하는 사람은 서로 다른 사람이다. 이런 것들이 끊임없이 도입된다는 것은 놀라운 일이 아니며, 그것들이 계속해서 실패한다는 것도 놀라운 일이 아니다. 협동해야만 하는 당사자들 간의 이해관계는 매우 다르다.

공동 작업을 지원하는 도구는 개인을 위한 도구에 적용되는 것 이상으로 특수한 요건을 갖추어야 한다. 이것들은 집단의 흥미에 맞아야 하며, 이것은 개인보다 훨씬 더 복잡한 일이다. 한 가지 기술이나 방법으로는 해답이 될 수 없다. 여러 집단들은 서로 다른 방법을 선호할 것이며, 이는 그것을 구성하는 개인들, 그들의 경험, 그들 국가의 문화, 그리고 그들이 일하고 있는 조직의 철학에 의해 좌우될 것이다. 집단 작업과 사회적 상호작용의 기술 지원은 미래 기술에 대한 우리의 희망과 공포에 대한 전형으로 여겨질 것이다. 신기술은 물리적으로 가까이 있을 때보다 원거리에서 더욱 잘 협력하게 하는 분산된 사회 집단으로 이르게 할 것이다. 또한, 엄격한 제약, 지속적인 감독, 그리고 프라이버시와 정체감의 상실이라는 기술적 지옥에 이르게 할 수도 있다. 어느 쪽으로 갈 것인가? 기술에 구축된 행동유도성이 해답을 결정할 것이다.

신기술은 왜 사용하는 것보다 그저 감상하는 것이 즐거울까?

당분간 이 기술들에 대한 당신의 개인적인 꺼림칙함을 잊어버려라. 윤리적 문제와 도덕성을 잊어 버려라. 가능성조차도 잊어버려라. 그 대신 체험 그 자체에 집중하여, 이것들을 간단히 상상함으로써 얻는 재미에 집중하라. 내가 묻고 싶은 질문은 이것들이 진정으로 흥미진진하고 재미있을 것인가이다. 경험에 의하면 오히려 실망스러웠다. 내가 다룬 대부분의 실제 응용 프로그램은, 오늘날 기술의 가장 원초적인 능력을 고려하더라도, 그 잠재력을 보여줄 만큼 살아남지 못하였다. 신기술은 사용하는 것보다 감상하는 것이 더욱 재미있어 보인다.

왜? 상상은 현실보다 더 활기 넘치기 때문이다. 상상은 현실의 불편함과 결함, 지연과 서투름 같은 것이 전혀 없다. 그리고 상상은 완전한 3차원 음향과 영상으로 제공되며, 색채가 완벽하고 흠집이나 소음이 전혀 없다. 마음에는 물리적 제한이 없다. 상상에 의해 제공되는 멀티미디어, 하이퍼 정보 공간은 어떤 가능한 현실보다 우월하다. 내 마음 속의 나는 실수를 저지르지 않으며, 의심과 혼동이 없으며, 항상 원하는 것을 정확히 찾아낸다. 실제 기술에서는 그렇지 않다.

참고 서적을 검토하게 하고 참고문헌과 미지의 용어를 뒤적이게 할 신기술에 관해 읽는다. 이것저것을 어떻게 할지를 가르쳐주는 강의시스템의 융통성에 관해 읽는다. 그리고 거실을 떠나지 않고도 신기술을 경험하게 해주는 가상현실, 음악 감상, 미술, 외국어. 이 모든 것은 조이스틱에, 혹은 아마 손가락으로 가리키는 것에, 또는 그것을 원한다는 음성에 있다.

실제로, 종종 디스플레이의 어느 부분을 조작해야 하는지, 혹은 어디에 있는지, 어느 부분이 화면 장식의 일부인지를 알 수 없다. 어떤 한 가지 정보를 발견하고자 할 때 끝없는 시간이 걸린다. 종종 나는 저주스러운 것을 체험하고 싶어 하지만, 다행스럽게도 항상 그렇게 하지는 않는다. 그리고 이 모든 것은 정말 느리고 지루하다. 컴퓨터 화면 위에서 무엇을 읽는 것은 것은 똑같은 것을 책에서 읽는 것만큼 쉽지 않다—어쨌든 아직까지는. 텔레비전의 제한된 해상도로 변환된 무엇인가를 읽는다는 것은 생각조차 마라.

내가 순수한 체험을 원할 때, 이러한 새로운 '쌍방향' 미디어가 나에게 반성적 모드를 강요하며, 이것저것을 읽도록 강요하고, 매 갈림길에서 결정을 내리도록 강요하는데, 도리어 이 모든 것은 나를 체험에서 멀어지도록 하는 것이다. 반면에 반성적 사고를 하고 싶을 때, 나는 좋은 그림, 풍부한 음악과 멋진 해설자가 있는 할리우드 기행 영화를—순수한 체험적 모드—보거나, 소문내기 좋아하는 영화팬들을 위해 제공된 대본 일부를 볼 것이다. 기술적인 정보를 보고 싶다면, 백과사전 수준의 깊이와 정확도를 원하지만, 그 대신 정치인의 요약된 정보를 얻는다.

문제는 무엇인가? 재료('소프트웨어'라 불리는 것)의 제작자들은 아직 문학 장르, 즉 정보를 어떻게 제시하고, 혹은 어떤 정보를 어떤 식으로 제시해야 하는지에 대해 공부하지 않았다. 현재의 시스템은 컴퓨터 프로그래머에 의해 제작되거나 아니면 영화 감독에 의해 제작되는 것 같다. 프로그래머는 보통 사람의 욕구를 이해하기 위한 훈련이나 경험이 없다. 그래서 자신들이 전문성을 발휘할 수 있는 기술의 위력과 특성을 보여주는 것은 당연하다. 그러나 스토리를 어떻게 전개하고, 심층적인 반성적 재료를 어떻게 적절히 제시할지는 알지 못한다. 영화 감독은 스토리를 어떻게 전개해야 할지 잘 안다. 그들은 체험적 모드의 대가이다. 그러나 영화 감독들은 관중의 흥미를 놓치지 않는 데 너무 몰두하여 새로운 경험으로 끊임없이 관중을 정신없게 해야 한다고 느끼고 있다. 반성적 사고를 위한 시간은 없다. 더욱 나쁜 것은 어떤 주제도 깊이가 없으며, 해설가는 차라리 아무 말도 안 하는 편이 낫다. 반성적 모드는 이 사람들에게는 겁을 주는 것 같다.

이러한 상상의 인공물은 주로 지각 이미지만을 활용한다. 이것은 환상적인 체험을 제공하지만, 진정으로 우리의 인지적 능력을 향상시킬 것인지, 아니면 주로 오락이나 즐거움을 위한 체험의 인공물이 될 것인지는 모르겠다. 오늘날의 시스템은 아직 초보 단계이지만, 그렇다고 모든 문제의 면죄부를 받는 것은 아니다.

오락은 우리 생활의 중요한 부분이므로, 완전히 새로운 영역의 오락 개발의 가치나 중요성을 부정하고 싶지는 않다. 그럼에도 불구하고, 검토될 수 있고, 비교될 수 있고, 고차원의 더욱 위력적인 표상으로 변형될 수 있는 안정적인 외적 표상을 어떻게 제공할지를 알 때까지는, 이 신기술들은 탐색과 오락의 장치로 머무를 것이며, 인지를 향상 시킬 수 있는 능력을 가지지 못할 것이다. 체험적이냐 반성적이냐, 그것이 문제로다. 개인적으로 나는 이 기술의 위대한 잠재력—아직은 실험실 내에서도 실현되지 않은 잠재력이지만—을 본다.

제9장

소프트 기술과 하드 기술

농구에서의 자유투를 생각해보자. 골대로부터 어느 정도 거리를 두고 서서, 수비들의 방해 없이 링을 향해 공을 한두 번 던질 수 있는 기회가 있다. 선수가 할 일이라고는 링을 보고 공을 던져 넣는 것이다.

선수의 입장에서 자유투를 던질 때 어려운 점은 무엇인가? 물론 정확하게 던지는 것이다. 자유투를 잘 하기 위해서는 지속적인 연습과 주의 집중이 필요하다. 아마추어들은 자주 실수한다. 프로선수라도 가끔은 실수한다. 그러면 자유투를 던질 때 쉬운 점은 무엇인가? 많이 있지만 여기서 특별히 언급하지는 않겠다. 예를 들어, 링을 바라보는 것은 너무 쉽다. 링을 어떻게 바라볼지를 연습하고자 시간을 보낼 생각은 누구도 하지 않을 것이다.

만약 기계가 자유투를 던진다면 무엇이 어려울까? 링을 바라보는 것도 어렵다. 반면 쉬운 것은 무엇일까? 공을 던지는 일이다. 기계는 일단 링이 있는 위치만 알면, 적절한 궤도를 계산해서 적절한 힘을 가해 링 안으로 쉽게 공을 던져 넣을 것이다. 기계는 수리적인 계산의 귀재지만, 링을 지각하는 능력은 엉망이다.

자, 이제 또 다른 예를 생각해보자. 성호는 슬라이드를 보여주려고 하는데 프로젝터의 광선이 너무 낮게 투사되고 있다. 그래서 방의 한 구석을 바라보며 친구에게 "저기"라고 말했다. 그러자 친구는 구석에 놓인 책상으로 가서 책을 한 권 가져다 성호에게 주었다. 성호는 이 책을 프로젝터 밑에 받친 후, 슬라이드를 제대로 보여줄 수 있었다.

이 경우, 사람에게 쉬운 것은 무엇인가? 위의 예에서 일어난 모든 일이다. 그 문제가 무엇인가를 인식한다든가, 어떠한 물체를 본래의 용도 외에 다른 용도로 사용한다든가, 다른 사람에게 도움을 청한다거나 하는 것 등이다. 그 친구의 경우, 무엇이 필요하다는 것을 인식하거나 책을 가져다주는 행위는 너무 간단해서 우리가 보통 때는 언급조차 하지 않는 일이다.

그러면 기계, 특히 인공지능 로봇이 하기 어려운 것은 무엇일까? 우선, 성호라는 친구가 있다고 하자. 성호가 어떤 문제를 갖고 있으며, 도움이 필요하다는 것은 물어보지 않고서는 알기 어렵다. 이와 같은 경우에는 성호와 그가 하는 일에 대한 어느 정도의 감정이입이 필요하기 때문이다. 감정이입. 이것은 아무리 인공지능을 가진 기계라고 해도 매우 힘든 부분이다. 만약 로봇이 성호의 보조 요원으로 일한다면, "저기"라고 말하면서 방의 구석을 쳐다보는 것이 무엇을 뜻하는지 알아낼 방도가 없다. "저기"라는 것은 심지어 완성된 하나의 문장도 아니다. 동사도 없다. 명령문도 아니다. 따라서 무엇을 해야 하는가를 알 수가 없다. 만약 "방의 남동쪽 구석에 있는 나무로 된 작은 책상으로 가서 그 위에 세 잔의 물과 함께 놓인 빨간 책을 내게로 가져와라." 하고 완전한 명령문으로 말했다고 하자. 그렇다면 로봇이 할 수 있을까? 가는 도중에 다른 것에 부딪히지 않고 정확히 책상으로 가서 물이 든 컵을 잘 피해서 올바른 책을 집을 수 있는가 등은 로봇에게는 쉬운 일이 아니다.

로봇의 경우, 만약 프로젝터의 문제가 무엇인가를 이해했다면, 보다 쉬운 해결책이 있다. 로봇은 단지 슬라이드가 제시되는 동안 계속해서 영사기를 들고 있으면 된다. 하지만 사람에게는 상상할 수 없는 일이다.

우리 인간이 잘하는 일은 자연스러운 일이다. 우리가 못하는 일은 자연스럽지 못한 일이다. 우리는 우리가 잘하지 못하는 일을 별 어려움 없이 할 수 있는 기계를 만들 수 있다. 그러나 우리가 잘하는 일을 해내는 기계를 만든다는 것은 현재로서 거의 불가능하다. 아마 여러분 중의 몇몇은 "얼마나 다행이야."하고 감탄하는 사람도 있을 것이다. "기계와 사람만 있으면 서로가 상호보완적이므로 못할 것이 없다. 사람은 창조적인 일이나 애매한 상황을 해석하는 것을 잘하는 반면에, 기계는 정확하고 확실한 작업을 잘하니까."

그러나 이것이 현재 일어나고 있는 상황이 아니다. 대신에, 현재의 기술은 기계가 필요한 요구를 하면 인간이 그 요구를 만족시켜주도록 되어 있다. 우리가 잘하는 일, 즉 자연스러운 능력은 거의 무시된다. 기계는 정밀하고 정확한 정보와 통제를 요구한다. 사람이 잘 맞추어 주든 아니든 간에 상관없이 기계가 요구하면 인간은 정확한 정보를 주어야만 한다. 우리는 기계의 요구를 충족시키기 위해 우리의 일을 맞춘다.

사람이 잘하는 일은 무엇인가? 언어와 예술, 그리고 음악과 시, 창의성, 발명, 일을 하는 방법을 변환시키고 바꾸는 것, 변화하는 환경에 적응하는 것, 새로운 도구를 발명하는 것, 문제를 즉각 생각하는 것, 보는 것, 움직이는 것, 듣는 것, 만지는 것, 냄새 맡는 것, 느끼는 것, 이 모든 것이 기계에게는 어려운 것이다. 삶을 즐기는 것, 세상을 지각하는 것, 음식을 맛보는 것, 꽃 냄새를 맡는 것, 느끼는 것, 몸을 움직이는 것, 운동, 기쁨이나 사랑이나 희망이나 흥분과 같은 감정, 그리고 유머와 놀라움도 마찬가지다. 그러나 이러한 것은 기술이 바라보는 인간이 아니다.

물론, 기술공학자들도 인간을 고려한다. 결국 그들도 인간이므로 인간을 고려한다. 문제는 초점을 기계의 수행에 둔다는 데서 나온다. 산업체에서 사고가 생기면, 조사단은 설비가 잘못되었다는 것을 보여주는 단서를 찾기 위해서 현장을 자세히 조사한다. 만약 아무런 잘못도 발견되지 않으면 책임은 인간에게로 돌아간다. 그래서 민간 항공사고의 약 75%가 조종사의 책임으로 돌아간다. 인간의 오류라는 것이다. 인간은 잘 알다시피 주의 산만하며 부정확하다. 우리는 무엇을 기억하는 데 실수를 하며, 해서는 안 되는 일을 하고, 해야 하는 일은 하지 않는 잘못을 범한다. 따라서 기계중심적 견해로 본다면 인간의 장점보다는 약점에 자동적으로 초점이 맞춰지게 된다.

기계중심적 견해는 인간을 부정확하고, 나약하며, 주의가 산만하고, 감정적이며, 비논리적이라고 본다. 이 표현들을 생각해보라. 모두가 기계와 비교해볼 때 인간의 열등한 특성들뿐이다. 기계는 정확하지만, 인간은 모호하다. 기계는 단정하고 질서정연하지만, 인간은 그렇지 못하다. 기계는 자신의 작업에 완전히 주의 집중할 수 있지만, 인간은 주의가 산만하다. 인간은 감정적인 반면에 기계는 논리적이다. 인간이란 얼마나 형편없는 기계인가?

여기서 의문이 생긴다. 어찌하여 우리는 기계중심적인 기준에 의해서 우리 자신을 판단하도록 내버려두었는가? 물론, 우리에게 불리한 위의 주장이 틀린 것은 아니다. 하지만 그래서 어떻단 말인가? 이것은 기계중심적인 견해이지 인간중심적인 견해가 아니다. 만약 우리가 인간중심적인 견해를 취한다면 우리는 동일한 다섯 가지 특징의 다른 면을 볼 수 있다. 즉, 우리는 창조적이며, 유순하며, 변화에 민감하며, 재치와 수완이 있으며, 다양한 상황을 고려할 줄 안다. 한 측면에서 단점인 것도 다른 측면에서 보면 장점으로 바뀐다.

다음의 표를 보자. 이 표는 사람과 기계에 대한 인간중심적 견해와 기계중심적 견해를 비교하고 있다. 표의 각 줄은 인간과 기계에 대한 동일한 특질을 기술한 것이다.

인간중심적 견해		기계중심적 견해	
인간	기계	인간	기계
창조적임	우둔함	애매함	정확함
유연함	융통성이 없음	무질서함	질서정연함
변화에 민감함	변화에 둔함	주의 산만함	주의 집중함
재치가 있음	상상력이 없음	감정적임	비감정적임
양적인 측정보다 질적인 측정에 바탕을 두고 상황과 맥락의 특정성을 고려하므로 결정이 융통적임	맥락을 고려하지 않고 수리적인 평가에 바탕을 두므로 결정이 일관됨	비논리적임	논리적임

인간중심적 견해에서는 인간이 우월하고 기계가 열등하다. 기계중심적 견해에서는 기계가 우월하다. 그러면 우리는 어떠한 견해에 의해서 지배되어야 하는가?

기계중심적 견해와 인간중심적 견해

우리 지능의 많은 부분은 지식을 획득하고 저장하고 전달하고 표시하는 기술이나 인공물에 신세를 지고 있다. 그러나 비록 기술이 큰 도움을 준다고 해도 가끔은 마치 우리가 기술이 지배하는 세계에서 사는 것처럼 느껴질 때가 있다. 기술도 그 스스로 창조된 것이 아니라 인간에 의해서 생긴 것이다. 인간에 의해서, 그리고 인간을 위해서 고안되었으며, 발명되었고, 만들어졌고, 응용되었다. 그럼에도 불구하고 기계의 요구가 우리 인간의 요구보다 중요하게 여겨지는 경향이 있다.

자동화 기술이 적용되는 대표적인 방법을 생각해보자. 공장에서, 선박이나 항공기의 통제실에서, 그리고 은행이나 보험회사에서, 기계는 많은 양의 정보를 처리하고, 부품들의 조립을 통제하고, 선박과 항공기의 조정을 통제할 수 있다. 그러나 자동화 기술만으로 모든 작업을 할 수는 없다. 아무리 똑똑한 컴퓨터 시스템이라도 매우 단순하며, 새로운 것을 학습하거나 스스로를 지휘할 능력이 없으며 융통성도 없다. 모든 것이 '단지 그렇게 하도록' 지시되어야 하며, 그렇지 않으면 제대로 기능하지 못한다.

점차 많은 비행기가 자동화된 통제 시스템을 이용해서 운항되고 있다. 디자이너들은 실제 조종사가 마주칠 과제를 엄밀하게 분석해서, 사람이 가장 잘 수행할 수 있는 것은 무엇이며 기계의 도움이 필요한 것은 무엇인가를 결정했는가? 물론 아니다. 대신, 보통 그렇듯이 자동화할 수 있는 부분은 기계에, 그 나머지 부분은 인간에게 주어졌다.

더 나쁜 사실은 이렇게 설계된 자동화는 모든 조건이 정상일 때만 최적으로 수행된다는 것이다. 조건이 악화되면, 예를 들어, 폭풍이 몰아친다거나, 엔진이나 라디오 혹은 발전기가 고장났을 경우, 자동화는 제 기능을 상실한다. 다시 말해서, 자동화는 가장 도움이 필요하지 않을 때 인간을 대신하며, 가장 도움이 필요할 때는 인간에게 떠맡긴다. 기계가 실패하면 (대개는 아무런 사전 경고도 없이), 인간은 갑자기 그 과정으로 뛰어들어 시스템의 현 상태를 파악해야 하고 무엇이 잘못되었으며 어떻게 대처해야 하는가를 알아내야 한다.

공장에서 일할 때 사람들은 소리나 진동, 심지어 냄새로 무슨 일이 일어났는가를 알 수 있다. 그러나 컴퓨터에 의해 통제되는 대부분의 공장에서, 컴퓨터는 에어컨이 부착되어 있고, 공기 정화기가 설치되어 있는 방에 놓여 있어 공장의 열이나 소음, 그리고 진동으로부터 차단되어 있다. 따라서 공장에서 일하는 사람들도 이제는 이와 같은 자동화 시스템에 맞추기 위해서 기계와의 상호작용의 방식을 변화시키고 있다. 과거에는 신체 감각으로 사물을 보고, 가끔 실제로 문제가 발생하기 전에 문제의 원인을 발견해내곤 하던 사람들이 이제는 현실 세계와 차단되어 그래프, 숫자나 깜빡이는 불빛과 같은 2차 혹은 3차 표상만 보고 있다.

이와 같은 방식으로 공장의 처리 과정을 다루는 데는 장단점이 있다. 이 방식은 정상적인 작동을 좀 더 매끄럽게 진행하도록 한다. 몇 가지 2차 혹은 3차 표상은 보통으로는 잘 이해되지 않는 관계나 정보를 표현할 수 있으며 어떤 때는 그 관계나 정보를 눈에 보이기 전에 발견하기도 한다. 그러나 반대로 어떠한 표상은 문제 전체를 이해하기에는 부적절한 정보를 제공하거나, 감각적인 정보가 풍부하지 못하거나, 사용자를 상황으로부터 고립시킴으로써 악영향을 미친다.

인간중심적 디자인의 원리 중 하나는 사용자가 보게 될 표면적 표상은 사람에게 익숙한 형태, 즉 이름, 글, 그림, 의미 있고 자연스러운 소리, 지각에 바탕을 둔 표상을 따르도록 하는 것이다. 하지만, 문제는 기계에 의해서 사용되는 바로 그 표상, 즉, 숫자를 그대로 사람에게 제시해버린다는 것이다. 그러나 이렇게 돼서는 안 된다. 분명히 기계는 내적으로 수치가 필요하겠지만 정보를 전달할 때는 인간에게 가장 잘 맞는, 그리고 인간이 수행해야 하는 작업에 가장 적절한 형태로 제시하여야 한다. 인간이든 기계든 간에, 시스템의 각 부분은 자신에게 가장 효율적인 표상을 사용해야만 하며, 만약 이를 위해 내부의 기계중심적인 형태에서 표면상 인간중심적인 형태로 전환하기 위한 부가적인 단계가 필요하다면 그것은 기계(그리고 그를 설계하는 인간 디자이너)가 맡아야 할 부분이다.

쇼샤나 즈보프의 유명한 저서, 『영리한 기계의 시대』는 자동화 시스템과 정보화 시스템을 구분하였다. 정보화란 즈보프 자신이 만든 용어로, 기존에는 얻을 수 없었던 정보를 인간에게 제공하는 기술공학의 새로운 잠재력을 묘사하는 말이다. 정보화 시스템은 사람들이 알아야 할 지식이 무엇인가를 지능적으로 결정하여 제공하는 인지적 인공물이다. 이 시스템이 있으면 인간은 주어진 작업뿐만 아니라 그 이상의 큰 그림을 이해할 수 있으며, 때로는 업무의 질을 향상시키기도 한다. 정보화된 시스템은 인간과 시스템이 함께 작업하도록 되어 있는 협동 체계가 아니다. 자동화 시스템은 자동화되어 움직인다. 이는 인간을 돕기 위해서가 아니라 대신하기 위해서 설계되었다.

인간의 처리 요구를 보완하는 시스템을 설계하려면 부가적인 노력이 들 것이다. 이는 또한 항상 쉬운 것도 아니지만 실현가능한 것이다. 그리고 인간이 주장한다면 이는 자연히 이루어져야 한다. 그러나 인간은 주장하지 않는다. 어떤 이유에서인지 우리는 기계가 지배하는 세상을 받아들이도록 교육받았다. 만약 시스템이 인간의 요구를 수용한다면, 그러한 시스템은 인간의 요구에 민감하고 시스템을 잘 이해하는 사람에 의해 설계되어야 한다. 나는 이러한 주장이 불필요하고 진부한 주장이길 바란다. 그러나 어찌하랴, 세상이 그렇지 아니한데.

논리의 언어

여러분은 어렸을 때 다음과 같은 수수께끼를 들었던 생각이 날 것이다.

한 사람은 앞에서 끌고 또 한 사람은 뒤에서 수레를 밀고 있었다. 다른 사람이 앞에서 수레를 끄는 사람에게 뒤에 있는 사람이 당신의 아들이냐고 물었더니, 그렇다고 대답했다. 그리고 뒤에서 미는 사람에게 앞에 있는 사람이 당신의 아버지냐고 물었다. 그 사람은 아니라고 대답했다. 이 두 사람은 어떠한 관계일까?

대부분의 사람들은 이 수수께끼에 대해 답하지 못한다. 분명히 이 수수께끼에는 함정이 있다. 그러면 그 함정은 어디에 있을까? 이 수수께끼에 대한 정답은 무엇일까? (원문에는 다른 수수께끼가 제시되었는데, 이해를 돕기 위해 역자가 예를 바꾸었다.)

정답은 어머니와 아들 관계라는 것이다. 그러면 왜 여러분은 처음에 맞추지 못했는가? 아마도 처음에 뒤에 있는 사람이 아들이냐고 물음으로서 이 문제에 개입되어 있는 사람이 모두 남성일 것이라고 오해하였을 것이다. 또한 대개는 수레를 아버지와 아들이 끄는 경우가 많으므로 이러한 일반적인 지식에 의해서도 문제에서 말하는 것 이상을 가정하도록 유도되었을지도 모른다. 아니면 여러분은 아버지라는 말이 단지 부모 중 남성만 지칭하는 것이 아니라 부모 전체를 지칭한다고 가정하였을 수도 있다. 그러나 논리적으로 따진다면 이와 같은 가정은 옳지 않다. 논리적으로만 본다면 이 수수께끼를 풀지 못할 이유가 없다. 정답은 논리에 정확히 들어맞는다.

17세기의 데카르트로부터 오늘날까지 인간의 마음은 보통 시계의 태엽 장치처럼 단순한 논리에 바탕을 둔 융통성 없는 계산 기계라고 생각되어 왔다. 따라서 계산이나 통제, 커뮤니케이션 과학 등과 기술에서의 거의 모든 발전이 딱히 어떤 증거도 없이 과학의 진보인 것 마냥 묘사되어왔다. 더구나 거의 대부분의 경우 이를 주도한 사람들은 한 번도 인간을 연구해 본 적이 없는 사람들이었다.

물론 계산 등에 관한 지식의 발전은 중요하며, 분명히 지능을 가진 기계가 어떻게 작동하고, 의사소통은 어떻게 일어나는지, 그리고 그 기본적인 특징은 무엇인지에 관한 일반적인 이해에 도움을 주었을 것이다. 이 지식은 사고 과정—그것이 실제이건 인공적이건, 또한 인간의 사고이건 동물의 사고이건 기계의 사고이건 상관없이—을 연구하는 데 중요한 도구가 되어왔다. 그러나 그렇다고 해서 이 지식이 사고 과정의 모형을 의미하지는 않는다. 인간의 사고 과정은 기계의 수리적 논리와는 다르다. 실제로, 인간의 사고 과정이 논리 과정과 같다면, 우리는 사고를 돕기 위해서 논리라는 것을 고안해낼 필요가 없었다. 즉, 논리는 우리의 사고 과정과 다르다.

논리는 확실히 인간의 인지 과정에 대한 좋은 모델이 아니다. 인간은 문제의 내용과 맥락을 모두 고려하는 반면, 논리나 형식 상징 표상은 내용이나 맥락에 무관하다. 내용을 고려한다는 것은 문제를 구체적인 말로 이해한 후, 실제의 행동이나 상호작용과 같이 우리가 이미 알고 있는 세계로 환원시킨다는 것을 의미한다. 중요한 것은 인간이 단지 해결하려는 문제에 대한 일반적인 내적 모델이나 시나리오를 갖고 있는 것이 아니라, 각 문제마다 특별한 모델을 만든다는 점이다. 사람은 모든 문제를 개개인이 알고 있는 지식이나 경험의 세계와 대응시킨다.

이미 5장에서 현재까지의 논리적 분석이나 이야기에 관한 본질을 살펴보았다. 중요한 것은 각각이 인간의 사고 과정에서 중요하지만 서로 다른 역할을 한다는 것이다. 논리는 의도적으로 상황에서 양으로 표현되는 중요한 측면을 추출해서 주관적 편견이나 의견과는 독립적인 결론에 이르도록 한다. 따라서 논리는 신뢰할 만하다. 받는 정보가 동일하다면 항상 동일한 결론에 이른다. 반면에 이야기는 각 상황이 갖는 맥락과 문제의 인간적인 부분을 특징 짓기 위해 중요한 세부 사항을 강조한다. 이야기는 상황의 질적 측면뿐 아니라 주관적 편견과 관련된 사람의 감정을 강조한다. 이야기는 신뢰하기 어렵다. 상황이 동일해도 누가 이야기하냐에 따라 내용이 달라질 수 있다. 또는 듣는 사람의 기분이나 성격에 따라서 다른 결론이 나올 수도 있다. 논리의 문제점은 너무 고정되어 있어서 융통성이 없고, 따라서 고정된 틀에 맞지 않는 정보는 결론을 도출해내는 데 아무런 역할도 하지 못한다. 이야기의 문제점은 너무 유연하고 주관적이라는 점이다. 거의 모든 견해나 결론도 적당한 이야기로 뒷받침 될 수 있다. 결국 우리는 논리의 형식적인 하드 과정과 일상의 경험에서 비롯된 이야기의 주관적 느낌과 같은 소프트 과정이 모두 필요하다.

인간의 언어 역시 논리의 언어와는 매우 다르다. 인간의 언어는 의사소통하는 상대방의 입장을 고려한다. 기본적으로 대부분의 경우 우리는 상대방도 이야기하고 있는 주제에 관해서 상당량의 지식을 나와 공유하고 있으며, 또한 의사소통의 본질을 이해할 수 있는 정도의 지능을 가진 사람이라고 간주한다. 대화에 참여하는 두 사람 모두 상대방의 행동과 말을 적극적으로 해석하며, 그 결과 서로 생각과 개념을 공유하게 된다. 또한 우리는 상대방의 말이 무엇을 의미하고 있는지 뿐만 아니라 말에 담긴 의도까지 파악하려고 노력한다. 만약 다른 사람이 우리에게 무언가를 말하면, 그 이유 때문이라고 생각한다. 또 무언가를 의도적으로 대화에서 누락시킨다면 마찬가지로 의도적인 이유가 있다고 판단한다. 어떠한 종류의 정보가 전달되는가는 몇 가지의 단순한 규칙을 따르는데, 그 규칙은 다음과 같이 요약할 수 있다.

- 사람들은 다른 사람이 알아야 할 필요가 있다고 생각되는 것을 말한다. 상대방이 맥락과 이유를 알 수 있을 정도보다 많이 말하지도 않으며 반대로 너무 적게 이야기하여 상대방이 알 필요가 없다고 느끼게 하지도 않는다.

- 모든 것을 그대로 믿으며 일상의 언어로 이해한다.

- 만약 어떤 특별한 조건이 있다면, 그 조건을 설명하였을 것이다. 특별히 아무런 조건도 언급되지 않는 한, 듣는 사람은 특별한 조건이 없다

고 생각한다.

- 만약 어떠한 사항이 명백하거나, 중요하지 않거나, 불가능하면 일반적으로 그것은 특별히 언급되지 않는다. 따라서 사람들이 특별히 어떠한 것을 언급했다면 이는 그 사항이 중요하다는 것을 알려주는 신호이다.

한 사람이 다른 사람을 가리켜 자신의 아들이라고 한다면 일반적인 대화에서는 그 사람이 다른 사람의 부모라는 것을 의미한다. 따라서 이들에게 그 사람이 당신의 아버지냐고 묻는 것은 보통 그 사람이 당신의 부모냐고 묻는 것을 의미한다. 만약 그 사람이 당신의 부모 중 아버지인지 어머니인지가 특별히 궁금했다면 보통은 그 사람이 당신의 어머니인가 아니면 아버지인가 하고 물었을 것이다. 즉, 우리는 대화를 하면서 상대방의 말을 그대로 받아들이는 것이 아니라 서로 공유하는 지식을 바탕으로 능동적으로 해석한다. 하지만 논리는 모든 말 하나 하나를 있는 그대로 심각하게 받아들이며 다른 의미로 해석될 수도 있다고는 가정하지 않는다. 말한 것은 그대로 그것을 의미한다. 그래서 결국 논리에서는 분명하고 애매하지 않은 용어로 의사소통을 해야 하며, 한 단어는 그것이 쓰일 때면 어떤 상황이라도 언제나 동일한 것을 의미하게 된다.

만약 우리가 이러한 규칙을 따른다면 우리의 언어는 우아함과 융통성, 확고함과 아름다움 사이에서 고통 받을 것이다. 언어는 전달하는 의무를 단순화하기 위해서 짧고 간단하다. 또한 언어는 말, 단어, 문법에서 나타나는 실수에 무감각하고 듣는 사람의 주의를 분산시킬 여지가 있는 잡음에도 무감각하다. 사람들은 정신적 노동의 양을 최소화 시키려는 경향이 있다. 조지 킹슬레이 지프는 이를 '최소 노력의 법칙'이라고 불렀다. 지프는 언어에서 가장 빈번히 사용되는 단어 역시 가장 짧다는 것을 지적했다. 비록 처음에는 긴 단어였더라도 자주 사용되면 될수록 짧아진 것도 있다. 그 예로 텔레비전을 들 수 있다. 이제 텔레비전은 줄여서 TV라고 불린다. 대명사 역시 좋은 예이다. 보통 의미를 전달하려면 여러 개의 단어가 필요한 개념이나 사물을, 대명사는 한 단어로 대신해준다. 어떠한 언어에서는 심지어 대명사조차 건너뛰는 경우도 있다. 이렇게 줄여서 쓰는 관례는 언어의 애매성을 더해주며 따라서 형식적이며 과학적인 분석을 더욱 어렵게 한다. 사실, 우리도 때로는 서로를 이해하는 데 어려움이 있다. 가끔 오해도 하며, 분명히 하기 위해 질문을 하기도 한다. 그러나 이는 사소한 것이며 언어의 자연적 처리과정은 대부분 이러한 사소한 어려움을 유연하게 다루므로 문제가 있다는 것조차 알아차리지 못한다. 따라서 단순화는 가치가 있다.

논리의 언어는 언어의 논리를 따르지 않는다. 논리는 모든 용어가 정확한 해석을 가지며 모든 연산이 잘 정의되어 있는 기계중심적 체계이다. 연산은 일괄성과 엄격함을 강조하도록 정의되어 있어서 상반되거나 예민한 경우가 없다. 논리에서 언급되는 모든 것은 정확하고 애매하지 않게 해석되며, 이것이 세계에 대한 참 명제인가 거짓 명제인가를 나타내는 값이 정확하게 계산될 수 있다. 실제로 논리에는 수학적인 논리의 형태 외에 다른 형태도 존재하나, 모두 수학적인 정확성과 엄밀함을 공유한다는 점에서는 근본적으로 같다. 심지어 퍼지 논리와 같이 언어의 애매모호함을 다루기 위해서 특별히 고안된 형태의 논리도 그 집합 구성원과 집합 연산자의 모호함 정도를 정확한 규칙을 따라 정확하게 측정한다. 논리는 속성상 오차를 견디지 못해 명제나 연산에 한 치의 오차라도 있으면 결과를 해석 불가능하게 할 수도 있다.

언어는 이와 매우 다르다. 언어는 수만 년에 걸쳐서 현재의 형태로 진화해온 인간 중심의 체계이다. 언어는 인간의 요구를 충족시키도록 되어 있다. 언어는 필요하다면 애매해도 되고 부정확해도 되며, 잡음이나 난해함에 흔들리지 않도록 견고해야 하며 사용의 용이성(짧은 단어가 선호되는 이유)과 정확성(길고 구체적인 표현이 선호되는 이유) 사이의 균형을 잘 유지하도록 되어 있다. 보통은 사용의 용이성이 우세한 것 같다.

언어는 다른 흥미로운 제한 요건도 갖고 있다. 첫째, 언어는 형식적인 교육 없이도 어린 아이들이 학습할 수 있어야만 한다. 이는 모든 언어 체계에서 밝혀지지 않은 제한 요건이다. 둘째, 언어는 새로운 상황에 부딪치면 지속적으로 변화하고 적응할 수 있을 만큼 유연해야 한다. 두 개의 다른 언어가 접촉하게 되면 각 언어는 다른 언어를 빌려 오기도 하고 서로 융합되기도 한다. 새로운 기술과 경험에는 그에 걸맞는 새로운 용어가 필요하고 어쩌면 심지어 새로운 문법 구조까지 필요할지도 모른다. 셋째, 인간의 언어는 오류에 대해서 매우 관대하다. 사람들은 자주 단어를 잘못 사용하며 옳지 않은 문법을 사용하고 말하는 중간에 마음을 바꿔서 다시 시작하곤 하지만 듣는 사람은 아주 작은 노력만 들이면서 정확하게 의사를 전달받는다. 마지막으로, 언어는 문화적 맥락을 반영해야 한다. 어떤 언어는 문화의 사회적인 범주를 반영하기 위해 존칭어 형식이 따로 있다. 또 어떤 언어에서는 일부러 애매하게 말해서 대화에 참여하는 모든 사람이 만족을 느낄 수 있도록 하여 갈등을 완화하는 작용도 한다. 이러한 애매성은 사회적 상호작용을 유연하게 한다. 이 방법은 법조계에서 많이 쓰이는 것으로, 법정에서 해석될 수 있도록 남겨둔다. 언어는 끊임없이 진화하며 잘 정의되지 않음으로 해서 인간들의 상호작용에 절묘하게 잘 맞도록 되어 있는 비정형 시스템이다.

소프트 기술 대 하드 기술

기술체계는 하드와 소프트, 두 개의 범주로 분류될 수 있다. 하드 기술이란 기술이 우선이며, 따라서 인간에게 융통성이 없는 일을 하게 만드는 체계를 말한다. 소프트 기술이란 풍부한 정보와 대안을 제공하며, 인간의 융통성을 이해하고 인간에게 우선권을 주는 유연한 체계를 일컫는다.

내가 기술이 가진 영향력과 장점이 있다고 말할 때는 소프트 기술을 지칭하는 것이다. 하드 기술은 실사용자의 요구나 바람과 무관하다. 하드 기술은 우리의 요구에 부합하기보다는 우리로 하여금 기술의 요구에 부합하도록 종용한다. 하드 기술은 우리에게 보조 역할을 맡기는 반면에 소프트 기술은 우리로 하여금 주도권을 쥐도록 한다. 자동화는 하드 기술의 일종이다.

하드 기술이든 소프트 기술이든 어느 기술에나 문제는 있다. 이 문제는 사회 내에서 필요로 하는 요구 간에 갈등과 차이가 있기 때문에 발생한다. 한 집단에게 가장 좋은 것도 항상 다른 집단에게는 가장 좋은 것이 아닐 수도 있다. 서로간의 절충이 필요하며, 종종 어려움을 겪는다. 하드 기술은 빈번히 이를 요구하는 사람이나 집단에게는 유리하지만 이를 준수해야 하는 사람들에게는 불리하다. 때때로 하드 기술을 사용하는 것이 올바른 때도 있다. 회계나 시간 준수와 같은 규칙은 조직 체계에는 이익이지만 이것을 지켜야 하는 사람에게는 이롭지 않은 하드 기술이다. 새벽 3시에 차도 사람도 하나도 없는 교차로에서도 반드시 서야만 할 때는 신호등이나 교통 표지판이 방해가 되지만 사회 전반적으로 볼 때는 이익인 하드 기술이다.

8장에서 논의되었듯이, 사생활 보호는 사회마다 다른 문화적 관습이다. 어떤 사회에는 기본적으로 사생활 보호라는 개념이 존재하지 않는 반면에, 다른 사회에서는 사생활을 극단적으로 보호하기도 한다. 미국 문화에서는 사생활을 매우 중요시한다. 사람들이 사업상 불가피하게 집으로 전화를 걸게 되면 대개 사생활을 방해한 것에 대해 먼저 사과한다. 이렇게 사과하는 것은 직장과 가정을 구분하고 가정의 사생활에 가치를 두는 문화적 맥락 반영한다. 나는 다른 사람들이 보거나 주의를 받지 않으며 집에서 일할 수 있기를 기대한다. 그러나 사무실에서는 이렇게 사적인 환경이 보장되리라고 생각하지는 않는다. 그럼에도 불구하고 다른 사람의 사무실에 들어갈 때는 들어가도 좋은지 허가를 얻는다. 또한 어떠한 사람이 다른 사람과 대화중일 때는 방해하지 않거나, 꼭 그래야만 한다면 사과를 한다.

전화 시스템

전화의 기술적 문제는 아직 전화를 건 사람이 위와 같은 예절규범을 지킬 수 있게 해주지 못한다는 것이다. 전화를 걸 때는 전화를 받는 사람이 어떠한 행동을 하고 있는지, 그 사람이 바쁜지, 대화를 하는 중인지, 방해받고 싶지 않은 상태인지, 아니면 애를 태우며 전화를 기다리고 있는지 등에 대해 알 길이 없다. 수신자 또한 최근까지는 부재중에 걸려온 전화에 누구였고, 무슨 이유 때문인지 알 길이 없다. 전화벨 소리는 단지 그 사람이 중요한 사람이든 별 볼 일이 없는 사람이든 간에 지금 전화가 걸려오고 있다는 것만 알려준다. 아니면 심지어 어떤 때는 잘못 걸린 전화일 수도 있다. 하던 대화는 중단되고 사고가 흐트러지며 평온함이 깨어진다. 전화는 전화를 거는 입장에서는 편하지만 받는 입장에서는 불편하며, 특히 수신자와 상호작용을 하고 있던 사람에게 가장 큰 불편을 준다. 결론적으로 말하면 전화 시스템은 일반적인 예의를 많이 어긴다는 것이다. 물론, 송신자는 사과를 하고 전화를 계속해도 좋은지 물어볼 수 있다. 그러나 수신자는 이미 방해를 받은 후다. 이제까지 사용 해오던 전화는 하드 기술이라고 할 수 있다.

그러면 전화를 좀 더 소프트하고 인간적인 기술로 발전시키는 것이 가능한가? 그렇다. 오늘날의 전화는 전화 시스템의 요구에 맞춰서 디자인되었다. 전화 시스템의 목적은 중앙전화국의 장비에 대한 비용이나 부담을 최소화하기 위해서 가능한 한 효율적으로 올바르게 연결을 시키는 것이다. 이 과정에서 전화 사용자의 요구는 고려되지 않았다. 만약 그런 점이 있다면 결국에는 전화 통화를 시작하는 송신자에게 유리한 것만이 채택되었다.

실제로 송신자는 항상 수신자와 연락이 되기를 원하는 것도 아니다. 어떤 때는 대화를 하거나 전화를 대신 받는 사람에게 모든 중간 과정을 다 설명하기보다는 그냥 메시지를 남기는 것이 더 효율적일 때도 있다. 만약 송신자가 특정한 수신자를 원하는지 아니면 단지 자동응답기와 같은 메시지 센터를 원하는지를 밝힐 수 있다면 얼마나 좋겠는가! 비슷하게 수신자의 입장에서 보았을 때 전화를 받기 전에 누가, 심지어는 왜 전화를 걸었는지 알 수 있다면 얼마나 좋겠는가! 우리들 중 일부는 모든 전화를 일단 자동응답기가 받도록 하여 받고 싶지 않은 전화를 거르기도 한다. 즉, 수신자는 걸려온 전화의 메시지를 듣고 만약 중요하거나 필요한 경우에는 통화를 하고 나머지는 나중에 편리한 시간에 다시 연락한다.

지금 많은 전화국이 디지털 기술로 전환하고 있기 때문에 송신자의 전화번호를 수신자에게 보여줄 수 있다. 수신자의 입장에서 보면 이는 매우 편리하지만 송신자의 사생활 보호 측면에서 본다면 그렇지 않다. 하지만 한 사람이 다른 사람에게 전화를 걸었을 때는 이미 사생활 보호를 감수하고 있을테니 이는 그리 중요하지 않다. 사실 자신의 신분을 감춘다는 것이 오히려 예의에 어긋나는 것이다. 그러나 만약 범죄 신고를 위해서 경찰에 전화를 걸 때나, 위급상황에서 구조를 요청하기 위해서 전화를 걸 때는 송신자의 전화번호를 비밀로 보장해주어야 하지 않을까? 만약 사람들이 익명으로 전화를 걸 수 없다면 공공 서비스를 이용하는 사람의 수가 훨씬 줄어들 것이다. 만약 내가 정부 기관이나 회사에 전화를 걸 때 내 전화번호를 알게 된다면, 내 번호와 이름이 컴퓨터 시스템에 등록이 될 것이다. 그러면 나에 대한 정보를 하나 추가한 셈이고 심지어는 스팸 문자 메시지만 잔뜩 전송받을 가능성이 높아질 것이다. 내가 왜 아주 단순한 질문을 하기 위해 공공 서비스 기관에 전화를 하겠는가?

이제까지 논해왔던 주제에 비추어보면 송신자의 전화번호를 알려준다는 것은 분명히 기계중심적인 접근법이다. 이것은 시스템이 쉽게 제공할 수 있는 정보이다. 그러나 이것이 수신자가 알고자 했던 것인가? 반드시 그렇지 않다. 우리는 누가 전화를 걸었는지를 알고 싶은 것이지, 송신자가 쓰고 있는 전화번호가 무엇인지를 알고자 하는 것은 아니다. 전화번호가 무슨 소용이 있는가? 우리는 지금 다시 각 전화번호로부터 그 전화를 사용할 사람이 누구인가를 알아내는 방법을 배우거나 아니면 내 전화 시스템에 그러한 프로그램을 새로 설치하여야 한다. 즉, 우리는 스스로 전화번호를 인간중심적인 정보로 전환시켜야 한다. 전화번호란 단지 법을 실행하는 기관이나 경제기관에서만 정말로 필요하다. 사실 친구도 여러 장소와 다양한 전화번호로 전화를 걸 수 있다. 우리가 어떻게 그 모든 가능성을 다 고려할 수 있겠는가? 우리는 단지 지금 내게 연락하고 있는 이 사람이 누구인지만 알면 된다.

송신자의 이름을 밝히는 것이 여전히 사생활 보호의 문제와 관련이 있는가? 그렇기는 하지만 이번 경우에는 훨씬 다루기가 쉽다. 이름만으로는 그 사람에게 연락을 할 수 있는 방법을 알아내기 어렵다. 이 경우에는 좀 더 많은 부가 정보가 있어야 한다. 따라서 극단적으로 사생활을 보호해야만 하는 경우라면 별명이나 가명, 혹은 친구나 동료는 알아볼 수 있지만 다른 사람은 알 수 없는 이름을 사용하면 된다. 이 방법은 송신자와 수신자 양 쪽을 모두 보호한다. 송신자는 자신이 원하는 만큼만의 정보를 제공할 수 있으며, 수신자는 그 전화를 받을 것인가를 결정할 수 있다. 송신자가 거짓말을 해도 아무런 이득을 얻지 못한다. 왜냐하면 수신자는 거짓말인 것을 안 즉시 전화를 끊어버리면 그만이기 때문이다.

송신자의 신분은 어떻게 제공될 수 있는가? 여러 가지 방법이 가능하다. 한 가지를 생각해보자. 전화를 걸 때 송신자가 3초 정도의 메시지를 남기면 그 메시지는 전화벨과 함께 전송될 수 있다. 수신자는 "따르릉, 서영이가 영규에게 거는 전화입니다, 따르릉" 아니면 "따르릉, ○○은행에서 신용카드 사용에 관해서 거는 전화입니다, 따르릉"과 같은 메시지를 들을 것이다. 이를 더 세련되게 하자면, 마치 일상의 대화에서처럼 전화벨을 대화의 예약 요청으로 해석할 수도 있다. 수신자는 이 요구에 대해서 곧장 대화에 응하든지 아니면 "5분 뒤에 합시다."와 같이 다른 시간을 제시하든지 할 수 있다. 그러면 송신자는 전화를 다시 걸든지 아니면 자동응답기로 연결시켜 메시지만을 남기든지 할 수 있다. 이러한 것이 소프트, 인간중심적인 기술이다. 송신자와 수신자는 똑같이 자신들의 요구에 가장 잘 맞는 식으로 전화를 사용할 수 있다.

모든 신기술에서처럼 송신자가 전화벨 속에 자신의 목소리를 입력하면 문제를 일으킬 수도 있다. 만약 생각지도 않았던 사람이 그 전화벨을 듣는다면 이는 수신자의 입장에서 볼 때 또 다른 종류의 사생활 침범이다. 또한 이러한 체계를 악용하자면 성식으로 전화를 걸지 않고도 간단한 메시지를 전달할 수 있다. 그러나 이는 악용하기 매우 쉽다. 인지적 인공물이 과제의 본질을 바꾸듯이 커뮤니케이션 기술이 인간의 상호작용의 본질을 바꿀 수 있다. 사회와 기술 모두 서로의 존재에 상호 적응한다.

전화 커뮤니케이션에 도움을 줄 수 있는 수많은 방법이 가능하며 이중 몇몇은 벌써 현재의 시스템에서도 적용되기 시작했다. 전화의 기술적 영향력은 현재 각 가정과 전화국을 연결하는 전선의 저주파 대역에 의해 제한을 받고 있다. 전화를 통한 신호는 비교적 질이 좋지 않다. 목소리는 작으며 컴퓨터, 팩스나 TV 신호와 같은 다른 신호는 단지 낮은 질로 느리게 전송될 수밖에 없다. 게다가, 전화기 자체가 사용자와 의사소통을 할 수 있는 능력이 거의 없다. 인간적인 소프트 능력은 전화기와 사용자 간의 의사소통이 잘 안 된다는 점에 의해서도 제한된다. 소프트 기술은 빈번히 하드 기술보다 좀 더 강력한 기술을 원한다. 전화의 경우에 전화기는 송신자에 대해서 좀 더 많은 정보를 제공해야 하며 그 정보를 좀 더 나은 방법으로 제시해야만 한다. 우리가 보통 집에서 갖고 있는 전화기는 번호판이 제한되어 있고 시각적인 게시판이 없기 때문에 전화를 인간화시키는 것이 거의 불가능하다. 일반적으로 기술을 소프트화하는 데 가장 중요한 것은 사용자의 요구로부터 출발해서 그 요구를 수용할 수 있는 기술을 결정하는 것이다.

현재 전화 시스템의 하드 기술에서는 우리가 사생활을 침범하고 규범적인 문화적 행동을 어길 수밖에 없다. 미래 전화의 소프트 기술은 사람에게 이를 통제할 수 있는 능력을 돌려줄 가능성이 있다.

적정기술

컴퓨터와 정보처리의 하드 기술을 사람에게 적절한 소프트 기술로 전환시킬 수 있는 방법이 있는가? 나는 있다고 생각한다. 방금 전화 시스템을 논할 때 주장하였듯이, 올바른 접근법은 기술의 요구 사항이 아니라 그 시스템을 사용하는 인간들의 요구로부터 시작하는 것이다. 약간만 생각한다면 가장 비인간적인 시스템도 꽤 괜찮을 것으로 바꿀 수 있다. 우체국의 우표 자동판매기에 대해서 생각해보자.

우표 자동판매기

『방향지시등은 자동차의 표정이다』라는 책에서 나는 미국의 우편 업무와 우표 자동판매기에 대한 이야기를 했다. 그 이야기를 다시 언급하는 것이 좋겠다. 체신부는 우체국이 닫혔거나 열렸거나 줄이 길 때, 고객들이 기다리지 않고 우표를 살 수 있도록 우표 자동판매기를 설치했다. 그러나 우표 자동판매기가 설치되자마자 내가 구독하는 한 컴퓨터 관련 신문에서 '우표 자동판매기의 재앙'이라는 제목의 기사들이 보이기 시작했다.

나의 궁금증이 일어 직접 집 근처 우체국으로 갔다. 역시 문제가 있었다. 디자인을 마구잡이로 했기 때문이다. 일단 기계에 경고문이 붙어 있다는 것은 디자인에 뭔가 문제가 있다는 것을 말한다. 캘리포니아 델마에 있던 내 우체국에 설치된 우표 자동판매기는 손으로 쓴 경고문뿐만 아니라 컴퓨터로 쓴 빨간 색의 경고문이 붙어 있었다. 그 경고문은 다음과 같다.

델마 우체국 우표 자동판매기를 사용해주셔서 감사합니다. 이 기계는 당신이 구매를 할 때 최대 3.25달러까지만 거슬러 드립니다. 그러니 5달러보다 큰 지폐를 넣기 전에 미리 이 점을 고려하십시오.

자, 이제 당신이 이 우표 자동판매기의 고객이라고 하자. 당신은 29센트짜리 우표 100장을 사기 위해서 30달러짜리 지폐를 기계에 넣었다. 당신은 100장의 우표와 1불의 거스름돈을 돌려받으려 할 것이다. 기계는 당연하게 당신의 30달러짜리 지폐를 먹은 후에 그 우표는 매진되었다고 한다. 이 경우 당신은 대신 다른 것을 사고 싶겠는가? 게다가 이 기계는 당신의 30불을 그대로 돌려주지도 않는다(이 기계는 3.25불이상은 거슬러주지 않는다고 했다).

우표 자동판매기는 분명히 기계중심적인 디자인이다. 디자이너는 컴퓨터 산업에서는 매우 흔한 인간중심적 디자인의 가장 기본적인 교훈인 취소 작업을 고려하지 않았다. 현재 가장 좋은 컴퓨터 프로그램과 운영 체계는 '취소'라는 명령을 제공한다. "어머, 나는 이 일을 하려고 했던 것이 아니야. 빨리 취소하고 원래대로 해." 하는 것과 같은 일을 명령이라 한다. 지금의 컴퓨터 시스템은 사용자들이 취소 명령을 할 수 있다. 컴퓨터 잡지는 취소 명령을 할 수 없는 프로그램을 구입하지 말도록 독자들에게 충고한다. 그렇지만 불행하게도 다른 산업 분야에서는 컴퓨터 산업의 이와 같은 경험으로부터 아직 아무것도 배운 것이 없는 것 같다. 특히 판매기 산업에서는 전혀 이에 대해서 신경을 쓰는 것 같지 않다. 일단 돈이 들어가기만 하면, 좀처럼 밖으로 나오지 않는다.

어떻게 하면 우체국의 우표 자동판매기 문제를 해결할까? 여러 가지 해답이 있을 수 있으나, 중요한 점은 다시 한 번 말하건대, 어떠한 기계라도 사람들의 요구로부터 출발해서 디자인되어야 한다는 점이다. 아직도 기계의 요구에만 초점을 맞추는 디자이너에 의해서 만들어진 기계들이 있다. 기계는 돈과 사용자의 선택을 요구하며 따라서 사용자가 이것을 제공하도록 되어 있다. 돈을 집어넣고 원하는 것이 무엇인가를 말하지만 대답은 없다. 또한 보통 사람들이 일상적으로 하는 것과 달리 기계는 돈을 먼저 요구하고 무엇을 원하는가는 나중에 물어본다는 점에 주목하라.

인간 중심의 소프트 디자인은 어떠한 순서로 일을 진행할 것인가를 사용자로 하여금 결정하게 한다. 즉, 돈을 먼저 넣든지 선택을 먼저 하든지 사용자가 원하는 대로 할 수 있다. 상황을 기계가 통제하는 것이 아니라 사람이 통제한다. 만약 사용자가 항목 선택을 먼저 하면 곧 바로 필요한 물품이 충분한지를 확인한다. 돈을 먼저 넣든지, 항목선택을 먼저 하든지 어떤 경우에도 사용자는 언제나 취소하는 것이 가능하다. 단지 '계속'과 '취소'라고 쓰여 있는 단추 두 개만 있으면 된다. 만약 물품이 배달되기 전에 아무 때고 구매를 취소하면 모든 돈은 환불되어야 한다. 이 단순한 변화가 기계를 이미 소프트하게 한다. 물론 이것만으로 충분치 않다. 우표 자동판매기가 작동하는 것을 몇 시간만 관찰하면 이외에 수많은 문제가 나타날 것이다. 이 모든 문제가 해결될 수 있는 것은 아니지만 최소한 소프트해질 수는 있다. 많은 경우에 기계중심적인 디자인을 인간중심적인 디자인으로 바꾸는 것은 그렇게 어려운 일이 아니다. 단지 기계가 봉사하도록 되어 있는 인간의 요구에 대한 약간의 생각, 관심과 이해만 있다면 가능하다.

적절한 기술의 긍정적인 예는 많이 있다. 정보기술 분야에서 사용자들에게 찾는 방법과 그 결과에 대한 통제권을 주면서도 관심 있는 주제와 관련된 풍부한 정보를 제공하는 훌륭한 예들은 많이 찾을 수 있다. 현재 데이터베이스 중 일간 신문이 아마도 최근의 뉴스, 일기, 라디오와 TV 방영 일정표, 세계와 지역의 사건에 대한 정보를 가장 쉽게 접근할 수 있도록 한 훌륭한 예이다. 이 기술은 우리를 성가시게 하지 않는다. 아마도 기술은 선택의 여지가 없기 때문일 것이다. 기술은 수동적이며, 피상적 인공물이어서 대부분의 일은 사용자가 처리해야만 한다. 그렇지만 그렇다고 해서 기술이 효과적이지 않은 것은 아니다.

나는 이미 사전이나 참고 서적이 전산화되어 사용자가 마음대로 내용을 찾아볼 수 있도록 할 수 있다는 것을 이야기했다. 핵심은 사람들이 일반적으로 생각하는 방식에 적당한 도구를 제공하는 것이다. 그러나 대부분의 컴퓨터 시스템은 효율성을 고려해서 설계되는 경향이 있다. 기본적으로 이러한 시스템은 사용자가 자연스럽지 않고 익숙하지 않은 논리적 정밀성을 사용하여 질문하도록 강요하기 때문에 일반 사용자들이 사용할 수 있게 되기까지는 상당한 연습이 필요하다. 대부분의 도서관 인출 시스템과 정보 수집을 위한 컴퓨터 언어는 인간중심적 디자인이라는 기준에 맞지 않는다. 이러한 시스템의 문제는 지나칠 정도의 정밀도와 구체성을 요구한다는 것이다. 우리는 간혹 질문에 대해서도, 대답에 대해서도 확신할 수 없다. 그래서 우리는 검색을 한다. 올바른 시스템이라면, 이러한 탐색의 과정을 통해 우리 스스로 대답할 수 있을 뿐만 아니라 질문도 할 수 있어야 한다.

래빗

소프트하고 적절한 기술을 제공하려고 노력한 시스템에 대해서 내가 오래 전부터 선호해오던 사례는 마이클 윌리엄스와 프레드릭 투가 제록스의 팔로 알토 연구센터에서 개발한 래빗(Rabbit)이라는 컴퓨터 소프트웨어 시스템이다. 이 시스템은 당신이 결정하는 데 필요한 정보를 제공한다. 이와 유사한 방식의 다른 시스템과는 달리, 래빗은 정보를 저장하는 방식을 사용자가 전혀 알지 못한다고 가정한다. 대신에 사용자는 단순히 관련이 있다고 생각되는 것이면 무엇이든지 물어보고 시스템은 그 샘플들을 제시해준다.

예를 들어, 당신은 낯선 도시에서 배가 고파서 음식점을 찾으려 한다고 하자. 당신은 뜻밖에 래빗을 발견했다. 대부분의 시스템에서는 당신이 정확히 질문할 것을 요구하므로 먼저 그 시스템이 어떠한 식의 구조로 되어 있는가를 알아내어야 한다. 그러나 래빗의 경우에는 그럴 필요가 없다. 당신은 단지 "음식점에 가고 싶다."라는 말로 시작할 수 있다. 음식점의 위치, 음식의 종류, 혹은 시스템이 알려주었으면 하고 기대하는 다른 많은 변인들에 대해서 아무런 구체적인 언급이 없으므로 그야말로 부적절한 요청이다. 게다가 데이터베이스에는 천 개 정도의 음식점이 들어 있다. 시스템이 무엇을 해야 할지 어떻게 알겠는가? 대부분의 다른 시스템은 이러한 요구를 거절하거나 천 개의 음식점을 모두 제시할 것이다. 그 어느 방법도 만족스럽다고 할 수 없다.

그러나 래빗은 보통 이와 같은 상호작용과는 반대로 한다. 래빗은 당신을 위해서 어떠한 선택을 해주기보다는 당신이 선택을 하도록 도와준다. 그래서 만약 당신이 음식점에 대해 물었다면, 래빗은 어느 음식점이든지 하나를 제시할 것이다. 래빗은 자신이 필요로 하는 정보가 어떠한 것인가를 보여주는 방식으로 가르치기 때문에 처음에 어떠한 음식점이 제시되는가는 중요하지 않다. 예를 들어, 래빗이 위의 질문처럼 매우 일반적인 질문에 대해서 사전 예약을 요구하는 시내 한쪽에 있는 매우 격식 있는 중식당을 제시했다고 가정해보자.

이름: 양자강

위치: 분당구 서현동 100

가격: $$$$(매우 비쌈)

격식: 정장 필수

음식 유형: 중식

서비스: 우수함

예약: 하는 것을 추천함

신용카드: 받지 않음

여러분은 아마 아직도 자신이 무엇을 원하는지 모르겠지만, 위의 음식점이 자신이 원하는 것은 아니라는 것만은 확실히 알 것이다. 래빗은 사용자가 싫어하는 것이 무엇인가를 감안하여 사용자의 요구를 읽어낼 수 있으므로 일부러 이러한 방식을 채택했다. 이 상황에서 당신은 단지 래빗이 선택해준 것을 거절하고 다른 것을 요구하거나, 아니면 위의 음식점에 관한 정보를 바탕으로 추천된 음식점에서 어떠한 점은 좋고 어떠한 점은 상관치 않으며 어떤 점은 좋아한다는 것을 표현할 수 있다. 이렇게 하기 위해서 당신은 단지 음식점에 관한 정보 중 관련 항목을 선택해서 바꾸기만 하면 된다. 래빗은 일련의 대안을 제시하고 당신이 선택하는 것을 도와 줄 것이다. 예를 들어, 음식의 종류 항목을 선택하면 래빗은 가능한 음식의 종류를 모두 나열하고 각 음식의 종류에 대해서 당신이 좋아하는지, 상관없는지, 아니면 싫어하는지를 물어볼 것이다. 따라서 당신은 중식은 싫어하지만 한식은 좋아하고 그 외의 음식은 상관없다는 식으로 답할 수 있다.

위치: 분당구 서현동이면 좋음

가격: $(매우 저렴해야 한다)

격식: 편안한 옷차림

음식 유형: 중식 말고, 한식을 선호하며, 그 외는 상관없음

서비스: 상관없다.

예약: 필요가 없는 곳을 원함

신용카드: 받는 곳이어야 함

래빗은 당신이 깨닫지도 못하는 사이에 당신의 언어로 교육시킨다. 당신으로 하여금 래빗이 정보를 구조화하는 방식에 대해 가르치기 쉽도록 제안들을 추천하여 소개해준다. 당신은 이러한 방식을 통해서 래빗의 구

조를 사용하여 스스로 음식점을 찾는 데 도움을 받을 수 있다. 아마 당신은 "아참, 신용카드, 그것도 중요하지. 신용카드를 받아주는 곳이어야 해. 잊어버리고 있었네."라고 물어볼 수 있다. 래빗은 절대로 하나의 특정한 해답을 주려고 하지 않는다는 점에 주목하자. 어떤 경우에는 래빗에게 당신의 결정을 알려주기보다는 단지 몇 개의 예를 보여달라고 하고는 그 중에서 하나를 고를 수도 있다.

비록 래빗이 사용자에게 논리의 언어를 사용해서 입력을 하도록 하지는 않았지만, 내부에서는 당신이 좋아하는 것과 좋아하지 않는 것을 표시하도록 논리적 수식을 사용한다. 물론 논리는 컴퓨터 시스템에서 중요한 정확성과 수치를 제공하므로 컴퓨터 내부에서는 논리의 언어를 사용하는 것이 좋다. 하지만 논리는 대부분의 사람에게는 맞지 않는다.

래빗은 인간중심적 기술을 적절히 활용한 예이다. 사용자는 자신의 언어로 상황을 통제할 수 있다. 내부의 기계중심적인 논리에서 사람에게 맞는 형태로 전화하는 것은 기술이 담당한다. 이렇게 좋은 래빗이 단지 연구실에서 테스트용으로만 사용되고 상용화된 적이 없다는 사실은 매우 안타깝다.

제10장
기술은 중립적이지 않다

기술은 중립적이지 않다. 기술은 어떤 활동은 쉽게, 어떤 활동은 어렵게 만드는 속성, 즉 행동유도성을 지니고 있다. 그래서 행동유도성이 높은 것은 하게 되고, 낮은 것은 무시하게 된다. 기술은 일반적으로 기술과 상호작용하는 다른 기술, 인간 혹은 인간 사회에 대하여 요구와 변화를 강요하는 많은 제약, 전제 조건 및 부수 효과를 지니고 있다. 마지막으로, 각 기술은 사고하는 방식과 사고와 관련된 활동인 마음의 프레임을 취하기 때문에 그것은 기술과 접촉하는 사이에 알게 모르게 널리 퍼지게 된다. 기술이 성공할수록 널리 사용될수록, 사람들의 사고방식에 미치는 영향도 커지며, 그 결과, 사회 전반에 미치는 영향도 커지게 된다. 기술은 중립적이기 보다는 지배적이다.

매체가 메시지인가?

마셜 맥루한은 우리가 세상의 사건과 상호작용하는 방식은 사건 자체만큼, 혹은 그 이상으로 중요하다고 주장했다. 그는 또한 "매체는 메시지이다."라는 유명한 말을 남겼다.

나는 이 주장에 동의하지 않는다. 솔직히 나는 이 장의 제목을 "매체는 메시지가 아니다."로 달고 싶었다. 메시지는 당신이 만드는 것이라고 믿고 싶다. 즉, 매체는 전달 수단이지 전달 내용은 아니다. 게다가 중립적인 전달 수단도 아니다. 그것은 사용되는 방식에 따라 사회에 영향을 미치게 하는 수많은 속성을 가지고 있다. 매체가 메시지를 해석하는 방식을 변화시킨다는 맥루한의 주장에는 할 말이 많다. 사실상, 이 책의 많은 논의들이 이러한 관점을 지지하고 있다. 매체는 무관심한 사람의 마음을 속일 수도, 현혹시킬 수도 있다.

기술적인 매체들은 어떤 일을 다른 일보다 더 쉽게 해주는 행동유도성의 속성을 지니고 있다. 맥루한의 유명한 말에도 이러한 행동유도성에 대한 논의가 내포되어 있다. 인쇄물을 읽는 것과 텔레비전 쇼를 시청하는 것을 대조시켜서 매체가 갖는 행동유도성의 역할을 알기 쉽게 설명해 보겠다. 인쇄물과 텔레비전의 두 매체 모두 긍정적 측면과 부정적 측면을 동시에 가지고 있다.

긍정적 측면에서 보면, 읽기는 속도를 조절할 수 있다. 당신은 독자로서 책의 어떤 곳을 읽고, 어떤 곳을 뛰어넘을지, 혹은 어떤 곳을 반복해서 읽을지를 조절할 수 있다. 언제라도 읽기를 멈추고 방금 읽은 부분에 대해서 생각할 수 있다. 당신은 문제를 제기할 수도, 깊이 생각할 수도, 반대할 수도 있다. 읽기에서는 반성적으로 사고할 수 있다.

부정적 측면에서 보면, 읽기는 비교적 느리고 어렵다. 읽는 것을 배우려면 상당한 훈련과 연습이 필요하다. 심지어 매우 숙련된 독자도 정신적인 노력을 기울여야만 한다. 어떤 것을 읽어야 할 때, "지금은 너무 피곤해서 못 읽겠어."라고 말한 적은 없는가? 또한 읽을 때는 생각이나 보는 것과 같은 다른 활동들을 동시에 수행할 수 없다. 읽을 때는 읽는 것에만 주의를 집중해야 한다. 인쇄매체는 정보의 양이 풍부해서, 저자의 메시지를 이해하려면 상당한 정신적 활동이 있어야만 한다. 어떤 책자는 분명히 더 복잡하다. 예를 들어, 만화책과 교과서의 차이를 생각해보라. 어쨌든 읽기는 기본적으로 정신적 집중과 노력이 필요하다.

인쇄된 책자는 반성적 사고를 위한 도구로서는 많은 제약이 있다. 책자는 단지 보여주는 매체이다. 단어는 고정되고 변화가 없다. 물론 여백에 주석을 달아 놓고 약간의 변화와 확장을 꾀할 수도 있지만, 반응은 절대 불가능하다. 그리스의 위대한 철학자인 소크라테스가 문자에 대하여 한 말을 기억해보라(제3장 참조). "만약 당신이 읽은 것에 관하여 어떤 질문을 하더라도, 계속해서 똑같은 대답만 되풀이할 것이다." 이 말은 읽은 모든 내용을 아무 의문 없이 받아들이라는 뜻은 아니다. 불가능한 것은 아니지만, 주고받는 논쟁은 어려워진다. 이런 의미에서, 읽기는 사람처럼 상호작용하는 매체만이 가능한 끊이지 않는 반성적 논쟁과 논의를 제공하지 못한다.

이제 텔레비전, 특히 광역 텔레비전에 대하여 생각해보자. 이것도 보여주는 매체라는 점에서는 인쇄 책자와 같지만 여러 가지 면에서 매우 다르다. 읽기는 비교적 어려운 반면 텔레비전은 상대적으로 쉽다. 읽기를 위해서는 학습이 있어야 하지만 텔레비전을 보기 위해서는 훈련이나 연습은 필요 없다. 그저 영상 앞에 자신을 던져 놓고 보기만 하면 된다. 또한 정신적 노력도 많이 요구하지 않는다. 읽기는 정신적으로 피곤할 때에는 중단하고 싶지만, 반대로 '긴장을 완화시키기 위해서' 텔레비전을 켠다. 속도 조절에 대해서도 두 매체는 매우 다르다. 읽기는 독자의 통제 하에 자율적 조절이 가능한 반면, 텔레비전은 사건이 속도를 조절한다. 시청자에게는 어떠한 통제권도 없다. 텔레비전 화면은 가차 없이 흘러가며, 계속해서 감각을 이끌어낸다. 반성을 위한 시간도 숙고나 재고를 위한 시간도 없다. 시청자가 전개되는 내용을 놓치지 않으려면 흐름을 멈추어서는 안 된다.

제리 맨더는 기술의 비평에서 다음과 같이 말하였다. "텔레비전 화면, 즉 영상을 통한 정보는 그 자체의 속도로만 제공되며, 시청자는 어떠한 통제도 할 수 없는 영상의 물결이다. 텔레비전의 영상을 오랫동안 붙잡아두고 그것에 관해 생각할 수가 없다 … 그러한 경험은 당신의 신체와 마음을 외부 과정에 맡기고 수동적으로 만들어 버린다."

맨더는 체험적 매체의 가장 큰 문제인 월권에 대하여 말하고 있다. 즉, 재고나 반성, 심지어 평가할 시간도 없이 단지 지식이 축적되는 것이다. 맨더에 따르면, 수년간에 걸친 텔레비전 시청의 최종 결과는 세상에 대한 지식과 이해에 막대한 영향을 미쳤으며, 그의 관점에서 보면, 그 영향은 거의 전부가 부정적이다.

맨더는 계속해서, "텔레비전 환경은 정적인 것이 아니라 공격적인 것이다. 그것은 사람들의 마음에 침투하여 영상을 남겨 놓고, 평생 동안 지니게 한다. 그래서 텔레비전은 내적, 정신적 환경을 변환시키는 외적 환경인 것이다."라고 하였다. 텔레비전 매체에 대한 맨더의 모든 주장은 체험적 사고와 반성적 사고의 구분에 관한 나의 주장과 동일하다. 그럼에도 불구하고, 그의 결론에 전적으로 동의하는 것은 아니다. 맨더는 체험적 방식의 유혹적인 힘을 이용하기 위해서 제시되는, 지나치게 표면적인 재료에 극단적으로 초점을 맞추었다. 그러나 텔레비전에는 부정적인 측면뿐만 아니라 긍정적인 측면도 있다. 텔레비전 프로그램도 적절하게 구성하면 반성적 사고를 위한 막상한 도구가 될 수 있다. 이것을 설명해보겠다.

반성적 사고

인간의 마음은 그 뛰어난 능력에도 불구하고, 작업 기억의 용량이 제한되어 있기 때문에 한 가지 주제를 깊이 생각하는 데는 한계가 있다. 어떤 생각을 의식적으로 떠올려보라, 다른 생각이 떠올라 방해받자마자 그것은 사라져버린다. 많은 생각을 한 번에 떠올리려고 하면, 여러 생각이 서로 방해한다. 한 번에 의식적으로 유지할 수 있는 생각은 다섯 가지 정도라는 심리학적 증거가 있다. 다섯 가지.

이러한 마음의 한계에 대처할 수 있는 한 가지 방법은 외부의 도움, 특히 기호 체계를 사용하는 것이다. 어떤 외부의 매체에 아이디어를 표상하게 하면 작업 기억의 제한을 받지 않고 계속해서 외부에 유지할 수 있다. 당신이 지금 읽고 있는 단어들이 그 예이다. 이 단어와 문장들은 여러분의 마음속으로 전달하고 싶은 나의 심적 구조를 표상하고 있다. 외적 표상의 힘은 재료를 마음속에 계속 지니지 않아도 된다는 것이다. 인쇄된 한 장의 종이가 나의 표상을 유지시킨다.

쓰기는 여러 아이디어를 종이 위에 영원히 남길 수 있다는 장점이 있다. 만약 소설, 수필, 혹은 과학 보고서를 읽는다면, 이를 개관하여 한 부분을 다른 부분과 비교하며 구조와 내용을 분석할 수 있다. 그러나 이러한 외부의 도움 없이는 어렵거나 불가능한 일일 것이다. 외적 표상이 모든 차이를 만들어낸다.

모든 지능적 체계가 반성적 사고 능력을 지니는 것은 아니다. 대부분의 동물은 반성적으로 사고할 수 없고, 잘해야 매우 제한된 정도일 것이다. 대부분의 컴퓨터 프로그램도 반성적으로 사고할 수 없다. 어떤 체계가 반성적으로 사고할 능력을 갖추기 위해서는 몇 가지 기술적인 요건이 필요하다. 지식에 대한 내적 표상이 가능해야 하며, 그 표상을 검토, 수정, 비교할 수 있는 능력이 있어야 한다. 기술적 언어로 표현하면, 체계는 새로운 표상을 받아들이고, 기존의 표상을 수정, 조절하며, 그들을 비교할 수 있는 '구성적' 표상 매체를 지녀야 한다. 바로 인간의 마음이 구성적 매체다.

종이와 연필은 구성적 매체의 일부분이기 때문에 반성적 사고를 논의할 수 있다. 텔레비전, 적어도 일반 가정의 텔레비전은 구성적 매체가 아니기 때문에, 반성을 제공할 수 없다. 인쇄된 책도, 단어들이 고정되어 있고 불변하기 때문에 그 자체로는 구성적 매체가 아니다. 우리가 펜이나 연필을 들이댈 때만, 글자가 쓰여 있는 종이는 구성적 행위를 제공할 수 있다.

반성적 사고는 구성적 매체 이상의 것을 필요로 한다. 바로 아이디어들을 정교화하고 비교할 수 있는 시간과 능력이다. 매체는 반성적 사고를 위한 시간을 제공해야만 한다. 이것이 책과 텔레비전이 갖는 또 하나의 차이이다. 읽기는 독자가 속도 조절을 할 수 있고 구성적 기능을 갖는다는 점에서 반성적 사고를 제공한다. 보통의 텔레비전은 보여줄 뿐이며 사건 중심의 매체이기 때문에, 체험적 인지를 제공하는 데는 적절할지 모르나 반성적 사고를 제공하는 데는 적절하지 못하다. 매체가 속도를 제어하기 때문에 원칙적으로 텔레비전 영상과 반성적 사고를 위한 구성적 기능은 결합될 수 있다. 그럼에도 불구하고 사건 중심의 속도가 반성적 사고를 위한 시간을 제공하지 못하는 것이다.

독자가 책을 보면서 속도를 조절하는 것처럼 텔레비전을 볼 때도 시청자가 제어를 할 수 있다면 텔레비전 또한 반성적 사고를 제공할 수 있을 것이다. 상호작용적 텔레비전은 마치 인쇄매체의 앞뒤를 자유자재로 펼쳐볼 수 있는 것처럼, 시청자로 하여금 볼 것을 선택하고, 자료가 나타나는 속도를 조절하게 하면 된다. '세익스피어 프로젝트' 이야기를 생각해 보자.

순수문학이 지니는 장점 중의 하나는 대안적인 해석이 가능하다는 것이다. 작가가 암시하고 있는 여러 가지 가능성 있는 대안을 탐색해봄으로써, 작품에 나타나는 등장인물과 사회적 논쟁거리에 대한 독자의 이해가 한층 깊어질 수 있다. 그러기 위해서는 잠시 읽기를 멈추고 논쟁거리들에 대한 사색, 문제 제기 탐색할 수 있는 시간이 필요하다. 하나의 연극 공연, 영화, 혹은 텔레비전 쇼를 볼 때는 그러기가 어렵지만, 실제로 다른 버전의 공연을 보고 대조할 수 있을 때는 가능하다. 희곡을 읽거나 보면, 사건과 인물에 대한 해석을 할 수 있다. 문제는 이러한 해석이 덫이 되어 청중으로 하여금 다른 가능성 있는 대안을 고려하지 않은 채, 한 가지 관점에만 집착하게 할 때 발생한다. 훌륭한 교사는 학생이 한 가지 해석에서 벗어나 다른 대안을 생각해보도록 격려한다. 그러나 학생들은 가끔 이에 저항한다. 학생이 가지고 있는 해석이 너무 강력해서 다른 대안이 있다는 것을 이해하기 어렵기 때문이다. 이러한 관점에서 보면, 연극을 관람하는 것은 배우들이 잘 구성한 하나의 해석을 보여주기 때문에, 희곡을 읽는 것보다 더 나쁘다고 할 수 있다.

그러나 당신(학생 혹은 교사)이 어떤 희곡을 읽고 나서, 각기 다른 해석에 의한 연극 공연들을 관람하고 그것을 녹화한 기록을 가지고 있다고 가정해보자. 당신은 희곡의 어떤 부분이라도 볼 수 있고, 바로 여러 가지 버전의 공연을 보면서, 그 부분을 각 극단이 어떻게 다르게 해석하고 있는지를 비교할 수 있다. 이제 당신은 반성적 도구를 갖게 되었으며, 책만 가졌을 때보다 더 우수한 방법으로 여러 버전의 해석들을 비교, 대조할 수 있다. 아하! 이제 텔레비전은 반성적 사고를 제공하면서 이해를 돕는 시각적 기술이 되었다.

텔레비전도 반성적 사고의 도구가 될 수 있다는 암시가 쓸데없는 생각은 아니다. 이 생각은 스탠포드 대학의 래리 프리들랜더가 개발한, '세익스피어 프로젝트'라는 교육용 강의 시스템에서 비롯된 것이다. 프리들랜더는 여러 가지 연극 공연을 녹화하여 하나의 비디오디스크에 모았고, 컴퓨터로 편집하여 원하는 부분의 대본과 장면을 선택하여 볼 수 있도록 하였다. 내가 처음 그 프로그램을 접했을 때, 나는 '햄릿'에 관하여 이전의 어떤 독서와 관람에서도 얻지 못했던 것을 배웠다.

텔레비전을 이렇게 사용하는 것과 일상적으로 사용하는 것의 차이는,

'셰익스피어 프로젝트'에서는 상호작용과 반성이 가능하도록 텔레비전을 사용했다는 것이다. 그것은 속도 조절이 가능하여 반성적 사고를 위한 시간을 제공할 수 있다. 비디오디스크를 돌려볼 때 나는 연극에 관하여 떠오르는 질문들에 대하여, 어떤 해석 방식이 가장 적절한지를 골라가며 여러 가지 공연들을 마음대로 멈추고 시작할 수 있었다. 나는 여러 다른 관점들을 내가 원하는 대로 느리게 혹은 빠르게 비교할 수 있었다. 나 스스로 속도를 조절할 수 있었다. 프로그램의 한 부분에서, 연극을 보면서 각 순간 각 인물들의 생각에 대한 나의 해석을 키보드를 이용하여 써 넣고 나니 나의 느낌들을 다른 감독이나 배우들과 비교해보도록 한 곳이 있었다. 이러한 경우, 텔레비전이라는 매체는 읽기와 쓰기를 결합하여 둘의 장점을 취했다고 할 수 있다.

만약 기술이 반성적 사고에 필요한 충분한 시간과 속도 조절의 속성을 갖는다면, 인간의 마음은 반성적, 구성적 매체이기 때문에, 어떠한 기술이라도 반성적인 것으로 전환이 가능하다. 반성은 아무 도움 없이도 가능하지만, 기술(그 기술이 적절한 경우에만)을 통하여 제공되는 외적인 표상이 있다면 그 힘은 훨씬 강력해진다. 모든 기술들은 만화책이나 연속극과 비슷한 측면을 가지고 있다. 몇몇 책이나 텔레비전 쇼들이 갖는 체험적인 특성과 다른 책이나 상호작용하는 텔레비전이 가지는 반성적인 특성의 차이는 부분적으로는 기술에, 부분적으로는 사람의 마음에 의한 것이다.

기술의 적절한 사용

기술의 많은 부분에 대한 나의 견해가 회의적이고 절망적인 것으로 보일지도 모르겠으나, 전체적으로 볼 때 나는 낙관적인 제안자이다. 인지의 여러 기술들은 정보와 지식을 획득하고, 사용하고, 생성해내는 데 유용한 힘을 제공할 수 있다. 적절히 사용된다면 이러한 기술들은 삶의 질을 높일 수 있다. 부적절하게 사용된다면 그 반대겠지만.

그런데 이렇게 말하면서 혹시 내가 "다 괜찮다."라는 철학에 굴복하는 것은 아닌가? 맨더는 이것을 다음과 같이 평가하였다.

나는 지난 십여 년 동안 '기술의 미래'에 관한 학회에 수십 회 참석해왔다. 어느 학회에서든, 꼭 이런 식으로 연설하는 누군가가 있다. "(과학)기술에는 많은 문제가 있으며 우리는 그것을 인정할 필요가 있습니다. 그러나 문제가 기술 자체에 있는 것은 아니다. 이것들을 기술을 사용하는 우리의 선택의 방식에 달렸다. 우리는 잘할 수 있다. 우리는 잘해야만 한다."

게다가 기술의 사용을 개선하려는 시도를 비난한 다음, 맨더는 비수를 꽂았다. "이것은 언제나 독창적이고 심오한 아이디어인 것처럼 들리지만, 실제로는 다른 모든 사람들이 완전히 똑같은 것을 말하고 있다."

기술은 우리를 더 나은 식으로 생각하고, 추론하고, 판단을 내리게 해준다는 면에서, 현명하다. 그러나 기술은 너무 많은 형태를 지녔고, 부정적 결과도 있다는 것은 의심의 여지가 없다. 텔레비전은 기분 매력적인 오락이 될 수 있다. 스트레스가 많았던 하루를 보내고 집에 돌아와서 텔레비전을 켜고, 남은 밤 시간 동안 최면에 걸린 채 있을 수 있다. 아무 생각도 없고, 아무 걱정도 없다. 더 이상의 스트레스도 없다. 그것에 중독되기 전까지는 이것은 매일 밤마다 거듭되는 그 자체로 합리적인 치료로 보일 수도 있다. 그 모든 시간 동안 시청자의 머릿속에서는 어떤 일이 벌어질까? 쿠비와 칙센트미하이는 '죄책감'이라고 했다. "텔레비전을 보는 것에 대한, 특히 지나치게 보는 것에 대한 죄책감은 미국인, 영국인, 일본인 응답자들 사이에 꽤 일반적으로 나타났으며 특히 중산층 시청자들에게는 매우 심각하다."

내가 보기엔, 문제는 TV에 있다기보다는 TV가 매우 효율적으로 제공하는 체험적 행동 양식에 있다. 체험 양식은 매혹적이다. 시청자들을 끌어들여 기분 좋은 느낌으로 유혹하여, 힘들이지 않고 빨리 시간이 지나가게 해준다. 그리고 끊이지 않는 엄청난 양의 감각 정보는 마음으로 하여금 삶의 걱정거리들을 생각하지 않도록 해준다. 바로 이 때문에 그렇게 많은 시청자들이 죄책감을 느끼는 것이다. 쿠비와 칙센트미하이는 "이러한 죄책감은 종종 수동적 태도, 즉 텔레비전 앞에 앉거나 눕는 것보다 뭐든 더 생산적인 일을 했어야 했다는 느낌에서 비롯된다."라고 하였다.

체험 양식은 영화와 영상의 엔터테인먼트 공장을 주도한다. 오락은 정의상 거의 체험적인 것이다. 엔터테인먼트가 연예인들에 의해 좌우된다면, 지구상의 모든 사람들에게 매초마다, 매일 엄청난 양의 감각으로 가득 찬 수백 개의 채널이 있을 것이다. 풍부한 오디오, 풍부한 비디오, 풍부한 모션, 풍부한 경험. 이 책의 여러 장에서 기술한 모든 자랑거리들과 그 밖의 것들이 있을 것이다.

기술은 중립적이지 않다. 기술은 어떤 활동은 돕고, 다른 활동은 방해하며, 도덕이나 그러한 활동의 필요성과는 별개로 사회의 흐름에 영향을 미친다. 기술은 또한 신체적, 정신적인 부작용 모두를 일으킨다. 기술은 해가 될 수 있는 만큼 도움도 줄 수 있다. 어떤 과정을 선택하는가를 결정하는 것은 실제로 개개인으로, 그리고 하나의 사회로 우리에게 달려 있다. 지금까지 따라온 과정이 반드시 적절한 과정이지는 않았다. 모든 인지 기술이 실패하지도 않았으며, 어떤 것은 우리에게 많은 도움이 되었다. 기술을 사용하는 적절한 방법이 있다.

기술의 인간적 측면

인간적 기술의 좋은 예를 원하는가? 휴대용 계산기를 생각해보라. 이 책에서 논의했던 모든 이유로 사람들은 그다지 셈에 능통하지 못한 경향이 있다. 물론 5 곱하기 47을 암산할 수 있겠지만, 그럼 279 곱하기 725는 어떤가? 종이와 연필을 사용하더라도 실수하기 쉽다. 계산을 하는 데에는 일반적으로 작업 기억의 용량을 초과하는 긴 수들을 포함하는 정밀성과 정확성이 필요하다. 그래서 길고 복잡한 계산의 지루함을 계산기에게 넘기는 것은 아주 적절하다. 정밀성, 정확성, 기억 요구 사항들은 이미 오늘날의 계산 기기들이 충족시키고 있다. 아무리 작고, 값싼 계산기일지라도 정상적인 사람의 계산 능력을 훨씬 능가한다. 계산기의 좋은 점은 참견하지 않고, 요구하지 않는다는 것이다. 우리는 언제 그리고 어떻게 그것이 사용되는가를 통제하고, 속도를 통제한다. 계산기는 우리들의 능력을 뒷받침하지만 가로막지 않는 보조 기술의 완벽한 예다.

적절한 기술의 또 다른 예를 원하는가? 책이 있다. 일반적으로 말하면 글쓰기가 바로 그것이다. 아니면 사용자의 정확한 필요에 맞도록 여러 해에 걸쳐 각각의 상인들이 만든 도구들은 어떠한가? 예들로는 목공, 금속 세공에 필요한 도구들, 농장, 정원 일에 필요한 도구들, 캠핑과 등산에 필요한 도구들, 예술과 요리에 필요한 도구들이 있겠다. 그러나 좋은 도구, 그러면서도 일시적인 유행에도 맞고 기능보다도 외관을 우선시해야 하는 필요에도 맞는 것을 발견하기 위해서는 전문점을 찾아가야 한다. 예를 들어, 전문 음식점(백화점이 아닌), 훌륭한 골동품점, 또는 하이킹과 캠핑매장 같은 곳들이다. 이런 곳에서는 인간의 통제하에서 인간과 과제의 필요에 적합하도록 여러 해에 걸쳐 천천히 발전된 도구들을 발견할 수 있다.

계산기나 책과 같은 도구는 제어의 주체를 사람에게 둔다. 사람이 도구를 필요로 할 때 도구는 기능을 효율적으로, 그리고 매끄럽게 수행한다.

그렇지 않으면, 도구는 조용히 보관 장소에 머무른다. 적절한 도구는 인간의 필요를 시작으로, 해당 과제에 가장 효과적인 기구로 만들기 위해 도구를 사용할 사람과 함께 작업함으로써 설계된다. 무엇보다도 그런 도구는 사람이 통제력을 갖도록 한다. 이것은 적절한 기술의 적절한 사용이다.

내가 기술의 적절한 사용으로 인용한 대부분의 도구가 인지적인 것이 아니라 물리적인 인공물이라는 것을 눈치챘을 것이다. 인지적인 도구들은 대체로 내적 표상을 갖고 있고, 설계 문제가 복잡한 정보-기초적인 도구이기 때문이다. 정원 또는 스포츠에 사용되는 도구들과 같은 수작업 도구들은 예로부터 내려오는 민간 설계 방식이 있는데 인지적인 인공물에 대한 민간 설계는 아직까지 없다. 인지적인 도구는 단순히 적당한 것을 찾아내기 더 어렵다. 어쩌면 가장 근접한 대응물을 여러 종류의 전문화된 노트북과 다양한 일정 관리 툴에서 찾아볼 수 있는데, 이는 가끔 특정한 습관적 일들에 매우 적합하다. 책과 계산기는 여러 해에 걸쳐 서서히 수정되어 왔다. 책의 경우 수백 년, 계산기의 경우 수십 년.

인간적인 기술 만들기

어려운 문제는 기술적인 것이 아니라 사회적인 것이다. 나는 지금 우리가 가지고 있는 기술에 대한 기계중심적 관점이 아닌 인간중심적 관점을 찾고 있다. 나는 컴퓨터들이 회사, 학교, 또는 집에서 기술적인 목적으로 혹은, 더 나쁜 경우로 내용보다는 매력으로 우리의 주의를 끈다면 그들을 보고 싶지도 않을 것이다.

기술은 내용에 대한 걱정 없이 극적인 효과를 위해 너무 자주 사용된다. 우리는 엔터테인먼트 산업이 책과 영화의 내용을 저버리게 하였고, 지금은 컴퓨터 미디어가 학교를 저버리게 만들고 있다. 엔터테인먼트 산업은 체험 양식으로 이해된다. 그 결과, 우리의 삶을 채우고 윤택하게 하기보다는 우리 자신들을 죽도록 즐겁게 하기 위해 기술을 사용하는 위험에 처해 있다.

닐 포스트먼은 그의 책 『죽도록 즐기기』에서 기술이 사회에 미치는 영향에 대한 두 가지 대조되는 견해를 상기시킨다. 하나는 조지 오웬의 『1984』 책에 기술된 것이고, 다른 하나는 앨더스 헉슬리의 『훌륭한 신세계』에서 기술된 것이다. 포스트먼이 말하기를,

오웰은 우리는 외부적으로 강요된 억압에 의해서 정복될 것이라고 경고한다. 그러나 헉슬리의 견해에 의하면, 사람들로부터 그들의 자율성, 성숙, 역사를 박탈하는 데 독재자는 필요치 않다. 그에 따르면, 사람들은 그들의 억압을 사랑하고, 그들의 사고하는 능력을 없애는 기술을 숭배할 것이다. 오웰이 두려워한 것은 책을 금지할 사람들이었다. 헉슬리가 두려워한 것은 책을 읽고자 하는 사람이 없기 때문에 책을 금지할 이유가 없

게 되는 것이었다. … 헉슬리는 『1984년』의 사람들에게 고통을 줌으로써 통제한다면, 『훌륭한 신세계』는 사람들에게 쾌락을 줌으로써 통제한다.

나 역시 포스트먼과 마찬가지로 체험적 양식의 유혹, 우리 자신을 쾌락에 빠지도록 하는 유혹이 두렵다. 우리는 스스로에게 쾌락을 만끽하는 것 이상을 해왔다. 우리는 기계적이고, 기계중심적인 양식의 사고를 인간이 모방해야 하는 모델의 위치로 격상시켰다. 그렇다. 기계, 과학 및 기술, 그 결과인 형식적 도구가 사고, 계획, 의사 결정과 디자인을 지원하는 데 이용되어야 하지만, 그 과정에서 결코 인간의 가치를 배제해서는 안 된다. 기계중심적 관점을 취하면, 무의식적으로 인간의 능력 및 욕구와 일치시키지 못한다. 사람들이 일터에서 수많은 오류를 범하는 것은 너무도 당연한 일이다. 인간의 오류가 산업 재해의 주된 원인으로 간주되는 것도 놀랄 일은 아니다.

1933년 "과학은 발견하고, 산업은 응용하고, 인간은 이를 수용한다."는 시카고 만국박람회(1장에서)의 모토를 기억하는가? 그것은 세상을 뻔뻔하고 거만한 기계중심적 관점으로 본 것이다. 혁명을 일으킬 시점이다. 우리는 순응할 수 없다. 더욱이 그렇게 해서도 안 된다. 순응해야 할 것은 다름 아닌 과학과 기술, 그리고 산업인 것이다. 1930년대의 그 모토는 너무 오랜 시간을 우리와 함께 하였다. 21세기에 들어서고 있는 지금, 인간 중심의 모토를 주장할 시점이 도래하였다.

인간은 제안하고, 과학은 연구하며, 기술은 순응한다.